本书由国家社科基金一般项目（21BJY254）、教育部人文社会科学研究青年基金项目
（20YJC630180）等资助出版

长江经济带
生态环境与科技创新间
非均衡影响关系及政策建议

主编 严 翔
副主编 成长春 黄永春 钱昕怡

知识产权出版社
全国百佳图书出版单位
—北京—

图书在版编目（CIP）数据

长江经济带生态环境与科技创新间非均衡影响关系及政策建议/严翔主编；成长春，黄永春，钱昕怡副主编. —北京：知识产权出版社，2022.8

ISBN 978-7-5130-8170-2

Ⅰ. ①长… Ⅱ. ①严… ②成… ③黄… ④钱… Ⅲ. ①长江经济带–生态环境保护–研究 ②长江经济带–技术革新–研究 Ⅳ. ①X321. 25 ②F124. 3

中国版本图书馆 CIP 数据核字（2022）第 082342 号

内容提要

本书从非平衡影响关系视角分析了长江经济带 11 个省市从改革开放到 21 世纪前 20 年生态环境与科技创新之间的关系，并针对在"生态有限，绿色发展"的基本思路下，长江流域如何就生态环境与科技创新这两个关系，通过非平衡理论，提出要从过去"投入导向"的路径依赖，转向"效率导向""绿色导向"的新思路。

责任编辑：郑涵语　　　　　　　　责任印制：孙婷婷

长江经济带生态环境与科技创新间非均衡影响关系及政策建议
CHANGJIANG JINGJIDAI SHENGTAI HUANJING YU KEJI CHUANGXINJIAN FEIJUNHENG YINGXIANG GUANXI JI ZHENGCE JIANYI

严　翔　主编

成长春　黄永春　钱昕怡　副主编

出版发行：知识产权出版社有限责任公司	网　　址：http://www.ipph.cn
电　话：010－82004826	http://www.laichushu.com
社　址：北京市海淀区气象路 50 号院	邮　编：100081
责编电话：010－82000860 转 8763	责编邮箱：laichushu@ cnipr.com
发行电话：010－82000860 转 8101	发行传真：010－82000893
印　刷：北京中献拓方科技发展有限公司	经　销：新华书店、各大网上书店及相关专业书店
开　本：720mm×1000mm　1/16	印　张：16
版　次：2022 年 8 月第 1 版	印　次：2022 年 8 月第 1 次印刷
字　数：237 千字	定　价：75.00 元

ISBN 978-7-5130-8170-2

前言

改革开放初期，国家经济政策向地理条件、产业基础等更为优越的东部沿海地区倾斜，一方面加速了沿海地区的快速发展，另一方面也进一步拉大了沿海地区与内陆地区之间的经济发展差距。21 世纪初期至 2008 年，西部大开发战略与中部崛起计划的实施，在一定程度上缓解了流域两极分化现象，产业转移也促进了长江中上游地区的技术升级，但早期通过非均衡发展、梯度转移以实现从东到西发展的区域战略成效并不明显，生态资源持续恶化，环境约束日益加剧。

中国正处在从经济高速增长转向高质量发展的新阶段，针对区域发展"不平衡、不充分"的现实问题，国家各部委都从提升区域间协调联动与促进要素间均衡发展方面出台了相关政策和意见。2015 年 5 月，中共中央、国务院印发的《关于加快推进生态文明建设的意见》中指出，要坚持把创新驱动作为生态文明建设的基本动力，强化科技创新引领作用，为生态环境建设注入强大动力；2016 年 5 月，中共中央、国务院发布的《国家创新驱动发展战略纲要》中强调，科技创新是提高社会生产力和综合国力的战略支撑；2018 年 10 月，科学技术部印发的《关于科技创新支撑生态环境保护和打好污染防治攻坚战的实施意见》中，强调了创新驱动是打好污染防治攻坚战、建设生态文明社会的关键；2018 年 11 月，《中共中央国务院关于建立更加有效的区域协调发展新机制的意见》中指出，要推动国家重大区域战略融合发展，促进区域间的分工协作与要素间的和谐共生，实现区域间协调融通，区域内均衡发展。

此后的国务院《政府工作报告》、2020 年 11 月习近平总书记主持召开全年推动长江经济带发展座谈会、2021 年 3 月《长江保护法》的正式实施等，都强调将科技创新与生态环境纳为长江经济带高质量发展的核心，要求各地正确把握自身发展和协同发展的关系，实施创新驱动发展战略的同时，也要将长江经济带打造成有机融合的高效经济体。

新时期长江经济带发展战略的提出，从提升区域间协调联动方面看，可依托长江黄金水道实现东西贯通，加速生产要素在东部地区与西部地区间的流动，挖掘激发内陆腹地广阔的消费市场与需求，促进地区间产业转移与结构调整，进而联结我国东部、中部、西部三大经济板块，联动"一带一路"倡议和新一轮的区域发展战略，使既存的国家区域发展战略更具整体性；从促进要素间均衡发展方面看，"绿水青山就是金山银山"不仅强调了生态环境这一要素的重要性，而且也对挖掘科技创新的要素驱动力提出了更高要求。2016 年，《长江经济带发展规划纲要》中强调了"生态优先、绿色发展"的基本思路，将"共抓大保护、不搞大开发"作为坚守的实践基准，把创新驱动作为长江经济带提质增效的新动力；2017 年 7 月，环境保护部等三部委印发《长江经济带生态环境保护规划》，不仅从水资源利用、水生态保护、水环境修复、长江岸线保护和开发利用、环境污染治理、流域风险防控等方面明确了保护长江生态环境的具体行动部署，同时也对沿江省市以科技创新促进产业转型升级提出了更高要求。这也表明生态环境与科技创新的协调发展是长江经济带高质量发展的关键要素。

学术界也早已将生态环境与科技创新置于同一分析框架内。科技创新影响生态环境方面，埃利希和霍尔德伦（Ehrlich & Holdren）提出了 IPAT 模型、格罗斯曼和克鲁格（Grossman & Krueger）提出了"环境库兹涅茨曲线假说"，迪茨和罗莎（Dietz & Rosa）构建了 STIRPAT 模型等，这些研究都强调了影响环境的诸多因素中包括技术效应。随着社会发展由"经济人"假设向"社会人"假设转变，如"技术创新生态化"等课题强调了科技创新应对生态环境起到的积极作用；生态环境影响科技创新方面，波特（Porter）于 1995 年提出了"波特假说"，指出适度的环境规制可以激励企业开展技术创新。也有学者从市场失灵、组织失灵、行为学等角度，进一步丰富了"波特假说"的理论基础。此外，不管是从实证检验还是案例分析，相关研究都显示优美宜居的生态环境可以激发技术人员的创造力，吸引高新技术企业的入驻。

21世纪以来，随着资源环境的约束加剧，学界围绕经济增长过程中的生态环境与科技创新展开了广泛的探讨，指出不管是从社会高质量发展需要，还是迎合民众生理需求，都要求科技创新与生态环境间的协调发展。2018年度诺贝尔经济学奖得主罗默和诺德豪斯（Romer & Nordhaus），都是在索洛经济增长模型的基础上，从"外部性的内在化"的探索视角切入，分别将技术创新和生态环境因素纳入宏观经济理论分析框架中，阐述了自然环境、生态资源对于经济可持续增长的约束效应，强调了科技创新是破解经济增长资源约束的重要因素。他们的研究将人类发展面临的困境与可能的解决路径纳入研究视野，不仅填补了新古典经济增长模型的遗漏，在一定程度上也拓展了现代经济增长理论的研究范畴与应用领域。

由此可见，在新时期发展背景下，生态环境与科技创新都是我国高质量发展的关键。以长江经济带为研究对象，深入分析其生态环境与科技创新间的非均衡影响关系，不仅反映出我国区域发展战略的要求，同时也紧跟学术界的研究热点，是一次符合新时代发展背景的有意义尝试。

因此，本书在前期参与的科研项目基础上，决定以流域"生态优先、绿色发展"的基本思路为研究切入点，将研究的重心放在生态环境与科技创新这两个关系到长江经济带绿色可持续发展的核心要素上，一方面在生态环境约束加剧的背景下，对"波特假说"在长江经济带各省市进行再检验，实证分析沿江省市的环境规制对科技创新的监督倒逼效应，检测高质量发展进程中的生态环境水平对科技创新的吸附反哺效应；另一方面基于STIRPAT模型与环境库兹涅茨曲线假说，聚焦考察期内流域省市的科技创新对生态环境修复的贡献力度，测评科技创新驱动地区经济发展的质量。在理论层面尝试将生态环境与科技创新置于同一分析框架下，对罗默和诺德豪斯的增长理论进行拓展，并基于非均衡理论，展开对两者间"非均衡互动作用传导机制"概念模型的分析构建。在应用层面，基于实证检验结果，提出在流域科技创新的发展进程中，要由以往"投入导向"的路径依赖，转向"效率导向""绿色导向"。本书希望能为长江经济带各省市在由高速增长转向高质量发展阶段，制定相关的科技创新发展、生态环境保护等政策制度提供一定的建议参考。

本书获得国家社科基金一般项目，供需联动视域下长江经济带城际绿色技术转移的调控对策研究（21BJY254）；教育部人文社会科学研究青年基金项目，环境与能源双约束下长江经济带科技创新效率提升的反哺机制研究（20YJC630180）；江苏省社会科学基金一般项目，长三角城际绿色技术转移的影响机制及供需联动调控对策研究（21GLB012）；中央高校基本科研业务费专项资金资助项目，"两山"理论下长江经济带生态环境反哺科技创新的机制构建（B220201055）资助。

目 录

≫ 第一章 绪 论 ……………………………………… 1

一、研究背景与研究意义 ……………………… 1

二、基础理论文献综述 ………………………… 7

三、研究框架与研究方法 ……………………… 29

四、研究创新点 ………………………………… 32

≫ 第二章 生态环境与科技创新间的影响作用机制构建 … 35

一、生态环境与科技创新间的关系研究梳理 ……… 35

二、典型地区的发展案例分析 ………………… 58

三、互动影响机制概念模型构建 ……………… 68

≫ 第三章 长江经济带生态环境与科技创新间非均衡关系存在性检验 … 77

一、非均衡发展理论梳理 ……………………… 77

二、指标体系构建与数据说明 ………………… 87

三、计量研究方法 ……………………………… 92

四、长江经济带实证结果与分析 ……………… 96

五、本章小结 …………………………………… 111

≫ **第四章 长江经济带生态环境与科技创新间时间非均衡影响关系测评**

················· 113

一、计量研究方法·················· 113

二、数据说明及检验·················· 118

三、长江经济带实证结果与分析·········· 125

四、本章小结·················· 135

≫ **第五章 长江经济带生态环境与科技创新间空间非均衡影响关系评测**

················· 137

一、计量研究方法·················· 137

二、数据来源及说明·················· 151

三、长江经济带实证结果与分析·········· 153

四、本章小结·················· 168

≫ **第六章 长江经济带生态环境与科技创新间双向非均衡互动关系测评**

················· 171

一、计量研究方法·················· 171

二、数据说明及预处理·················· 179

三、长江经济带实证结果与分析·········· 186

四、本章小结·················· 199

≫ **第七章 结论与展望**·················· 203

一、主要研究结果·················· 203

二、相关政策建议·················· 207

三、未来研究展望·················· 211

≫ **参考文献**·················· 213

≫ **附 录**·················· 237

≫ **致 谢**·················· 244

第一章　绪　论

一、研究背景与研究意义

（一）研究背景

　　长江经济带是我国国土空间开发最重要的东西轴线，从世界屋脊到巴山蜀水再到江南水乡，横跨我国地势西高东低的三级阶梯，覆盖上海、江苏、浙江、安徽、江西、湖北、湖南、重庆、四川、云南、贵州 11 个省市。❶ 该流域地域广袤且物产丰富，是我国重要的人口密集区和产业承载区。沿江产业带已成为全球规模最大的内河产业带，长江下游地区的经济在改革开放 40 年间持续高速发展，近些年的产业转型升级正在加速。长江中上游地区虽然深处内陆，但在 21 世纪初承接产业梯度转移的潜力也正在逐渐释放，激发出巨大的市场需求，未来发展空间明显。在 205 万平方千米、约为国土21% 的土地上，创造出全国 43.794% 的生产总值（2017 年），逐年提升的全国经济总量占比已经凸显出其在中国经济发展中的重要地位（图 1-1）。

　　与此同时，长江经济带沿岸各省市不仅历史文化悠久，而且教育科研实力雄厚，拥有全国 1/3 的高等院校和科研机构、全国一半左右的两院院士和科技人员，2017 年规模以上工业企业 "R&D 经费" 与 "新产品销售收入" 占全国的比重高达 47.674% 与 51.693%，已经成为我国科技创新的重要策源地。另外，长江流域生态地位突出，拥有全国 1/3 水资源和 3/5 水能

---

　　❶ 国务院. 关于依托黄金水道推动长江经济带发展的指导意见 [EB/OL]. (2014-09-25) [2017-08-07] http://www.gov.cn/zhengce/content/2014-09/25/content_9092.htm.

资源储备总量，森林覆盖率达 41.3%，拥有丰富的水生物资源，哺育着沿江 6 亿人民，其生态关系着全国经济社会供给。❶

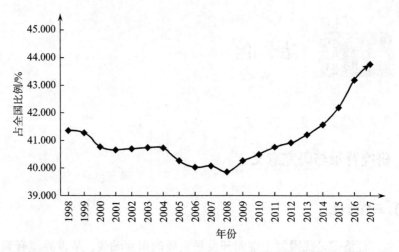

图 1-1　1998—2017 年长江经济带国内生产总值占全国比例趋势

　　然而，流域的高速增长也带来了巨大的资源环境压力。如邻江工业发展密度虽高，但传统重化工业密集，大多处于价值链的中低端，产业创新能力较弱，缺乏核心技术，导致生态环境压力日益加剧。流域生态多样性指数持续下降，水土流失严重，部分地区重金属污染严重，资源环境超载，虽然长江经济带 11 省市的二氧化硫排放总量，由 1998 年的 878.424 万吨下降至 2017 年的 321.963 万吨，但废水排放总量却由 176.323 亿吨上升至 310.378 亿吨，全流域能源消费总量也由 1998 年的 5.390 亿吨标准煤逐年上升至 2016 年的 16.759 亿吨标准煤，具体如图 1-2、图 1-3 所示。可见长江经济带仍具有高污染、高能耗的发展特点，生态修复和环境保护成为现阶段长江经济带高质量发展的重要瓶颈。

　　此外，前期支撑实体经济四十年快速发展的传统要素优势正逐步减弱，要素价格持续上升，沿江各地对科技创新的理念认识不够、内驱原动力不足、市场转化渠道不通等问题依然明显。过去仅仅依靠各地要素互补及产

❶ 中华人民共和国国家统计局. 中国统计年鉴 [M]. 北京：中国统计出版社，1999-2017.

业转移形成的跨地域实体经济流动，以促进区间协调发展模式也已面临严
峻挑战，既存的"诸侯"经济格局与互设藩篱的行政体制已成为流域可持
续发展的掣肘。

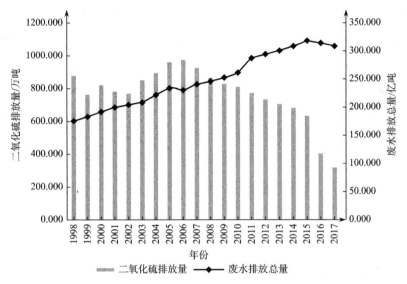

图1-2 1998—2017年长江经济带二氧化硫排放总量与废水排放总量趋势

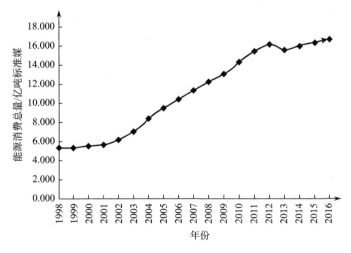

图1-3 1998—2016年长江经济带11省市的能源消费总量趋势

2015年5月，中共中央、国务院印发的《关于加快推进生态文明建设
的意见》中指出，要坚持把创新驱动作为生态文明建设的基本动力，不断

深化科技创新，建立系统完整的生态文明制度体系，强化科技创新引领作用，为生态文明注入强大动力。2016 年 5 月，中共中央、国务院发布的《国家创新驱动发展战略纲要》中强调，科技创新是提高社会生产力和综合国力的战略支撑，同年的《长江经济带发展规划纲要》中也强调了"生态优先、绿色发展"的基本思路，将"共抓大保护、不搞大开发"作为坚守的实践基准，把创新驱动作为长江经济带提质增效的新动力；2017 年 7 月，环境保护部等三部委印发了《长江经济带生态环境保护规划》，从水资源利用、水生态保护、水环境修复、长江岸线保护和开发利用、环境污染治理、流域风险防控等方面明确了保护长江生态环境的具体行动部署；2018 年 3 月，国务院政府工作报告中首次提出中国经济由高速增长阶段转向"高质量"发展阶段，而科技创新与生态环境被纳为高质量发展的核心；2018 年 10 月，科学技术部印发的《关于科技创新支撑生态环境保护和打好污染防治攻坚战的实施意见》中也强调，科技创新驱动是打好环境污染防治攻坚战、建设生态文明基本动力的重要保障。

由此可见，在新时期发展背景下，不管是从社会高质量发展需要，还是迎合民众生理需求，生态环境与科技创新都是当前长江经济带乃至全国可持续发展的热点问题。以科技创新破解长江沿岸 11 省市经济发展与生态环境保护的"两难"悖论，不仅是对自然规律的尊重，也是我国对社会规律、经济规律的重新审视。所以，从时空异质性方面剖析两者间的互动影响及其成因，立体构建大跨度流域协调发展路径，凸显流域生态文明建设进程中融合发展的重要性，是长江经济带实现"生态优先、绿色发展"的重要途径。

(二) 问题提出

早期的资源环境理论只是将土地视为经济增长的一个制约因素，直到 20 世纪 70 年代以后，随着科技创新水平的提高，人类对资源环境影响力的扩大，资源枯竭、生态破坏、环境污染等问题日益明显，这时人类开始反思早期经济发展模式对自然资源与生态环境的攫取方式是否妥当。学术研究的焦点也从土地资源拓展到资源浪费与环境污染，技术进步的"经济人"假设也开始转向"社会人"假设，学者们逐渐将生态环境与科技创新置于同一分析框架下，围绕经济增长过程中生态环境与科技创新的关系展开了长期而广泛的探讨。

在生态环境对科技创新的影响方面，著名的"波特假说"认为，适度的环境规制会促成生产模式的改变，激励企业开展技术创新活动。也有学者从市场失灵、组织失灵、行为学等角度，进一步丰富了"波特假说"的理论基础。此外，不管是从实证检验还是案例分析，相关案例研究都显示，优美宜居的生态环境可以吸引绿色环保的高新技术产业入驻与集聚，亦可激发技术人员的创造力。

科技创新对生态环境的影响方面，埃利希和霍尔德伦在构建的 IPAT 模型中，阐述了影响环境的因素中包括技术因素，格罗斯曼和克鲁格提出的"环境库兹涅茨曲线假说"认为，社会发展需要较大规模的经济活动与资源供给，势必会对生态环境带来负的规模效应，同时社会经济发展又可以借助技术进步效应来减少污染排放；斯托基（Stokey）在内生增长模型基础上对 EKC 曲线进行了理论分析，指出经济的不断发展会促进技术进步，技术创新可以提高资源和能源的利用效率，进而降低资源消耗与环境破坏。诺德豪斯在对其构建的 DICE 模型说明中指出，绿色低碳能源对传统化石能源的有效替代可以从根本上控制温室气体的排放，这一革命性替代过程离不开科技创新引领的技术进步。

由此可见，生态环境与科技创新之间是相互联系、相互影响的，因此，需要勾勒两者间的互动传导机制模型，首先应回答如下问题：

生态环境与科技创新之间的互动影响机制及作用传导路径如何？什么因素、效应决定着两者间的负向阻碍或正向促进关系？抑或因为何种或几种中介载体的影响，导致两者间的互动影响关系存在地域差异？

此外，长江经济带不仅横跨我国东、中、西三大区域经济板块，同时也联动了"一带一路"倡议和新一轮的区域发展战略，现已成为我国区域发展战略的重点。随着国家《关于加快推进生态文明建设的意见》《国家创新驱动发展战略纲要》的颁布，区域专项规划《长江经济带发展规划纲要》《长江经济带生态环境保护规划》的出台，近些年长江经济带的生态环境与科技创新的发展如何。"波特假说"在长江经济带能否成立？近些年以创新驱动经济发展的变革中，各省市有没有越过"环境库兹涅茨曲线"的拐点？因此以下问题同样值得进一步探讨：

①长江经济带生态环境与科技创新间是否存在非均衡发展关系？如果存在，长江经济带 11 省市间是否也存在"地区间发展不平衡、系统间发展不均衡"的问题？

②长江经济带生态环境与科技创新间是否存在"时间"非均衡影响关系？如果存在，两者间究竟是正向促进还是负向阻碍？是否存在当科技创新发展到一定阶段，才会对生态环境产生正向影响，当科技创新发展达到某一阈限后，会不会对生态环境的正向作用弱化？抑或经济发展到什么程度才可以出现生态环境与科技创新的同向进步？

③长江经济带生态环境与科技创新间是否存在"空间"非均衡影响关系？如果存在，两者的空间集聚与空间溢出效应如何？哪些因素是造成省际空间异质性特征的原因？早先以产业转移形成的跨地域技术创新与合作模式，能否超越对市场范式之追逐局部利益最大化的偏好和工具理性的路径依赖，体现出以长远生态环境为目标的共生共赢发展模式？

④长江经济带生态环境与科技创新间是否存在"双向互动"非均衡影响关系？生态环境对科技创新影响方面的"波特假说"，是否可以促进当地科技创新的发展？科技创新对生态环境影响方面的"环境库兹涅茨曲线假说"，是否可以验证地区流域省市的科技创新对生态环境修复的积极贡献？如果存在互动，省际层面两变量间的非对称交互影响强度如何？互动影响长短期效应如何？哪些因素是造成省际层面非均衡互动影响差异的原因？

(三) 研究意义

本书在长江经济带生态环境约束加剧的新时代发展背景下，紧绕国家高质量发展的部署要求，以流域"生态优先、绿色发展"的基本思路为研究切入点，探析在新时代发展背景下，如何促进长江经济带地区间与系统间的协调均衡发展。● 据此，本书可能存在的学术理论价值和实践应用价值如下：

理论价值：基于内生经济增长理论与创新理论，罗默和诺德豪斯的增长理论进行整合，将生态环境与科技创新置于同一分析框架内，并从多层面、多视角捋清在不同发展阶段与背景下，区域生态环境与科技创新间的双向影响关系，并按照互动路径方向、效应强度、载体中介三个方面，构建了其间的"非均衡互动作用传导机制"概念模型。在反思传统粗放发展模式对生态资源的污染破坏基础上，总结早先生态环境与科技创新间的"障碍约束"效应，并结合各地关键影响因素，深度挖掘生态环境约束对科技创新发展的"反哺激励"效能，在以创新驱动经济高质量发展进程中，检验科技创新对生态环境修复改善的支撑作用。一定程度上拓展了资源经济学与创新理论的分析框架，为流域各地走差异化"生态优先、绿色发展"道路提供理论支撑。

应用价值。通过计量经济模型，测评验证生态环境与科技创新在长江经济带各地区、多层面的非均衡互动影响关系：一方面基于"STIRPAT模型"与"环境库兹涅茨曲线假说"，聚焦考察期内流域省市的科技创新对生态环境修复的贡献力度，测评科技创新驱动流域经济发展的质量；另一方面对"波特假说"在长江经济带地区进行再检验。关注如何将生态环境的现实发展外在约束，转换为流域中长期发展的内生驱力。剖析考察期内长江经济带在传统发展模式下因"投入导向"而造成的"模式趋同、竞争同质、投入冗余、产出污染"等现实问题，本书将生态环境作为推动科技创新发展政策工具的可能性，探索长江经济带省市以科技创新促进生态环境发展的绿色长效机制，寻觅"投入统筹集约，过程生态友好，产出绿色高效"的流域高质量发展路径，进而为建立因地制宜、开放协作、融合共享型大跨度流域经济发展范式提供政策建议参考。

二、基础理论文献综述

研究生态环境与科技创新间的非均衡关系，首先必须要以基础理论引

● 成长春. 长江经济带协调性均衡发展的战略构想 [J]. 南通大学学报（社会科学版），2015（1）：1-8.

导分析框架，不仅需要厘清经济增长理论中的资源环境观，而且需要对科技创新理论的发展脉络进行梳理；其次在对两大基础理论的梳理过程中，挖掘相互渗透的内容，目的是要为后续研究生态环境与科技创新间的非均衡影响关系奠定理论框架，提供研究思路。

(一) 资源环境理论综述

亚当·斯密（Adam Smith）指出，社会分工推进了技术进步和新机器发明，产生的报酬递增效应可以抵消因土地资源稀缺而产生的报酬递减效应❶，但他忽视了资源环境对经济增长的制约影响。后来，人类社会步入了生产力与科学技术相对落后的发展初级阶段，人类对资源与环境的关注大都建立在农业发展基础上，而经济发展与资源环境的矛盾焦点又主要集中于农业用地，因此早期古典经济学理论认为有限的资源会制约经济的持续增长。后来美国经济学家西奥多·威廉·舒尔茨（Theodore William Schultz）将农业经济作为经济体的主要部分，指出早期的古典经济增长理论学者将土地视为经济增长的一个制约因素，或是社会生产不可或缺的要素，是国民财富增加的源泉。❷

20世纪50年代，第二次世界大战结束后的全球经济开始复苏，很多国家在工业化发展进程中并未爆发资源或环境问题，反而维持了一个世纪的经济快速增长❸，这也符合此阶段的新古典经济增长理论资源观。该理论认为任何资源对人类经济活动的约束都是短期而相对的，从长远来看并不存在绝对的稀缺资源约束。但自20世纪70年代后，生产生活中的资源浪费问题日益突出，第三世界人口的急剧增长，西方国家又出现了粮食危机与能源危机；与此同时，全球发生了诸如温室效应、酸雨、臭氧层空洞、周期性沙漠化与干旱等一系列环境问题，再度掀起学界对经济发展过程中资源与环境问题的研究热潮。新古典经济学理论家并不认为自然资源是经济增

---

❶ 亚当·斯密. 国富论 [M]. 北京：华夏出版社，2005，1：23-29.

❷ 西奥多·W. 舒尔茨. 报酬递增的源泉 [M]. 北京：北京大学出版社，2001：108.

❸ 杨杨. 土地资源对中国经济的"增长阻尼"研究 [D]. 杭州：浙江大学，2008.

长的重要生产要素，经济还会受到其他主体活动的影响，强调注重资源、物质资本与人力资本之间的替代作用。

此后的资源与环境问题始终是学界的热议主题，但传统的经济系统模型是以自然资源和环境资源的无限供给为前提假设，并且认为自然环境资源因其"外生性"而无需带入生产函数参与分析。20世纪80年代以后，第三次工业革命促进了社会生产力的快速发展，推动人类社会步入了知识经济时代，这也深刻影响了人们的生产与生活方式。社会经济朝着高质量发展阶段迈进的同时，自然环境资源也日益稀缺，所以对经济发展质量的约束也随之加剧。因此，资源环境经济学对传统经济学的前提假设做了修正，认为资源与环境是经济发展系统的重要部分，应将其作为稀缺生产要素带入生产函数，并考虑其优化配置与利用效率。内生经济增长理论的研究也开始盛行，强调无限增长中技术进步对于促进经济增长、解决资源与环境问题的关键作用，有力反驳了前人对人类未来过分悲观的发展观。

与此同时，在全球资源与环境问题日益突出的背景下，相继成立了许多国际资源与保护组织，召开了一些具有历史意义的国际会议，如联合国环境规划署（United Nations Environment Programme，UNEP）、国际环境与发展研究所（International Institute for Environment and Development，IIED）等。1972年在瑞典斯德哥尔摩召开的联合国人类环境会议首次正式提出了"可持续发展"（Sustainable Development）的概念，通过了《联合国人类会议宣言》（以下简称《宣言》）。《宣言》指出，保护和改善环境是关系世界各国经济发展的重要问题，提议要保护地球上的自然资源与生态环境，保持再生资源和不可再生资源的生产能力，努力实现经济与社会各系统间的协调发展，实现经济、社会、环境三方面的利益最大化。1987年的世界环境与发展委员会上，专家呼吁人类社会的可持续发展要基于生态资源与自然环境的合理承载阈限，社会经济的稳定发展必须重视环境问题；1992年巴西里约热内卢举行的联合国环境与发展大会上，正式将可持续发展作为处理资源环境与经济发展关系的伦理准则和一般要求。这些都对资源经济学的兴起产生了重要的影响，也很好地推动了全球资源环境问题研究工作的深入开展。

1996 年，第八届全国人民代表大会上通过了《国民经济和社会发展"九五"计划和 2010 年远景目标纲要》，明确提出了实施可持续发展、保护自然资源和生态环境等战略目标。2017 年党的十九大报告中明确提出：建设生态文明是中华民族永续发展的千年大计，必须树立和践行"绿水青山就是金山银山"的理念。同年，环境保护部等三部委印发《长江经济带生态环境保护规划》，不仅从水资源利用、水生态保护、水环境修复、长江岸线保护和开发利用、环境污染治理、流域风险防控等方面明确了保护长江生态环境的具体行动部署，同时也对沿江各省市以科技创新促进产业转型升级提出了更高要求。

1. 古典经济增长理论的资源环境观

17 世纪中期是资本主义工商业发展的起步阶段，经济学的研究自然也离不开农业生产，英国古典经济代表学者威廉·配弟（William Petty）在其著作《赋税论》中就将劳动和土地看作是经济价值的本源，是经济发展的两大关键资源，提出"劳动是财富之父，土地是财富之母"，同时也强调劳动创造财富的能力要受到自然条件的约束;❶ 法国古典政治经济学创始人之一布阿吉尔贝尔（P Pierre Le Pesant, sieur de Boisguillebert）也认为，农业是社会各个经济部门形成的基础，一切财富都源自对土地资源的耕种。❷ 与此同时，学界对资源利用的报酬递减规律也做了阐述，尤其对资源稀缺性开展了深入讨论。

（1）资源绝对稀缺论。资源绝对稀缺论是指某种经济活动或经济体系依赖于某一特定的自然资源，但囿于此种资源的供给存在限额，因此当其日趋耗竭，经济活动也将逐渐萎靡直至终止（古典自然资源经济观和当代的经济增长极限论、零增长论基本上都属于自然资源绝对稀缺论）。

托马斯·罗伯特·马尔萨斯（Thomas Robert Malthus）1798 年完成的《人口原理》一书中，以土地资源的稀缺性及其"报酬递减"的作用规律为基础，提出食物生产等资源供给只能以算术级线性增长，甚至零增长，而

---

❶ 威廉·配弟. 汉译世界学术名著丛书：配弟经济著作选集 [M]. 上海：商务印书馆，1983.

❷ 布阿吉尔贝尔. 布阿吉尔贝尔选集 [M]. 上海：商务印书馆，1984：170.

人口则是按几何级数增长的，所以人口增殖速度远超生活资料的增度，如果人类不能主动节制生育，那随之出现的贫困、饥饿、瘟疫、战争等将自然抑制人口增长。❶ 该理论认识到土地作为一种资源禀赋对社会经济发展的约束，试图提醒社会注意人口与生活资料间的增长比例协调，正确处理好人口、资源、环境与经济增长的关系，防止人口过速增长，但他却否定了人口规律的社会性和历史性，低估了人类社会的自我控制力，更忽视了技术进步与创新对提升资源生产力、解决人口问题的积极作用。

（2）资源相对稀缺论。资源相对稀缺论主张人类需求的增大会提升资源的相对稀缺程度，其价格也会随之上升，价格的变动一方面可抑制对某一资源的需求，另一方面也会促使人们通过提高科技水平或改变消费方式寻找替代品，降低此类资源的需求，这样稀缺资源在市场经济中可以通过价格机制得到优化配置，相对稀缺性得以体现。

古典经济学派的代表大卫·李嘉图（David Ricardo）基于亚当·斯密的"劳动价值理论"，提出了比较优势理论。在其1817年完成的《政治经济学及赋税原理》中提出了与马尔萨斯不同的观点：他认为土地资源的稀缺性是相对的，较经济的发展与人口的增长而言，土地则具有边际报酬递减特征，因此人们要么在肥力不断衰减的原有土地上继续追加投资，要么被迫耕作位置与肥力较劣的土地，虽然土地总量不变，但生产率较高的土地资源相对稀缺。❷ 同时，李嘉图也承认生产技术与稀缺土地之间存在一定程度的替代与互补，意识到技术进步在改良土地肥力、提高劳动生产率的积极作用，这也为后来以科技创新缓解经济快速发展下的资源环境问题奠定了理论基础。

（3）其他古典资源观。约翰·斯图亚特·穆勒（John Stuart Mill）基于马尔萨斯与李嘉图的思想，将稀缺的概念延伸到更广义的资源环境，并对资源稀缺理论进行了拓展，在其著作《政治经济学》中提出了异于前人的乐观论点，认为自然环境、人口和资本的增长并不是无限的，资本与土地的稀缺是社会经济增长的双重约束。指出土地报酬递减规律、马尔萨斯的人口规律、资源消耗等规律的综合作用将使社会进步趋于稳定状态，而人类

---

❶ 马尔萨斯. 人口原理 [M]. 上海：商务印书馆，1992：24-52.
❷ 李嘉图. 政治经济学及赋税原理 [M]. 伦敦：伦敦出版社，1817.

应该保持在一个远离资源极限的静止、平衡的"静态经济"状态，防止出现食物缺乏和自然美消失，并强调这种状态不代表人类社会进步趋于停滞。随着人类控制自然资源的能力增强，对资源要素认识得丰富具体，应该更关注精神文明和道德水平的进步，争取生活质量的更大提高。❶

吉福德·平楚特（Gifford Pinchot）针对美国工业革命所造成的森林资源、野生动植物的破坏，自发参与到第一次环境保护运动中，他提出的对生态环境资源应该"明智利用"的思想代表着 19 世纪生态环境伦理思想的兴起。他认为一旦资源利用与人类利益发生冲突时，应该权衡资源开发与资源保护，并以多数人的长远利益为准绳去缓和、解决矛盾，高效、明智地利用资源。❷

乔治·珀金·玛什（George Perkins Marsh）1864 年的著作《人与自然》中从伦理角度讨论自然保护问题，针对人类表现出的对一切都无所谓的自大态度，玛什给出了深思后的建议，提醒人们要关注生存的平衡，处理好人与自然的关系，指出大型建设项目会影响自然平衡，诸如此类的人类活动本身就是对自然环境的干扰，比起未来因自然环境与资源的破坏所导致的灾难，人类有目的的社会活动与进步很可能会显得微不足道。❸

2. 新古典经济增长理论资源环境观

19 世纪末 20 世纪初，以阿尔弗雷德·马歇尔（Alfred Marshall）为代表的新古典学派在西方经济学应运而生。区别于早前古典经济学强调土地收益递减规律，马歇尔在其 1890 年出版的《经济学原理》里出现的"生产四要素论"包括了劳动、资本、土地、组织。一方面，他根据资源稀缺性的特点，指出随着单位土地上投入的资本和劳动的数量增加，农产品产量受到资源制约，表现出报酬递减趋势；另一方面，他倡导提高稀缺资源的利用效率，人为因素使得组织改进、效率提高，农产品产量增加可能大于投入

---

❶ 约翰·穆勒. 政治经济学原理 [M]. 北京：华夏出版社. 2009.

❷ 叶平. 人与自然：西方生态伦理学研究概述 [J]. 自然辩证法研究，1991（11）：4-13，46.

❸ MARSH G. P. Marsh. Man and Nature；Or，Physical Geography as modified by human action[M]. Cambridge，mass，1864.

的倍数，表现出报酬递增倾向，最终的结果决定于两个相反方向的力量对比。从其论述"把土壤肥力置于人类的控制之下……依靠充分的人类劳动，能使差不多任何土地生长大量作物，人类能从机械上和化学上使土壤适合于下一次要种植的任何作物，甚至改变土壤的性质"中[1]，可以获悉马歇尔更强调人类对改变、利用资源的能动性，颇具"人定胜天"的激情，这与早先古典经济增长理论大卫·李嘉图的论述"由优至劣的土地耕种次序""资源的自然赐予将会逐渐耗竭"相悖。罗伊·福布斯·哈罗德（Roy Forbes Harrod）在1948年也否定了土地报酬递减规律是经济增长过程中的一个基本要素，指出在当时的特定环境下，土地资源的影响在数量上并不明显。[2]

20世纪50年代后，罗伯特·默顿·索洛（Robert Merton Solow）开创了新古典增长模型，"外生经济增长理论"也随之兴起。索洛（Solow）最初设定的生产函数中并未包含资源要素，假定资本和劳力是规模报酬不变的，此时经济以人口增长率增长，将经济总体的增长贡献归因于外生的技术进步。[3] 该理论体系在学界占据统治地位近30年之久，其中资本、劳动、全要素生产率等常被公认为经济增长的主要因素，强调了技术进步对于经济增长的重要影响，并且指出技术因素已经超过了劳动力、资本等传统要素对经济增长的积极贡献。那时，为数不多的、虑及资源要素的论点，也只是将资源归类为一种资本投入，该时期学界认为资源与环境已不再是经济增长和发展的约束条件。[4]

这一阶段的代表性研究成果，如：索洛、斯蒂格利茨（Stiglitz）、达斯古着塔和赫尔（Dasgupta & Heal），采用新古典增长模型，将不可再生资源纳入生产函数方程，分析其最优开采与利用路径，指出即便是在自然资源存量有限、人口增长率为正，只要保持持续技术进步，获取可再生替代资

---

[1] 阿尔弗雷德·马歇尔. 经济学原理 [M]. 北京：人民日报出版社，2009：531.

[2] HARROD. R. F. Towards a dynamic economics, some recent developments of economic theory and their application to policy[R]. 1948.

[3] SOLOW. R. M. A contribution to the theory of economic growth[J]. The quarterly journal of economics,1956,70(1):65-94.

[4] SOLOW. R. M. Technical change and the aggregate production function[J]. The review of Economics and Statistics,1957,39(3):312-320.

源，人均消费持续增长也仍是有可能的❶❷❸；鲍莫尔（Baumol）则说自然资源的物质存量会随着人类经济增长而逐渐减少，但技术进步会提高有限资源的经济贡献，通过改变发展方式来维持经济的可持续增长❹；诺德豪斯（1992）基于索洛模型，比照有资源约束和无资源约束的新古典增长模型演算结果，将两模型下的稳态人均产出增长率之差定义为自然资源对社会经济发展的"增长阻尼"（growth drag），并据此测算出美国土地和其他自然资源的增长阻尼为 0.0024❺；齐齐尔尼斯蒂、赫尔和贝尔特拉蒂（Chichilnisky、Heal、Beltratti）利用包含自然资本的新古典增长模型，总结出"绿色黄金法则"，认为经济可持续增长的条件是自然资本和消费的边际替代率等于自然资本的边际更新率。❻ 库兹涅茨（Kuznets）指出，自然资源的绝对缺乏不可能阻碍经济增长，社会的持续发展需要依靠新技术的发明及其对技术的吸收转化能力。因此，自然资源禀赋并不意味着地区可以快速发展或最后繁荣。❼

（1）外部性理论。市场经济主体获得的福利不仅取决于自身活动，还会受到其他主体活动的影响，这就表现出外部性，通常当这种影响对他人有害时，就称为外部不经济或负外部性。阿瑟·赛斯尔·庇谷（Arthur Cecil Pigon）在马歇尔提出的"外部性"概念基础上，撰写了《福利经济学》一书，对"外部不经济"的内容进行了拓展阐述，指出资源环境本身就具有

---

❶ SOLOW. R. M. Intergenerational equity and exhaustible resources[J]. The review of economic studies,1974,(41):29-45.

❷ STIGLITZ. J. Growth with exhaustible natural resources:efficient and optimal growth paths[J]. The review of economic studies,1974,(41):123-137.

❸ DASGUPTA. P. S,Heal G M. Economic theory and exhaustible resources[M]. Cambridge University Press,1979.

❹ BAUMOL. W. J. Productivity growth,convergence,and welfare:what the long-run data show[J]. The American Economic Review,1986,76(5):1072-1085.

❺ NORDHAUS. W. D,STAVINS. R. N,WEITZMAN. M. L. Lethal model 2:the limits to growth revisited[J]. Brookings papers on economic activity,1992(2):1-59.

❻ CHICHILNISKY. G,HEAL. G,BELTRATTI. A. The green golden rule[J]. Economics Letters,1995,49(2):175-179.

❼ KUZNETS. S. S,JENKS. E. Shares of Upper Income Groups in Income and Savings [M]. National Bureau of Economic Research,1955.

公共物品属性，具有非排他性和非竞争性特征，因此每一个经济个体都很有可能"搭便车"获益而无需承担直接成本，不会主动关心对这种公共属性的资源影响。❶ 后期庇谷也强调了自然资源在货币上的效用，并考虑用货币形式来衡量经济的负外部性问题。

华西里·里昂惕夫（Wassily Leontief）宏观定量研究了经济发展与环境保护的关系，其 1936 年发表的《美国经济体系中投入产出的数量关系》一文，首次介绍了美国 1919 年投入产出表的编制工作，并对相应的投入产出理论和模型做了说明，提出的"投入产出表分析法"后来成为经济研究的一个重要工具。他认为在产品生产成本中，除了原材料消耗和劳动力投入，还应该从非期望产出视角，核算处理环境污染的成本，通过分析环境规制对社会经济的影响，强调了社会经济健康发展与生态环境修复改善的良性互动关系。❷

保罗·萨缪尔森（Paul A. Samuelson）在其 1948 年的著作《经济学》中认为，资源环境问题产生外部性的原因在于其公共产品的特征（非竞争性与非排他性），人人都从环境中受益，但也不能阻止他人从中收益，资源环境的外部性是随着经济社会的发展而出现的一种无法避免的经济现象。❸

1972 年，威廉·诺德豪斯和詹姆士·托宾（James Tobin）提出了"净经济福利指标"（Net Economic Welfare），在传统 GDP 核算时"做加法"的逻辑基础上，也要考虑"做减法"，将环境污染纳入衡量地区经济发展水平的体系中❹，即社会生产限制在一定的环境阈限内，对于超过环境污染指标的部分核算出用于改善所需的经费，并将这些改善经费从 GDP 中扣除。即便是在"绿色 GDP"概念盛行的今天，诸如空气、水等资源环境要素不管是作为资源开采对象还是作为废弃物倾倒场所，都被看成是没有价值的公共物品而导致市场失灵，造成由于没考虑外部性成本和效益的无效率，对

❶ A. C. PIGON. 福利经济学［M］. 上海：商务印书馆，2009：425.

❷ LEONTIEF. W. W. Quantitative input and output relations in the economic systems of the United States［J］. The review of economic statistics, 1936,（18）：105-125.

❸ SAMUELSON. P. A. Foundations of economic analysis［J］. Harvard Universily Press, 1948.

❹ NORDHAUS. W. D, TOBIN J. Is growth obsolete? ［M］. Economic Research：Retrospect and prospect, Economic growth. Nber, 1972(5)：1-80.

环境资源使用的唯一制约是现行成本，但并不是未来获益的机会成本，此种情况下的帕累托最优资源配置只能是次优的。❶

人类在经济发展进程中对资源环境的开发利用势必会以资源环境的破坏为代价，因此要承认"环境外部性"是人类社会经济发展进程中不可避免的，这也意味着产生了负的经济外部性，但其影响范围要远超广义的经济外部性，影响作用时间的滞后性与长远性也更加明显。一方面环境污染具有无偿性，其外部不经济让人类付出了高昂的社会成本，但多数经济主体却不会主动对此种破坏买单（生产者关心的是利润与剩余价值，消费者关心的个人收益与消费体验，而很少有人关心生产消费行为对环境资源的影响），而是把这些成本从 GDP 中加以扣除，就相当于一个将负外部性"内部化"的过程，尽力把经济活动的外部性加以"内部化"。随着经济增大加速，人类对环境资源的开发利用深入，环境的外部损失就更加严重。另一方面环境资源的损耗具有时空差异性，往往使当事人的经济行为对环境的损益与影响关系在短时间难以发觉，诸如酸雨、水污染、空气污染等环境问题具有迁移性、累积性、扩散性及长久性特征，即便是点源污染或小范围的生态破坏，也可能因为"蝴蝶效应"波及整个国家甚至全球，影响子孙后代的福祉，而肇事者与受害者在时空上的差异造成追责困难，人们常常并不会主动自觉去对生态环境保护投资，通常是将对环境滥用造成的损失作为一种外部成本，转嫁给其他人或者全社会共同承担。

（2）新马尔萨斯主义。20 世纪 70 年代初，以德内拉·梅多斯（Donella Meadows）为代表的学者团队应罗马俱乐部的委托，完成了主题为《论人类困境》的研究报告，随后在此报告的基础上于 1972 年出版了名为《增长的极限》的著作。与早期马尔萨斯主义仅考虑土地资源相异，梅多斯则将焦点拓展到不可再生资源的浪费与污染上，阐述了快速工业化阶段的经济增长会引起人口加剧增长、粮食短缺、资源枯竭、环境恶化（生态平衡问题）等一系列问题；计算和论证了增长是存在极限的观点，指出改变这种增长的趋势，建立稳定的生态和经济的条件是支撑长远发展的关键，人类必须

---

❶ 汤尚颖. 资源经济学［M］. 北京：科学出版社，2014：19.

控制人口数量，减少对自然资源的消耗；强调"需要使社会改变发展方向，向均衡的目标前进，而不是沿袭以往模式的增长，否则人类将面临灭顶之灾"❶。在其 1993 年的后续著作《超越极限》中，指出全球规模的经济指数将继续增长，当达到地球的物理极限时，全球经济将因超越其资源的承载负荷而崩溃，经济增长则是问题根源而非解决办法，唯一理性的选择是对经济增长本身加以限制。他进一步指出，要在权衡长短期发展愿景的前提下，出台匹配的环境规章制度与政策，通过技术创新以提高资源能源的使用效率，降低生态环境的负担，这样就可以超越极限。

（3）对罗马俱乐部观点的争论。朱利安·林肯·西蒙（Julian Lincoln Simon）在其 1981 年出版的《没有极限的增长》中反对上述罗马俱乐部的观点，指出经济将不断发展，这是改善后代人福利的手段而并无害处，拒绝经济增长会使第三世界国家永远处于贫困状态；他同时指出，人类发展的潜力是无限的，社会发展进程中所遭遇的各种困难，终将会随着社会的进一步发展而得以适当解决。但经济增长最终将逐渐降为零，强调了科技和社会因素在增长过程中的重要性，而生态环境的恶化只是工业化过程中的暂时问题，未来人类发展终将与资源环境达成平衡。其研究小组于 1992 年发表的《超越极限——正视全球性崩溃，展望可持续的未来》中强调："增长存在极限，发展却不存在极限"❷。

另有一些学者也对罗马俱乐部的结论持否定态度，批评其悲观的论断以世界资源及其存量的大小已定，而资源需求却以指数增长为前提，忽视了科技创新对新资源的开发挖掘及对自然环境的修复改善作用。事实上，在工业革命之前的 17 世纪，英国曾出现木材危机，因木材短缺而使木材价格暴涨，当英国觉得树林不够用时，煤炭又开始作为能源进行开发应用；19 世纪的学者又指出煤炭即将耗尽，人们认为煤炭危机将制约工业的继续发展，结果是不仅新的煤矿陆续被发现，而且石油也登上了历史舞台。现在人们也开始对石油忧心忡忡，早在 19 世纪末人们就不断地预测、估算，宣

---

❶ MEADOWS. D. H, MEADOWS. D. L, RANDERS. J, et al. The limits to growth[J]. New York, 1972(102):27.

❷ 朱利安·林肯·西蒙. 没有极限的增长 [M]. 成都：四川人民出版社，1985.

称石油将在"几十年内"枯竭,1920 年美国地质报告公布美国的石油开采量不会超过 70 亿桶,最多可维持到 1934 年,但 1934 年美国地质报告又公布了石油储藏量已经达到 120 亿桶。然而一百多年过去了,石油的储量不减反增,石油并未如教科书描述的那样将在 50 年后用完,也许在 500 年后都用不完,因为科技创新促进了人类对资源的开采与应用能力的提高,未来人类可能早已开发应用现今所不曾预想到的能源种类。

我国著名经济学家马寅初在 1957 年的著作《新人口论》❶ 中提出,中国的主要问题是人多地少,可开垦耕地有限,粮食商品率低,人口大量增长还会占用有限资金,资源需求过度,引发劳动力质量、文化教育水平、科学技术发展等方面的一系列问题,制约经济发展。因此,他主要从资金积累、科技发展、生产率提高、物质文化丰富等方面,论述了在我国发展初期对于控制人口增长的必要性与迫切性,确立了人口问题在国民经济和社会发展中的重要地位❷。

3. 内生经济增长理论的资源环境观

随着 20 世纪 80 年代中期知识经济的兴起,保罗·罗默(Paul Romer)和罗伯特·卢卡斯(Robert Lucas)在"古典增长理论"与"新古典增长理论"基础上,分别从人力资本与研发投入两个技术内生机制分析技术进步对经济长期均衡增长率的作用,提出了"新经济增长理论",又称"内生经济增长理论",通过对经济长期增长路径的研究分析,认为技术进步是经济增长的关键❸❹。区别于新古典经济增长理论(以劳动投入量和物质资本投入量为自变量的 $C-D$ 生产函数把技术进步等作为外生因素来解释经济增长),内生经济增长理论的核心思想认为,经济是可以不依靠外部力量推动而实现长期增长的,视技术进步为内生因素是保证经济持续增长的关键,

---

❶ 马寅初. 新人口论 [M]. 北京:北京出版社,1979.

❷ 杨杨. 土地资源对中国经济的"增长阻尼"研究 [D]. 杭州:浙江大学,2008.

❸ ROMER. P. M. Endogenous technological change[J]. Journal of political Economy,1990,98(5):S71-S102.

❹ LUCAS. R. E. On the mechanics of economic development[J]. Journal of monetary economics,1988,22(1):3-42.

强调必须将资源、环境等因素纳入经济增长模型。后期的一些经济学家开始将生态环境污染引入生产函数方程，讨论生态环境效用及其对可持续发展的影响问题。

卢卡斯（Lucas）的人力资本积累内生经济增长模型，将不可再生资源纳入生产函数，探讨了模型的平衡增长问题，通过分析环境外部性对跨时效用的影响，阐述了不可再生资源的可持续利用的政策含义[1]；格罗斯曼和克鲁格（Grossman、Krueger）提出了环境库兹涅茨曲线（EKC），验证了经济增长与环境污染间也存在倒"U"型特征，即环境质量随着经济增长，会出现先恶化后改善的过程，认为经济增长能够内生性地自动解决环境问题，他将"倒 U 型"EKC 出现逆转趋势的原因归结为经济增长本身，认为经济增长达到一定程度后环境问题能够得到自动解决[2]；斯托基（Stokey）在内生增长模型基础上对 EKC 曲线进行了理论分析，指出经济的不断发展会促进技术进步，提高资源和能源的利用效率，当产出一定时的资源消耗和环境破坏降低[3]；肖尔茨和齐姆斯（Scholz、Ziemes）将资源、环境等因素纳入经典内生增长模型，表明有效的技术进步机制可以优化人均产出增长率[4]；巴比尔（Barbier）通过改进 Romer-Stiglitz 模型，研究了内生的经济增长和自然资源缺乏之间的关系，文中假设资源的可获性会对技术创新造成限制，最终的研究结果表明，虽然内生经济增长是可以克服自然资源的匮乏问题，但从长远上来看，资源可获得性约束下的技术进步，仍然可以左右最终的研究结果。从长期来看，人均消费水平是可以保持长期不变的[5]；格里莫和鲁日（Grimaud、Rouge）将环境污染与有限的非可再生资源

---

[1] LUCAS. R. E. On the mechanics of economic development[J]. Journal of monetary economics,1988,22(1):3-42.

[2] GROSSMAN. G. M,KRUEGER. A. B. Environmental impacts of a North American free trade agreement[R]. National Bureau of Economic Research,No. 3914,1991.

[3] STOKEY. N. L. Are there limits to growth？［J］. International economic review,1998,39(1):1-31.

[4] SCHOLZ. C. M,ZIEMES. G. Exhaustible resources,monopolistic competition, and endogenous growth[J]. Environmental and Resource Economics,1999,13(2):169-185.

[5] BARBIER. E. B. Endogenous growth and natural resource scarcity[J]. Environmental and Resource Economics,1999,14(1):51-74.

引入新熊彼特模型，构建了包含不可再生能源约束的内生增长模型，提出了"创造性毁灭"，研究经济发展进程中的创新对于资源消耗、环境污染的影响问题，考察资源环境是否可限制可持续发展❶；阿西莫格鲁（Acemoglu）以环境约束与有限资源为前提假设，将技术进步视为内生变量纳入增长模型中，分析了诸如清洁能源、污染治理等不同偏向的技术类型对于生态环境污染治理的影响程度。实证结果显示，支持偏向于清洁技术的创新研发投入会引导企业创新的论断。❷

4. 资源环境经济学理论的发展

资源环境经济学不是一门先验的科学，而是针对人类社会在经济发展进程中出现的诸多资源环境问题而诞生的科学，涉及环境科学、物理学、生态学、社会学等诸多学科，主要专注于协调人与自然的能量物质转换，使社会经济活动符合自然生态平衡和物质循环规律❸。学者们认为，人类社会发展进程中存在着物质生产和消费方式的阶段性动态演进，这是人类改造世界、利用自然的过程。马克思在 19 世纪就关注城市迅速发展导致生态与社会养分循环代谢断裂的问题，提出人类社会经济系统与自然生态系统之间存在着重要的互动影响关系❹；20 世纪 60 年代开始，一些学者重新审视现代经济社会发展过程中物质代谢的重要性，提出了诸如"宇宙飞船经济理论""物质平衡理论"等，使得现代经济学体系中又形成了资源经济学这个重要分支，并且在 20 世纪 90 年代以后得到了快速发展。经过几十年的发展，资源环境经济学通过有效解决经济快速发展进程中的资源环境问题，彰显其在可持续发展主旨下的政策指导意义与实际应用价值。

---

❶ GRIMAUD. A，ROUGE. L. Non-renewable resources and growth with vertical innova-tions：optimum，equilibrium and economic policies［J］. Journal of Environmental Economics and Management，2003，45(2)：433-453.

❷ ACEMOGLU. D，AGHION. P，BURSZTYN. L，et al. The environment and directed tech-nical change［J］. American economic review，2012，102(1)：131-66.

❸ 王克强，赵凯，刘红梅等. 资源与环境经济学 ［M］. 上海：上海财经大学出版社，2007.

❹ FOSTER. J. B. Marx's theory of metabolic rift：classical foundations for environmental sociology［J］. American journal of sociology，1999，105(2)：366-405.

（1）宇宙飞船理论。20 世纪 70 年代中后期，美国经济学家肯尼斯·鲍尔丁（Kenneth Boulding）在其学术论文《一门科学——生态经济学》中正式提出了生态经济学的概念，其理论比喻我们的地球就像茫茫太空中飞行的一艘小小宇宙飞船，人口和经济的无序增长会耗尽飞船内的有限储备资源，生产生活所排出的废弃物也会污染船舱，毒害乘员，最终随着飞船内部的社会瓦解，飞船将会失控甚至坠落。因此，如果将地球视为资源有限的封闭实体，人类必须找到维持生态系统循环运行的途径。与此同时，强调良好的生态系统是维持地球上资源延绵不绝的关键，要想扭转资源危机，创造丰富的生产和生活内容，保证经济、社会和资源协调发展，就必须改变既存经济增长方式，由过去"增长型经济"转为"储备型经济"，由"消耗型经济"升级为"生态型经济"，改良传统"单程式经济"，建立能重复使用各种物质资源的"循环式经济"❶。

（2）物质平衡理论。资源经济学的基础——物质平衡理论是在 20 世纪 70 年代由克尼斯（Allen V. Kneese）、艾瑞斯（Robert U. Ayres）、德阿芝（Ralph C. D'Arge）共同出版的《经济学与环境：物质平衡方法》一书中提出的，通过对整个经济系统及其与生态环境系统间的物质平衡关系探析，厘清自然资源开发利用过程中的物质流和服务流，提出了沿环境物质流研究经济问题的重要思想。指出经济活动本质上是从生态环境系统中取得物质并有机转化的过程，生态环境中的资源最终也将返回环境，只是从一种状态转化成另一种形态，诸如来自生态环境的化石燃料能源、农产品矿石等原材料，经过生产后有一部分转换成商品，另一部分则变为废弃物最终排放到生态环境中去。揭示了资源环境污染产生的根源在于环境资源的免费使用，因此建议在生态与能源问题日益严峻的当下，必须努力提高资源利用效率和能源转换率，发展循环经济，并提倡对环境资源的合理定价与有偿使用❷。但是该理论一方面认为环境污染不可避免，其限度是其产生的

---

❶ BOULDING. K. E. Ecodynamics：a new theory of societal evolution［M］. SAGE Publications，Incorporated，1978.

❷ KNEESE. A. V，AYRES. R. U，D'ARGE. R. C. Economics and the environment：a materials balance approach［M］. Routledge，2015.

社会效益与所需的社会边际成本相等；另一方面也积极推行环境整治，治理的限度是治理量的边际社会效益等于环境治理的社会成本。

(二) 科技创新理论综述

亚当·斯密在其1776年撰写的《国富论》中就指出国民财富增长的基本因素是劳动分工、资本积累及新技术发明❶，卡尔·马克思（Karl Marx）在其1867年的著作《资本论》中也有如下一些论述："社会生产力的发展来源于智力劳动特别是自然科学的发展""劳动生产力的提高能缩短生产某种商品的社会必要劳动时间，使较小量的劳动获得生产较大量使用价值的能力""它必须变革劳动过程的技术条件和社会条件，从而变革生产方式本身"❷，这些论述虽没有明确界定创新的概念，但都强调了技术创新在社会经济增长中的重要地位，也为后来创新理论的提出奠定了坚实的基础。

美籍奥地利经济学家约瑟夫·熊彼特（Joseph Alois Schumpeter）在马克思观点的影响下，分析经济发展进程中技术创新所扮演的角色及发挥的作用，并于1912年在其《经济发展理论》中首次提出了创新理论（Innovation Theory）。他认为，所谓"创新"就是在新生产函数构建的基础上，对生产要素进行重组，将早前从来没有的关于生产要素和生产条件的"新组合"引入现有的生产体系中去，进而实现对生产要素或生产条件的优化配置。他进一步指出创新的五种情况，包括引入新产品、采用新工艺、开辟新市场、控制原材料新的供给来源、实现工业的新组织❸。但值得一提的是熊彼特的"创新"内涵较广，既涉及技术性变化的创新，也包含非技术性变化的组织及其运营创新。"创新"自一开始提及就不是一个纯技术概念，而是具有经济属性，经济如果离开了创新则是静态的、没有增长的，经济的不断发展源自在经济体系中不断引入了创新。

20世纪60年代第三次工业革命开始，美国经济学家华尔特·罗斯托（Walt Whitman Rostow）在当时的科技飞速发展背景下提出了"罗斯托起飞

---

❶ 亚当·斯密. 国富论 [M]. 北京：华夏出版社，2005，1：23-29.

❷ 马克思. 资本论 [M]. 北京：人民出版社，2004：427.

❸ 熊彼特. 经济发展理论 [M]. 北京：商务印书馆，1990：73.

模型"，指出发明和革新在生产过程中的重要性，强调了"技术创新"在"创新"概念中的主体与主导地位❶。

美国国家科学基金会（National Science Foundation，United States，NSF）在这一时期也开始组织人员参与对技术变革与技术创新的相关研究中。20世纪60年代末的研究报告《成功的工业创新》中提出，技术创新的复杂性体现在它是以新思想、新概念为起点，需要通过对各类问题的合理解决，才能使一个有经济、社会价值的创新项目成功获得实际应用；20世纪70年代的研究报告《1976年：科学指示器》则将创新概念作了进一步扩展，指出"技术创新是将新的或改进的产品、过程或服务引入市场"。

此后，学术界对"创新"的定义强调"技术创新"的商业转化及市场应用，更侧重其经济价值特征。如詹姆斯·厄特巴克（James Utterback）强调，创新有别于发明或技术样品，是技术的实际运用或首次应用❷。克里斯托弗·弗里曼（Christopher Freeman）在1982年的论文中对创新的经济学释义为：包括新产品、新过程、新服务和新装备等形式在内的技术在现实生活中的首次商业转化，后期还将创新概念的外延扩大到发明与创新的扩散两个过程❸。

而"科技创新"则是基于"创新理论"，由"技术创新"不断发展而来的概念，对其内涵与外延的解读应该结合不同的社会发展阶段与经济发展水平的时代背景。1945年布什的报告《科学，没有止境的前沿》，阐述了科学与技术的发展路线应按照"基础研究—应用研究—技术开发—商业应用"的线性模式❹。20世纪80年代中期，缪尔赛（Ronald Mueser）通过对既存有关技术创新的概念进行系统梳理后提出了自己的诠释，从另一个角度

---

❶ ROSTOW. W. W. The stages of economic growth：A non－communist manifesto［M］. Cambridge university press，1990.

❷ UTTERBACK. J. M，ABERNATHY. W. J. A dynamic model of process and product innovation［J］. Omega，1975，3(6)：639－656.

❸ FREEMAN. C. The economics of industrial innovation［J］. 1982.

❹ BUSH. V. Science，the endless frontier：A report to the President［M］. US Govt. print. off.，1945.

突出了技术创新是以其构思新颖性和成功实现为特征的有意义的非连续性事件❶。但自 20 世纪 80 年代开始这些观点备倍受学界的质疑，因为新能源、新材料的不断研发，生物、医药科学的突破，这些都迅速转化为相应的新技术，尤其是以智能化、信息化为核心，以大数据、云计算、虚拟现实、人工智能、量子信息等前沿技术为代表的第四次产业革命的兴起，使人们逐渐意识到科学与技术的边界已不像之前那样承前启后、泾渭分明，科学与技术之间呈现出复杂的非线性双螺旋结构关系❷，在多主体参与、多要素互动的创新进程中，创新不仅是技术发明，同时也包括科学发现，而科学发现甚至无须以技术发明为中介载体而直接应用于生产与商业活动，技术创新与发明的推动力与科学发现与应用的拉动力所产生的交互合力，促进了科技创新的快速发展。具体来说，技术发明为科学发现与应用提供了技术支撑，而科学发现与应用的市场化很快就会达到技术企及的上限，又可以刺激新一轮的技术研发，两者间相互促进、同向演进，呈螺旋式上升过程。

因此，科技与技术的发展、融合、渗透使得原本"创新"的概念进一步泛化，而"科技创新"大有取代"创新"及"技术创新"，日益成为学界重点关注的研究领域。

我国学者对创新领域的研究开始于 20 世纪 80 年代中期。1992 和 1998 年傅家骥从企业角度出发，认为技术创新的定义是："企业家抓住市场的潜在营利机会，以获取商业利益为目标，重新组织生产条件和要素，建立起效能更强、效率更高和费用更低的生产经营方法"❸❹，并在熊彼特的"创新"五种情况基础上，指出创新是包括科技、组织、商业和金融等一系列活动的综合过程。

2002 年周寄中在其编著的科技管理与技术创新相关著作中也明确提出："科技创新涵盖科学创新和技术创新两个方面，其中，科学创新又包括基础

❶ MUESER RONALD. Identifying technical innovations [J]. IEEE Transactions on Engineering Management,1985(4):158-176.

❷ 张来武. 科技创新驱动经济发展方式转变 [J]. 中国软科学, 2011 (12)：1-5.

❸ 傅家骥，姜彦福，雷家肃. 技术创新——中国企业发展之路 [M]，北京：企业管理出版社，1992.

❹ 傅家骥. 技术创新学 [M]. 北京：清华大学出版社，1998.

研究和应用研究的创新，技术创新包括应用技术研究、试验开发和技术成果商业化的创新。如果将科技创新视作一个流程，那么科技创新就是始于基础研究，再发展到应用研究、试验开发，终于研究开发成果的商业化的全过程"。❶

李文明在其研究中深入阐述了科技创新的概念、类型、层次及其主体界定和动力激励系统，着重对科技创新与技术创新的概念与关系进行了区分，指出科技创新主要是借助对科学知识的积累、科学研究的发现，进而不断推动技术进步，实现预期的创新目标；而技术创新主要聚焦技术层面的突破，加速发明创造的实用性与市场化转换，进而实现既定的创新目标❷。

张来武对科技创新的定义则更强调科技创新是创造新价值的过程，具体体现在生产体系中科学发现和技术发明的应用。换言之，科技创新不能仅以科学中的发现或技术上的发明作为评判标准，而应该将其市场价值的实现作为重要的考查参照，如果所谓的发现或发明的成果不可以或者尚未转化为有价值的商品与服务，那么就不该纳进创新的范畴。与此同时，如果科学发现和技术发明不能实现其市场价值，那么只能称之为科技进步而非科技创新❸。

洪银兴对科技创新的诠释则更偏重要素与主体的融合与互动。一方面，知识、技术、商业模式等创新要素与其他生产要素的重新组合；另一方面，创新主体由单个企业拓展到包括产学研的各类主体的合作互动。这样，科技创新可以成为以科学发现为源头的科技进步模式，体现出科学发现与技术创新的紧密衔接和融合❹❺。

由此可见，科技创新的概念源自创新与技术创新的概念，但又是对这两个概念的丰富与拓展：在早期创新与中期技术创新所对应的相关社会活动基础上，科技创新概念又补充了对科学研究与科学发现的关注，如果遗

❶ 周寄中. 科学技术创新管理 [M]. 北京：经济科学出版社，2002.
❷ 李文明，赵曙明，王雅林. 科技创新及其微观与宏观系统构成研究 [J]. 经济界，2006 (6)：60-63.
❸ 张来武. 科技创新驱动经济发展方式转变 [J]. 中国软科学，2011 (12)：1-5.
❹ 洪银兴. 科技创新与创新型经济 [J]. 管理世界，2011 (7)：1-8.
❺ 洪银兴. 科技创新阶段及其创新价值链分析 [J]. 经济学家，2017 (4)：5-12.

漏了这两点，那么科技创新的概念几乎等同于技术创新。

在新时代追求高质量发展背景下，技术进步与创新的路径发生了变迁：技术进步不仅因为技术的孵化或发明，而更多源自科学的新发现，创新源头与职责由企业转到了科学研究的各个领域，科学的新发现足以转化为新技术并直接推动技术创新，原本从最初的科学发现到后期的产业应用，在当今的发展情境下几乎是同步进行，创新已由技术创新再次上升到科技创新。因此，本文将科技创新（science and technology innovation）定义为：科学研究与技术创新的统称，创新主体包含政府、企事业单位、科研院所、中介服务机构、社会公众等，创新要素包括人才、资金、基础设施、知识产权、政策制度、文化氛围等。科技创新正是在各类创新主体、创新要素的复杂交互作用下，创造出新知识、新技术、新工艺、新产品、新服务，开发及应用新的生产和管理模式，并集中以新技术与发明的市场化应用、新产品的经济价值实现为主要表现形式，尤其是要以传统产业向高新技术产业升级为目标。

此外，虽然熊彼特（Schumpeter）与德鲁克（Drucker）的创新理论中都未明确提及其对态环境的影响，但是通过上文对资源环境理论的梳理，可以获得充分的理论支撑。事实上，后人的研究指出，早前的创新理论忽略了对生态环境的影响，仅将科技创新纳入经济体系中考量，如经济内生增长理论，而后期的大量研究开始虑及科技创新与生态环境间的影响关系，为本研究提供了坚实的理论支撑。

(三) 基础理论述评

通过前文对基础理论的梳理发现，不管是资源环境理论还是创新理论，两大基础理论在各自的发展演进中都是相互影响、相互渗透的。人类对生态资源环境的攫取与利用，取决于经济和科技的发展水平。

在生产力水平较低阶段，人类社会的经济与技术发展对资源要素的需求 "量少质低"，主要集中于土地等资源禀赋。譬如上文亚当·斯密认为的，社会分工推进了技术进步和新机器发明，产生的报酬递增效应可以抵消因土地资源稀缺而产生的报酬递减效应。李嘉图也赞同生产技术的进步与稀缺的土地资源之间一定程度上可以互补替代，强调了技术创新在改良土地肥力、提高劳动生产率的积极作用，所以早期的古典经济增长理论学者将土地视为经济增长的一个制约因素。此外，第二次世界大战结束后的全球经济开始复苏，很多国家在工业化发展初期的生态与环境问题并不突出，因此当时的学者们普遍认为任何资源对人类经济活动的约束都是短期而相对的，长远来看并不存在绝对的稀缺资源约束，这也造成早期的经济学理论中忽视了资源环境对经济增长的制约影响，但这些学者的观点都为后来以科技创新缓解经济快速发展下的资源环境问题奠定了理论基础。

20 世纪 70 年代后，随着科技创新水平的提高，人类对资源环境的影响力扩大，全球发生了诸如温室效应、酸雨、臭氧层空洞、周期性沙漠化与干旱等一系列环境问题。与此同时，生产、生活中的资源浪费问题日益突出，第三世界人口的急剧增长，西方国家又出现了粮食危机与能源危机。当社会发展造成的资源枯竭、生态破坏、环境污染需要其盈利的百倍资金来弥补，而诸如珍惜物种灭绝、稀缺资源殆尽等灾难却是无法挽救，人类也开始反思早期经济发展模式对自然资源与生态环境的攫取方式是否失当。这也再度掀起学界对经济发展过程中资源与环境问题的研究热潮，研究的重点也从土地资源拓展到整个生态环境系统。新马尔萨斯主义代表学者梅多斯在 1972 年的研究中，将焦点从土地资源拓展到（不可再生）资源浪费与环境污染，阐述了快速工业化阶段的经济增长会引起人口加剧增长、粮食短缺、资源枯竭、环境恶化（生态平衡问题）等一系列问题，计算论证了增长是存在极限的观点；1972 年，威廉·诺德豪斯和詹姆士·托宾提出了"净经济福利指标"（Net Economic Welfare）的概念，在传统 GDP 核算中"做加法"逻辑基础上，也要将生产中的环境污染纳入考虑范围，针对环境修复的所需成本"做减法"；诺德豪斯将生态环境和经济增长的主要影响因素融合到一个优化的动态逻辑作用框架中。

但我们同样应该注意的是，科技创新对资源经济学发展的重要贡献。从 18 世纪蒸汽机代替人力及低热值的木材，19 世纪电动机、发电机引领蒸汽时代跨入电器时代，到 20 世纪石油产业的迅速崛起，直至当今对诸如太阳能、风能、潮汐能、核能、可燃冰等新能源的开发利用，科技创新正在不断扩展、丰富着自然资源的内涵与范畴：一个世纪前的铀还未被发现，而在能源短缺的当下则变得身价百倍。一个世纪前的铝还是富有者的正常，而今却是人们日常普通的生活用材……人们对资源与环境的开发利用日趋多元，正是基于科技创新的快速发展。因此，人们在关注资源环境理论的拓展同时，也开始重视将技术创新纳入经济增长理论的分析框架，创新理论也随之日益成熟。譬如，罗默把知识创新及其积累作为内生变量纳入经济增长模型中，强调了均衡模型的增长主要源于技术创新的正外部性；斯托基在内生增长模型基础上对 EKC 曲线进行了理论分析，指出经济的不断发展会促进技术进步，技术创新可以提高资源和能源的利用效率，进而降低资源消耗与环境破坏；巴比尔通过改进 Romer–Stiglitz 模型，研究了内生的经济增长和自然资源缺乏之间的关系，以资源可获性会对技术创新造成限制为前提假设。研究表明，虽然内生经济增长是可以克服自然资源的匮乏问题，但从长远来看，资源可获得性约束下的技术进步，仍然可以左右最终的研究结果。随着 20 世纪后期内生经济增长理论的快速发展，大量经验研究根据技术进步内生化假定来分析科技创新对生态环境的影响，具体如 "IPAT 模型" "STIRPAT 模型" "波特假说" "环境库兹涅茨曲线" "污染天堂" 等，后来也有学者基于上述成果展开了相关理论拓展与假设检验研究，一定程度上丰富了生态环境与科技创新间的逻辑关系框架。

纵观资源环境理论与创新理论的发展历程不难发现，沿袭早先粗放型发展模式，试图永久性增加产出的发展路径，终将耗尽地球上的资源环境，无法实现人类可持续发展目标。人们应该认识到经济系统的运行会受其所依托的环境与资源的承载与供给能力的制约。早先的工业革命是科技创新的集中体现，改良了经济增长模式，促进了人类社会的飞速发展，但也矫枉过正地赋予了人类 "征服自然" 的过度自信。在经历了很长一段时间的飞速发展之后，人类也开始陷入了严重的困境，人口激增、气候恶化、环境污染、生态破坏、资源匮乏等问题促使人们开始反思传统工业化道路的成败。

通过上文对资源环境理论与创新理论的发展脉络梳理后发现，两大基础理论在各自的发展过程中是相互影响的。在资源环境约束加剧的新时代发展背景下，重新审视科技创新与资源环境之间的互动关系，以科技创新挖掘经济"绿色发展"的新动能，以生态环境监督反哺产业科技创新"生态优先"的新路径，不仅是对自然规律的尊重，也是社会规律、经济规律的重新审视，更是实现人类与自然间和谐统一的重点问题。

三、研究框架与研究方法

（一）研究内容及方法

本书坚持问题导向，研究思路遵照基础理论—实际研究—绪论与建议的逻辑顺序，根据实证检验的角度与目的，选择与之匹配的计量模型参与研究分析。文章在基础理论部分通过文献梳理，构建了核心变量间的作用机制模型；随后的实证研究部分，先通过定量分析证明非均衡关系的存在性，再从时间、空间、双向互动三个角度分别对长江经济带各省市进行实证检验；最后的结论建议部分基于实证结果，提出针对性的政策建议，具体逻辑框架如图1-4所示。

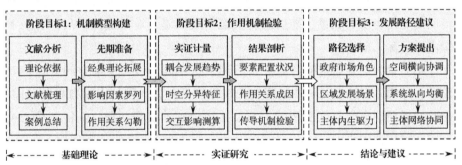

图1-4　研究内容与逻辑思路

第一部分为基础理论部分，包括第一、二两章。其中第一章绪论部分介绍了本书的研究对象与研究背景，陈述了现实存在的几个研究问题，表明了既定研究目标及希望实现的研究意义。随后基于对资源环境理论、科技创新理论的梳理与述评，对后续研究的内容、计划选用的实证方法做了概述，制成全文的技术路线图。最后提出了本研究可能存在的创新点；第二章重点聚焦生态环境与科技创新间的关系研究。前部分先对核心变量间的作用关系进行文献梳理，再对国内外典型地区的发展案例及经验进行总结，最后以理论与实践相结合为指导，构建了生态环境与科技创新间的非均衡影响机制概念模型，为后续研究提供理论框架与研究方向。

第二部分开始进行实证分析，包括第三章、第四章、第五章、第六章。实证研究的方向主要分为两大类：一是以正确的数据去验证模型的正确性及有效性，二是用成熟模型去验证样本数据。本书的实证部分属于第二类，基于前部分所构建的生态环境与科技创新非均衡影响概念模型与我国国情，对国外成熟模型进行一定程度的拓展，并针对本书的样本区域——长江经济带 11 省市及其各分区，分别从存在性、时间、空间、双向互动四个方面，展开对非均衡关系的实证检测。

其中，第三章为非均衡关系存在性检验。通过熵权法建立了生态环境与科技创新的综合评价指标体系。借助系统综合评价模型、耦合协调度模型，推算出长江经济带各省市的系统发展趋势，揭示出"地区间发展不平衡、系统间发展不均衡"的非均衡发展关系。

第四章为时间非均衡影响关系评测。利用 Hansen 面板门槛回归模型，以经济发展水平作为门槛变量，探析长江经济带 11 省市科技创新与生态环境间的非均衡发展关系，随后结合关键影响因素，对区域间发展差异及其缘由进行深入剖析。

第五章为空间非均衡影响关系评测。从空间角度，借助空间计量经济建模，评测生态环境与科技创新在长江经济带各省市间的空间自相关效应，检验两者间的空间非均衡影响关系，并结合其他解释变量，剖析两核心变量空间异质性的成因。

第六章为双向非均衡互动关系测评。从变量间双向交互关系视角，基于 PVAR 模型，借助 GMM 法、脉冲响应函数法及方差分解法，剖析流域及各区的生态环境、科技创新及其各影响因素间的互动方向与路径、响应周期与强度、时序影响及贡献。

第三部分是本书的第七章，为本书的结论与未来研究的展望。首先对全书的研究结果进行总结，其次基于结论从不同角度提出相关政策建议，最后指出未来有待进一步深入研究的方向。

（二）研究技术路线图

基于以上研究思路、研究内容和研究方法，本书的技术路线如图 1-5 所示。

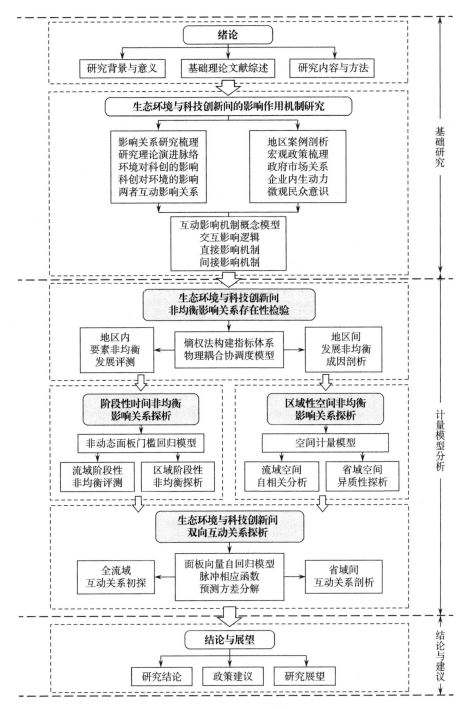

图1-5 本书研究的技术路线

四、研究创新点

本书的主要创新点可以归纳为以下几点：

研究视角：将生态环境与科技创新置于同一分析框架下，并基于非均衡理论，展开对两者间"非均衡互动作用传导机制"概念模型的分析构建与实证检验。从系统论角度来看，生态环境与科技创新是两个独立且开放的系统，并且相互作用又相互制约。但现有大部分研究主要集中在科技创新对生态环境的影响方面，忽略了生态环境对科技创新发展的反向作用。具体来说，"波特假说"只是从政府视角出发，强调环境规制对监督企业开展科技创新的被动作用，缺失了从市场导向与生态文明视角，分析生态环境对促进科技创新的积极作用。事实上，不管是美国硅谷的发展模式，还是中国贵阳的发展模式，都可以体现优美自然的生活环境与舒适洁净的工作环境对"科技创新人才工作生活"与"绿色高端产业集聚入驻"的吸附作用。而民众对优美环境的生理需求与心理需求，也可以从市场角度引导企业主动开展科技创新；瑞典皇家科学院将 2018 年度的诺贝尔经济学奖授予罗默和诺德豪斯，表彰他们把技术创新和环境变化纳入宏观经济学分析框架，从而对经济增长理论发展所做出的杰出贡献。

因此，不论是从理论研究趋势，还是当前流域发展要求，都应该对"波特假说"进行补充拓展，对环境影响 STIRPAT 模型中的技术效应进行再检验。将早先的"环境规制"纳入更为广泛的"生态环境"概念中，将技术进步升级为"科技创新"。综合评价生态环境与科技创新间的互动影响关系，不仅可以证实检验环境规制对科技创新的监督倒逼效应，检测高质量发展进程中的生态环境水平对科技创新的吸附反哺效应，也可以聚焦考察期内流域各省市的科技创新对生态环境修复的贡献力度，测评科技创新发展的质量。

研究观点：在长江经济带生态环境日益加剧的新时代发展背景下，生态环境约束并不必然阻碍科技创新的发展，重点是生态环境对科技创新发展的角色与作用应该改变。①早期的研究都是强调环境规制对科技创新发展的监督作用，但这只是属于资源约束下的被动创新。而在当今流域生态文明建设的推动下，更应该挖掘生态环境对科技创新的反哺效应，以社会对优美环境的心理、生理需求为导向，激发社会主体的主动创新动力。因此，生态环境应该由推进科技创新发展"投入与速度"的牺牲者，转为提升科技创新发展"效率与质量"的监督者；既要关注生态环境作为稀缺要素对科技创新发展的约束作用，又要挖掘其推进科技创新发展的反哺动力，视其为检验科技创新发展质量的重要标尺，倒逼产业升级、提质增效，发挥其对资金、人才等重要创新要素的吸附与配置功能；②科技创新应该由传统"投入导向"的发展模式转为"效率导向"，既要关注科技创新投入产出的"经济高效"，又要强调"绿色导向"以考量科创过程是否"生态友好"、产出质量是否"绿色环保"，努力摆脱对传统市场范式之追逐经济利益最大化的偏好和工具理性的路径依赖；③客观面对科技创新进程中的环境污染问题，根据流域各区处于不同的发展阶段、当地的生态环境容量，采取匹配的环境规制政策，因地制宜地加大环境规制强度，注重环境规制政策工具的多元化使用。

研究方法：首先，建立评价指标体系，综合表征核心变量，克服了单一指标作为代理变量而存在的解释力度不足问题，核心变量数据更客观、全面。既存相关研究普遍采用单一指标代理目标构念，遗漏了其他影响因素的解释贡献。生态环境指标，学界关于"波特假说"的检验研究中，普遍以"环境规制"与"技术创新"作为核心变量。本书首先在一定的理论基础上，对既存文献中作为"环境规制"的代表性指标进行梳理，并且划分为"生态环境压力"与"生态环境响应"两类，同时补充了"生态环境水平"一类，最后通过建立指标体系的方式，选择具有更广内涵的"生态环境"作为核心变量名称，综合评测地区生态环境情况；科技创新指标，这一变量在既存相关研究中可以通过 DEA、差分模型、指数分解等方法计算，将技术进步参数表征创新水平，也可以选择 R&D 的人员或资金投入、三种专利的申请授权数等单一指标作为代理变量。然而，现有理论及实证研究显示，技术创新的环境、技术创新的消化吸收能力、技术市场的成熟度等，同样是决定地区科技创新发展的重要因素，因此本书通过指标评价体系的合成值来表征"科技创新"的综合发展水平。

其次，针对研究主题，对传统模型进行了一定程度的拓展。1971 年埃利奇和霍尔登（Ehrlich & Holdren）提出了 IPAT 模型，然而该模型无法进行假设检验，自变量各自对因变量的弹性系数恒等于 1，研究结论往往与现实相悖。为了弥补 IPAT 模型的缺陷，迪茨和罗萨（Dietz & Rosa）在其基础上提出了基于随机形式的 STIRPAT 模型（Stochastic Impacts by Regression on Population，Affluence，and Technology）。本书基于对既存文献的回顾与作用机制的梳理，对传统 STIRPAT 模型进行了一定程度的拓展，引入影响生态环境的其他因素。

最后，根据相关理论约束、研究目标针对性、研究结果可信性等客观问题，选择相匹配的计量模型方法参与分析。其中，①针对相关理论约束。本书选取的 Hansen 面板门槛回归模型、系统 GMM 模型、PVAR 模型等多种计量经济学工具，都属于对经济理论要求较弱的计量模型，能够在估计时对模型进行差分处理，将研究的多个变量皆视作内生变量，或者使模型中外生变量的滞后项作为相应的工具变量，有效控制模型中变量间可能存在的内生性和异方差问题，回避了严重内生性所导致的估计结果出现偏差的情况，克服了传统联立方程囿于经济基础理论约束，而存在需要提前进行内生变量划分、估计及推断等诸多不便；②针对"非均衡"的检验方法选择。既存相关研究囿于统计方法的限制，相关研究大都采用普通线性回归分析，缺失了"门槛效应"引起的两者间非线性、非均衡关系的研究，这不仅掩盖了生态环境与科技创新间的阶段性影响趋势，而且分析结果可能有悖现实，进而影响相关政策制订的有效性。因此本研究选取了 Hansen 面板门槛回归模型、PVAR 模型等，针对"非均衡"关系，从时序非均衡、空间非均衡、双向交互三方面"立体"剖析核心变量间的互动逻辑与传导机制；③针对计量分析的样本可比性与结果可行性。既存文献缺乏针对长江经济带这样的大跨度流域经济体的实证研究。同时，长江流域上、中、下游间的经济发展水平存在明显的梯度差，为了提升实证样本的可比性及实证结果的合理性，一方面在既存相关文献中梳理出本研究的控制变量，带入计量模型参与估算，提升了核心变量间的关联系数及其显著性；另一方面在实证部分都添加了按照长江上、中、下游的区位划分进行深入剖析的环节，提高了目标经济单元的可比性与实证结果的可解释度。此外，参数估计法对研究模型设定的依赖性较强，可能会导致"设定误差"偏大，估计结果会出现不稳健的情况。本书部分章节采用了非参数估计法，并未对模型的具体分布作出严格假定，提升了估计结果的稳健性。

第二章 生态环境与科技创新间的影响作用机制构建

上一章的基础理论已经对经济学中的资源环境观和科技创新理论做了文献回顾。鉴于本书的重点是在生态环境与科技创新间的影响关系上，因此，本章首先对生态环境与科技创新间"影响关系研究"的相关理论及其演进脉络进行梳理，为后续章节中的计量分析提供理论依据；其次，对国内外文献中两个变量间的影响关系结果进行分层次、分类别梳理，聚焦生态环境与科技创新间影响的作用方向、作用中介、作用强度的差异性；再次，坚持基础与实践相结合，对国内外相关地区的经典案例展开比照，深度剖析目标地区在发展进程中，生态环境与科技创新间的互动融合作用；最后，基于文献梳理，构建生态环境与科技创新间的非均衡影响机制概念模型，对两者间的直接影响机制、间接影响机制，及其作用路径进行阐述，为后续研究提供分析框架与研究方向。

一、生态环境与科技创新间的关系研究梳理

（一）影响关系研究的理论演进脉络

早期的经济理论中很少将环境污染直接嵌入经济增长模型的，这些理论更侧重于在技术进步外生假设的新古典理论框架内，考察创新对环境的影响。如新古典经济增长理论的代表罗伯特·默顿·索洛（Robert Merton Solow），虽然在其 1956 年研究中的生产函数设定并未包含资源要素，但他却是最早将技术进步因素纳入经济增长模型的学者[1]。索洛指出，经济体的

---

[1] SOLOW. R. M. A contribution to the theory of economic growth [J]. The quarterly journal of economics, 1956, 70 (1)：65-94.

短期发展可以通过对部分产出的储蓄来实现资本的动态积累，但因为资本边际收益递减规律的存在，随着资本积累的增加，经济增长将因为资本边际收益递减为零而最终处于停滞状态，经济体也会达到长期均衡状态。为了进一步解释现实中存在的经济持续增长现象，索洛将经济增长扣除劳动和资本投入两个生产要素所导致的增长剩余部分，假设为固定的正向外生技术进步，抑或称为"索洛余值"，在均衡增长路径上，人均产出增长由外生的技术进步决定。索洛构建的生产函数模型被学界称为外生增长模型，"外生经济增长理论"随之兴起，索洛也因此荣获 1987 年度诺贝尔经济学奖。此后，丁达（Dinda）、陆日汤、郭路基于新古典增长理论分析框架研究经济增长与污染排放的关系❶❷。安哲罗普洛斯（Angelopoulos）等基于新古典增长理论，分析随机性技术创新对环境的影响效应❸。

但是索洛的新古典经济增长模型无法解释某些地区经济持续负增长，或者是经济突然崩溃的现象，存在一些比较明显的缺陷：一是忽略了自然资源、生态环境对经济增长的束缚与贡献；二是假设技术进步是纯外生性变量，表现出非体现性、希克斯中性，但是没有阐述技术创新与进步的形成及演化机理；三是以索洛余值测算的技术进步无法涵盖所有类型的技术创新❹。

2018 年度诺贝尔经济学奖得主保罗·罗默和威廉·诺德豪斯，都是在索洛经济增长模型的基础上，以外部性内部化的探索视角切入❺，分别将技术创新和生态环境因素纳入宏观经济理论分析框架中，通过构建、解释市场经济如何与科技创新、自然环境间的作用模型，阐述了自然环境、生态资源对于经济可持续增长的约束效应，强调了科技创新是破解经济增长资

---

❶ DINDA. S. A theoretical basis for the environmental Kuznets curve［J］. Ecological Economics，2005，53(3)：403-413.

❷ 陆旸，郭路. 环境库兹涅茨倒 U 型曲线和环境支出的 S 型曲线：一个新古典增长框架下的理论解释 ［J］. 世界经济，2008 （12）：82-92.

❸ ANGELOPOULOS. K，ECONOMIDES. G，PHILIPPOPOULOS. A. What is the best environmental policy? Taxes，permits and rules under economic and environmental uncertainty［J］. Social Science Electronic Publishing，2010(3).

❹ 赵昕，郭晶. 中国低碳经济发展的技术进步因素及其动态效应 ［J］. 经济学动态，2011 （5）：47-51.

❺ 诺德豪斯研究的是如何把气候变化产生的负外部性内部化到经济增长过程中，而罗默则专注于将具有正外部性的创新知识内生到经济增长过程中。

源约束的重要因素，拓展了传统经济理论的分析框架范围，从方法论层面弥补了索洛模型的不足。

科技创新方面，罗默在其 1986 年的《递增报酬与经济增长》❶ 及 1990 年的《内生技术进步》❷ 两篇论文中，把知识创新及其积累作为内生变量纳入经济增长模型中，强调了均衡模型的增长主要源于技术创新的正外部性，指出技术创新很大程度上是经济体根据市场环境变化而采取的有目的行为，技术创新与一般商品生产存在差异，具有非竞争性和排他性。罗默的观点为寻觅经济增长的新内生驱动力提供了理论思路与途径建议，对经济长期可持续增长做出了合理解释，弥补了索洛增长模型对此的解释不足问题，这也奠定了"内生增长理论"的基础。此外，波特的《国家竞争优势》一书中也首次提出了"创新驱动"（Innovation Driven）的概念❸，指出经济发展高级阶段的动力，来自技术和效率方面的创新。之后，在纽厄尔（Newell）、波普（Popp）为代表的诸多经验研究中，都出现了与新古典理论框架中的技术进步外生假设相悖的观点，赞同罗默模型设定中技术进步也可以内生的假设❹❺。诸如奥蒂奥（Autio）、沃克和阿萨雷耶（Werker、Athreye）等学者也开始将创新纳入社会发展体系中进行研究，强调科技创新与其他系统间的互动是创新驱动经济健康发展的关键❻❼。技术进步的"经济人"

❶ ROMER. P. M. Increasing returns and long-run growth[J]. Journal of political economy, 1986,94(5):1002-1037.

❷ ROMER. P. M. Endogenous technological change[J]. Journal of political Economy, 1990,98(5):S71-S102.

❸ PORTER. M. E. The competitive advantage of nations[J]. Harvard business review, 1990,68(2):73-93.

❹ NEWELL. R. G, JAFFE A B, STAVINS. R. N. The Induced Innovation Hypothesis and Energy-Saving Technological Change[J]. Quarterly Journal of Economics, 1999,114(3):941-975.

❺ POPP. D . Induced Innovation and Energy Prices[J]. American Economic Review, 2002,92(1):160-180.

❻ AUTIO. E. Evaluation of RTD in regional systems of innovation[J]. European Planning Studies, 1998,6(2):131-140.

❼ WERKER. C, ATHREYE S. Marshall's disciples: knowledge and innovation driving regional economic development and growth[J]. Journal of Evolutionary Economics, 2004(5):505-523.

假设也开始转向"社会人"假设,逐渐开始涉及对生态环境的影响研究方面。

生态环境方面,诺德豪斯的《经济增长的资源约束》《经济增长与气候:二氧化碳问题》等书主要聚焦资源约束下,经济增长与自然环境的关系研究❶❷,将人类经济活动所排放的二氧化碳、氮氧化物、氢氟碳化物等温室气体视为不可逆转且难以消除的负外部性,并将其纳入经济增长模型中。1991 年他对新古典 Solow-Ramsy 模型进行了拓展,构建了著名的气候变化——经济的动态集成模型(Dynamic Integrated Model of Climate Change and The Economy,DICE Model),将生态环境和经济增长的主要影响因素融合到一个优化的动态逻辑作用框架中❸。2018 年,诺德豪斯提出了最新版本的 DICE 模型,并演示了该模型如何运用于政策分析❹。诺德豪斯的研究弥补了索洛模型所无法解释的经济存在负增长甚至突然崩溃的现象,指出当环境污染超越生态自然一定的自净承载阈限后(Tipping Point),环境突变将致使全球经济的崩溃。此后,格拉德斯和斯英尔德斯(Gradus & Smulders)❺、斯托基❻等经济学家的研究也将生态环境纳入内生经济增长模型中,探索生态环境与社会其他系统间的协调发展,提出技术创新可以提高资源能源的利用效率,进而降低环境破坏。

20 世纪中叶开始的第三次科技革命,释放出创新驱动生产力提升的巨大动能,人类社会的经济发展长期保持高速增长态势。与此同时,自然资源的消耗与生态环境的恶化也日益严重。但纵观国内外早先的研究文献,

---

❶ NORDHAUS. W. D. Resources as a Constraint on Growth[J]. The American Economic Review,1974,64(2):22-26.

❷ NORDHAUS. W. D. Economic growth and climate:the carbon dioxide problem[J]. The American Economic Review,1977,67(1):341-346.

❸ NORDHAUS. W. D. To slow or not to slow:the economics of the greenhouse effect[J]. The economic journal,1991,101(407):920-937.

❹ NORDHAUS. W. Projections and uncertainties about climate change in an era of minimal climate policies[J]. American Economic Journal:Economic Policy,2018,10(3):333-60.

❺ GRADUS. R,SMULDER. S. The trade-off between environmental care and long-term growth—Pollution in three prototype growth models. [J].Journal of economics,1993,58(1):25-51.

❻ STOKEY. N. L. Are there limits to growth? [J]. International economic review,1998,39(1):1-31.

自熊彼特提出"创新理论"后的很长一段时间，经济效益一直是作为判断科技创新成功与否的核心标准，长期缺失了从生态环境视角研究科技创新在驱动经济发展过程中的质量问题。

值得庆幸的是，在现实发展情境驱使下，罗默和诺德豪斯的内生增长理论将人类社会发展所面临的困境与可能的解决路径带入研究视野。表面上看，罗默的研究聚焦"创新—经济"，而诺德豪斯的工作专注"环境—经济"，貌似他们的研究并未在"创新"与"环境"间建立起关联。但实际上，罗默的创新思想对诺德豪斯的环境研究有着诸多潜移默化的影响。如诺德豪斯在其 DICE 模型的使用说明中指出，绿色低碳能源对传统化石能源的有效替代可以从根本上控制温室气体的排放，这一革命性替代过程离不开科技创新引领的技术进步，所以科技创新，尤其是能源技术创新是"净经济福利"实现的关键，攸关集成模型优化评估的全过程。

随着 21 世纪内生经济增长理论的发展，大量经验研究基于技术进步内生化的前提假设进一步研究创新对环境的影响。如"STIRPAT 模型""波特假说""环境库兹涅茨曲线""污染天堂"等，后来也有学者基于上述成果展开了相关理论拓展与假设检验研究，一定程度上丰富了生态环境与科技创新的逻辑关系框架。核心变量的选择方面，表征生态环境的变量从环境规制、气候变化、固液气等三废排放，逐渐拓展至生态文明、环保项目投资、环保生产认可等；表征科技创新的变量也从原来的技术效应、技术进步、技术创新逐渐扩充至更为广泛的概念范畴，出现了科学专利申请量、研究开发投入、创新能力等。如杰夫（Jaffe）的研究中认为，将技术创新内生化对于研究分析经济增长对生态环境的影响关系具有重要参考价值[1]；曼勒和里奇尔思（Manne & Richels）的研究也认同杰夫的观点，认为如果忽略了内生技术进步，就很可能将经济增长所带来的环境负面效应扩大，也暗示了技术进步可能对生态环境间接产生负面影响[2]；阿西莫格鲁（Acemoglu）将研究样本设定为与生态环境相关的产业，指出技术进步存在路径依赖，如果企业早

---

[1] JAFFE. A. B, NEWELL. R. G , STAVINS. R. N. Environmental Policy and Technological Change[J]. Environmental and Resource Economics, 2002, 22(01):41-70.

[2] MANNE. A, RICHELS. R. The impact of learning-by-doing on the timing and costs of CO abatement[J]. Energy Economics, 2004, 26(4):603-619.

先选择在污染部门开展创新,那么未来出于惯性,仍会在原部门持续技术创新,导致二氧化碳的增加❶。我国学者申萌等在阿吉翁和豪伊特(Aghion & Howitt)❷ 内生增长模型的基础上,引入了技术进步对二氧化碳排放的弹性,构建了技术进步、经济增长与二氧化碳排放的理论研究模型❸;魏巍贤、杨芳,周杰琦、汪同三的研究都将环境污染模型与内生增长理论相结合,将技术效应加入生产函数式❹❺。综上所述,本书绘制出生态环境与科技创新间关系研究的理论演进脉络,如图 2-1 所示。

鉴于生态环境与科技创新间的影响关系,可能会因为研究样本、考察时间、经济发展水平等诸多因素的影响而呈现不同的互动关联。因此,为了详细勾勒两变量间的互动影响关系及其作用路径机制,需要基于上述理论发展脉络,根据作用路径方向、作用影响强度、作用中介载体等,进一步对两者间的影响关系文献进行梳理。

(二) 生态环境对科技创新的影响

生态环境对科技创新发展的影响研究主要聚焦在"环境规制"方面。英国著名经济学家约翰·理查德·希克斯(John Richard Hicks)很早就指出,政府规制可以促进创新的产生❻,此后的学者开展将环境规制纳入创新的影响因素研究中,其中最著名的当属 1995 年出现的"波特假说"。在随后的二十多年间,学者们基于"波特假说"开展了大量的理论与经验研究,其中,新凯恩斯主义者从不同视角进一步发展了"波特假说"的理论基础,

---

❶ ACEMOGLU. D, AGHION. P, BURSZTYN. L, et al. The environment and directed technical change[J]. The American economic review, 2012, 102(1):131-166.

❷ AGHION. P, HOWITT. P. A model of growth through creative destruction[R]. National Bureau of Economic Research,1990.

❸ 申萌,李凯杰,曲如晓. 技术进步、经济增长与二氧化碳排放:理论和经验研究 [J]. 世界经济, 2012, 35 (7):83-100.

❹ 魏巍贤,杨芳. 技术进步对中国二氧化碳排放的影响 [J]. 统计研究, 2010, 27 (7):36-44.

❺ 周杰琦,汪同三. 自主技术创新对中国碳排放的影响效应——基于省际面板数据的实证研究 [J]. 科技进步与对策, 2014, 31 (24):29-35.

❻ HICKS. J. R. HICKS. The Theory of Wages[J]. American Journal of Sociology, 1932, 32(125).

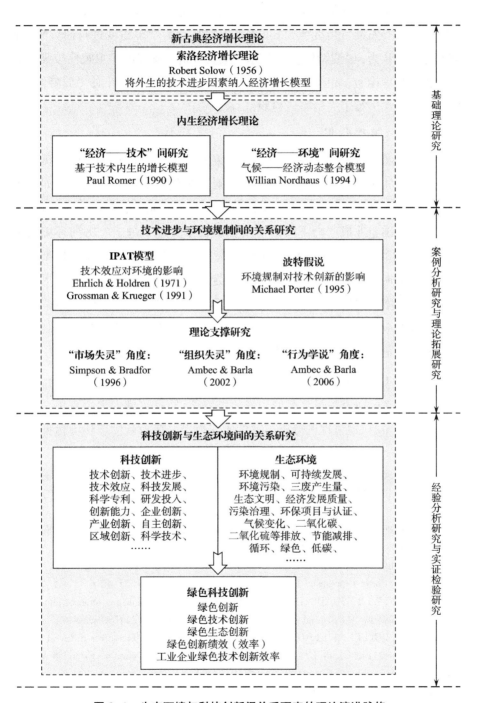

图 2-1　生态环境与科技创新间关系研究的理论演进脉络

如辛普森和布拉德福从"市场失灵"角度❶、安贝克和巴拉（Ambec & Barla）从"组织失灵"角度❷、安贝克和巴拉从行为学说角度进行研究❸。还有部分学者认为，"波特假说"是基于案例分析来阐述的，主观性较强，缺乏缜密的数理检验，很可能不具备普适性。因此后续研究针对"波特假说"的地域适用性进行了大量实证检验。

1. 负向阻碍作用

新古典经济理论中存在关于环境政策制度会提高企业运营成本负担的表述。早期的研究普遍认为，生态环境对科技创新的影响为负。例如格雷和沙德贝吉安（Gray & Shadbegian）对美国十几年间的经济运行规律进行剖析，认为美国企业成产力下降的重要症结在于实施了过于严厉的环境规制政策❹；冯和雷查特（Von & Requate）借助德国 1978—1992 年间造纸产业的相关数据展开研究，实证结果显示较为严苛的环境规制实施不仅提高了企业运营成本，也阻碍了造纸行业技术创新的发展❺；肯尼迪（Kennedy）以加拿大制造业为研究对象的实证结果也显示，严苛的环境规制对制造业技术专利申请量存在负向影响❻。

2. 正向促进作用

国外学者的研究中最著名的当属"波特假说"，哈佛大学迈克尔·波特（Michael Porter）通过理论分析与案例研究指出，在承认生态环境污染是一

---

❶ SIMPSON. R. D, BRADFORD Ⅲ. R. L. Taxing variable cost：Environmental regulation as industrial policy[J]. Journal of Environmental Economics and Management,1996,30(3)：282 –300.

❷ AMBEC. S, BARLA. P. A theoretical foundation of the Porter hypothesis[J]. Economics Letters,2002,75(3)：355–360.

❸ AMBEC. S, BARLA. P. Can environmental regulations be good for business? An assessment of the Porter hypothesis[J]. Energy studies review,2006,14(2)：42.

❹ GRAY. W. B, SHADBEGIAN. R. J. Environmental regulation, investment timing, and technology choice[J]. The Journal of Industrial Economics,1998,46(2)：235–256.

❺ VON. DOLLEN. A,REQUATE. T. Environmental Policy and Incentives to Invest in Advanced Abatement Technology if Arrival of Future Technology is Uncertain–Extended Version [R]. Economics working paper. 2007.

❻ KENNEDY. The Relationship between the Environmental and Financial performance of pubic utilities[J]. Environmental and Resource Economics,2008, 30(3)： 282–300.

种资源浪费的观点下，严苛且适度的环境规制会促成生产模式的改变，短期内虽然可能增加企业的运营成本，但从长远来看，环境规制可以激励企业通过开展技术创新、提升生产效率而获得"创新补偿"，这样可以部分甚至完全抵消之前遵循环境规制所付出的成本，进而提升企业的竞争力❶；杰夫和帕默（Jaffe & Palmer）基于制造产业面板数据，以排污费来衡量环境管制强度，从理论与经验层面检验了波特的观点。计量分析结果显示，环境规制的滞后期对行业科技研究的支出具有显著的正向影响。理论层面，该研究又将"波特假说"细分为强"波特假说"、弱"波特假说"和狭义"波特假说"❷；佩德罗等揭示了环境约束下企业创新效率与企业规模呈正相关关系❸；伊拉尔多等以欧盟生态管理和审计计划为案例，研究生态环境管理系统的好坏可否对企业环境绩效与竞争力有积极影响。结果验证了良好设计的环境项目也可以促进组织技术创新的发展❹；约翰斯顿等的研究指出，可再生能源的环境规制可以很好地激励相关专利的申请，有效促进了产业科技创新❺；拉诺伊等以 OECD 组织中七国的 4200 多家企业为研究对象，计量研究结果显示，环境规制会促进企业开展技术研发活动，生产率的提升增加了企业的盈利❻；布鲁尔等的研究发现，美国最大的自愿环保项

---

❶ PORTER. M. E, VAN. L. C. Toward a new conception of the environment-competitiveness relationship[J]. Journal of economic perspectives,1995(9):97-118.

❷ JAFFE. A. B, PALMER. K. Environmental regulation and innovation:a panel data study [J]. Review of economics and statistics,1997,79(4):610-619.

❸ PEDRO. C,MANUEL. V. H,PEDRO. S. V. Are Environmental Concerns Drivers of Innovation? Interpreting Portuguese Innovation Data to Foster Environmental Foresight[J]. Technological Forecasting and social change,2006,73(3):266-276.

❹ IRALDO. F, TESTA. F, FREY. M. Is an environmental management system able to influence environmental and competitive performance? The case of the eco-management and audit scheme(EMAS)in the European Union[J]. Journal of Cleaner Production,2009,17(16):1444-1452.

❺ JJOHNSTONE. N,HAŠČIČ. I,POPP. D. Renewable energy policies and technological innovation:evidence based on patent counts[J]. Environmental and resource economics,2010, 45(1):133-155.

❻ LANOIE. P, LAURENT/LUCCHETTI. J, JOHNSTONE. N, et al. Environmental policy,innovation and performance:new insights on the Porter hypothesis[J]. Journal of Economics & Management Strategy,2011,20(3):803-842.

目"气候智慧方案"（Climate Wise Program）确实促进了企业环境专利量的提升，但研究结论仅限于低科研强度的企业❶；Teng 等研究以中国台湾地区企业为研究样本，分析了 ISO14001 环境管理体系国际认证对企业创新的影响关系。结果表明，环境管理体系认证可以长期促进企业的科技创新发展❷。

国内的相关研究起步较晚，其中以环境规制作为解释变量的研究较多。黄德春、刘志彪在 Robert 模型中引入了新技术系数，实证模型分析结果与海尔公司的技术创新案例结论都与波特观点呼应，验证了环境规制在减少污染的同时，还可以提高生产效率❸；赵红以我国 1996—2004 年的面板数据为研究样本，对环境规制影响下的中国产业技术创新发展进行了实证研究。结果显示，环境规制对滞后三期的研发投入经费和专利申请数量有显著的正相关，表明环境规制之于技术创新的提升作用短期内并不明显，而在中长期才能有所体现。在中国当时的发展背景下，"波特假说"可以获得部分验证❹；张中元、赵国庆的研究指出，环境规制可以促进工业技术的进步，正向影响的区域异质性明显❺；余伟等利用中国 37 个工业行业 2003—2010 年间的面板数据展开实证分析，结果显示，环境规制对企业研发投入有显著的促进作用，并指出当前我国的环境保护政策可以有效促进工业企业开展科技创新❻；吴静认为，环境规制有利于地区工业创新能力的提升，

❶ BROUHLE. K, GRAHAM. B, HARRINGTON. D. R. Innovation under the Climate Wise program[J]. Resource and Energy Economics,2013,35(2):91-112.

❷ TENG. M. J, WU. S. Y, CHOU. S. J. H. Environmental Commitment and Economic Performance-Short-Term Pain for Long-Term Gain[J]. Environmental Policy and Governance, 2014,24(1):16-27.

❸ 黄德春，刘志彪. 环境规制与企业自主创新——基于波特假设的企业竞争优势构建 [J]. 中国工业经济, 2006 (3)：100-106.

❹ 赵红. 环境规制对产业技术创新的影响——基于中国面板数据的实证分析 [J]. 产业经济研究, 2008 (3)：35-40.

❺ 张中元，赵国庆. FDI、环境规制与技术进步——基于中国省级数据的实证分析 [J]. 数量经济技术经济研究, 2012, 29 (4)：19-32.

❻ 余伟，陈强，陈华. 环境规制、技术创新与经营绩效——基于 37 个工业行业的实证分析 [J]. 科研管理, 2017, 38 (2)：18-25.

其间的正向影响关系存在显著的阶段性门槛效应❶；李广培等借助结构方程模型的实证研究显示，当以 R&D 投入作为中介变量时，命令控制型环境规制、激励型环境规制，皆与绿色技术创新能力间存在正向影响作用❷。

也有部分研究从生态环境的其他方面切入，验证了其对科技创新的正向促进作用。哈塞利普（Haselip）等、秦佳良等从气候变化角度研究生态环境对科技创新的影响。研究指出，地区生态环境的变化将促进本地加强技术的研发创新❸❹；蒋佳妮等从生态文明视角，剖析了气候变化对科技创新的影响关系，指出面对气候环境的恶化，人们会出于对社会责任的长远考虑，积极主动地开展科技创新活动❺；林玲等以二氧化硫排放量控制技术为例，验证了生态环境对科技创新的正向影响❻。

3. 作用方向不确定

丁达（Dinda）基于"环境库兹涅茨曲线"理论指出，环境规制强度的调整引发了生产要素的价格变动，使环境规制对企业"创造性破坏"行为（科技创新）存在"U"型影响关系，随着环境规制强度的逐渐提升，企业创新水平会呈现先下降后上升的"U"型趋势❼；我国学者的研究也得出类似的结论，沈能、刘凤朝的研究表明，环境规制对技术创新的促进作用呈"U"型关系，但同时也会因环境规制强度及经济发展水平的影响而存在显

---

❶ 吴静. 环境规制能否促进工业"创造性破坏"—新熊彼特主义的理论视角 [J]. 财经科学，2018（05）：67-78.

❷ 李广培，李艳歌，全佳敏. 环境规制、R&D 投入与企业绿色技术创新能力 [J]. 科学学与科学技术管理，2018，39（11）：61-73.

❸ HASELIP. J，HANSEN. U. E，PUIG. D，et al. Governance，enabling frameworks and policies for the transfer and diffusion of low carbon and climate adaptation technologies in developing countries[J]. Climatic Change，2015，131（3）：363-370.

❹ 秦佳良，张玉臣，贺明华. 气候变化会影响技术创新吗？[J]. 科学学研究，2018（12）：2280-2291.

❺ 蒋佳妮，王文涛，王灿，刘燕华. 应对气候变化需以生态文明理念构建全球技术合作体系 [J]. 中国人口·资源与环境，2017，27（01）：57-64.

❻ 林玲，赵子健，曹聪丽. 环境规制与大气科技创新——以 SO2 排放量控制技术为例 [J]. 科研管理，2018，39（12）：45-52.

❼ DINDA. S. Environmental Kuznets curve hypothesis：a survey[J]. Ecological economics，2004，49（4）：431-455.

著的地区差异，"波特假说"在我国中西部省份不成立，而在东部省份得到了验证❶；蒋伏心等基于行业面板数据及 GMM 回归模型的研究显示，随着生态环境约束加剧，其对科技创新发展的作用由早期的"抵消效应"逐渐变更为后期的"补偿效应"，整体趋势呈先降后升的"U"型特征❷；此外，韩先锋等将环境规制作为汉森非线性面板门槛模型的门槛变量，指出只有当环境规制水平超过一定限度时，政府对企业创新活动的研发资助才是有效的❸。

也有部分研究从生态环境的其他方面切入，验证了其对科技创新影响的不确定性。如：王国印、王动以专利申请数量和研发经费支出表征科技创新，以每千元工业产值的污染治理成本作为环境规制强度，指出"波特假说"在我国较落后的中部地区得不到支持，而在较发达的东部地区则得到了很好的支持❹；张成等从生态环境污染异质性角度，研究了废气、废水和固废三种不同的环境规制强度变化，对技术进步发展所产生的非线性门槛效应。研究指出，只有适度且合理的环境规制强度才能有效促进理想的生产技术进步❺；陈诗一与陈超凡（2018）的研究都是从节能减排视角，指出环境因素虽然对地区发展前期的技术进步有负面影响，但后期还是可以促进技术效率的提升❻❼。

---

❶ 沈能，刘凤朝. 高强度的环境规制真能促进技术创新吗？——基于"波特假说"的再检验 [J]. 中国软科学，2012（4）：49-59.

❷ 蒋伏心，王竹君，白俊红. 环境规制对技术创新影响的双重效应——基于江苏制造业动态面板数据的实证研究 [J]. 中国工业经济，2013（7）：44-55.

❸ 韩先锋，惠宁，宋文飞. 政府 R&D 资助的非线性创新溢出效应——基于环境规制新视角的再考察 [J]. 产业经济研究，2018（3）：40-52.

❹ 王国印，王动. 波特假说、环境规制与企业技术创新——对中东部地区的比较分析 [J]. 中国软科学，2011（1）：100-112.

❺ 张成，郭炳南，于同申. 污染异质性、最优环境规制强度与生产技术进步 [J]. 科研管理，2015，36（3）：138-144.

❻ 陈诗一. 节能减排与中国工业的双赢发展：2009—2049 [J]. 经济研究，2010，45（3）：129-143.

❼ 陈超凡. 节能减排与中国工业绿色增长的模拟预测 [J]. 中国人口·资源与环境，2018，28（4）：145-154.

(三) 科技创新对生态环境的影响关系

经济的增长和新型工业化的推进，需要科技创新作为支撑，而科技创新必定会对生态环境产生深远的影响。国外最早研究科技创新之于生态环境影响的文献可以追溯到 20 世纪 70 年代初，在埃利奇和霍尔登（Ehrlich & Holdren）的研究中首次建构了 IPAT 模型，指出影响环境的因素中包括人口因素（population）、富裕度因素（affluence）和技术因素（technology）❶；格罗斯曼和克鲁格的研究认为，经济增长可能对生态环境的质量产生综合影响，具体可以划分为规模效应、结构效应和技术效应❷；迪茨和罗萨对 IPAT 模型进行了拓展，引入了随机因素，构架了 STIRPAT 模型，为后续研究技术创新对生态环境的影响奠定了方法基础❸；杰巴拉夫和伊尼扬（Jebaraj & Iniyan）指出，能源节约和环境保护的可持续性很大程度上与生产过程中的技术创新及效率提升有关❹；冯·希佩尔（Von Hippel）等指出，科技创新起初只是被认为是资源转化为具有市场价值商品的重要工具，是社会经济发展的重要动力❺。

但在资源约束越发强化的背景下，科技创新、绿色发展已经成为转变我国经济发展方式、确保经济稳定增长的必然选择。蔡木林等对国外生态文明建设进程中的科技发展战略进行了经验总结，论证了建立和完善科技创新机制和体系，是我国生态文明建设的技术支撑与基本保障❻；洪银兴认为，调整科技创新的发展方式，由要素和投资驱动转向创新驱动，是社会

❶ EHRLICH. P. R, HOLDREN. J. P. Impact of population growth[J]. Science, 1971, 171 (3977): 1212-1217.

❷ GROSSMAN. G. M, KRUEGER. A. B. Environmental impacts of a North American free trade agreement [R]. National Bureau of Economic Research, 1991.

❸ DIETZ. T, ROSA. E. A. Rethinking the environmental impacts of population, affluence and technology[J]. Human ecology review, 1994, 1(2): 277-300.

❹ JEBARAJ. S, INIYAN. S. A review of energy models[J]. Renewable and sustainable energy reviews, 2006, 10(4): 281-311.

❺ VON HIPPEL. E, OGAWA. S, DE JONG. J. P. J. The age of the consumer-innovator [J]. MIT Sloan management review, 2011, 53(1): 27-35.

❻ 蔡木林，王海燕，李琴，等. 国外生态文明建设的科技发展战略分析与启示 [J]. 中国工程科学，2015，17 (8)：144-150.

由"经济中心"发展转向可持续发展的关键❶；陈亮、哈战荣基于我国新时代下的发展背景，研究了创新引领绿色发展的内在逻辑、现实基础与实施路径，强调了科技创新可以为绿色发展提供动力、创造条件、指明方向，科技创新是生态绿色化、发展绿色化的根本驱力❷。所以，后期的研究认为，技术进步生态化应作为当代科技创新发展目标的转向，由此承载起人们对科技创新效能的更多期望。

1. 负向污染作用

雷切尔·卡森（Rachel Carson）在其 1962 年的《寂静的春天》一书中，聚焦 DDT（双对氯苯基三氯乙烷）等现代科技创新的产物，以具体案例阐述了化学杀虫剂在人类生产过程中对生态环境所产生的污染事实❸。该著作引起了社会强烈反响，人们开始认真反思社会快速增长的背后，生态环境却日益恶化的问题，深刻意识到传统的科学创新体系割裂了经济利益、科技创新与生态环境之间的良性关联，仅将科技创新的价值评判限定在狭隘的个体经济层面，而忽略了从社会层面综合考量科技创新的生态环境价值。

罗马俱乐部（Club of Rome）创始人奥莱里欧·佩切伊（Aurelio Peccei）也提出，早期的科技创新对生态环境产生了负向污染作用。他在 1982 年日本东京召开的"21 世纪全球性课题和人类的选择"大会发言时指出："人类通过技术圈入侵、榨取生物圈的结果，破坏了人类未来的生活基础。❹❺"

格罗·哈莱姆·布伦特兰（Gro Haelem Brundtland）在其 1987 年出版的著作《我们共同的未来》中，针对工业时代人类经济社会发展所造成的严重环境污染和广泛的生态破坏，及它们之间的发展关系失衡问题，重点指出科技创新的负面影响是造成环境恶化的重要因素之一，"可持续发展"概

---

❶ 洪银兴. 进入新阶段后中国经济发展理论重大创新［J］. 中国工业经济，2017（5）：5-15.

❷ 陈亮，哈战荣. 新时代创新引领绿色发展的内在逻辑、现实基础与实施路径［J］. 马克思主义研究，2018（6）：74-86，160.

❸ CARSON. R. Silent spring［M］. Houghton Mifflin Harcourt，2002.

❹ PECCEI. A. Global modelling for humanity［J］. Futures，1982，14（2）：91-94.

❺ 张保伟. 论生态文化与技术创新的生态化［J］. 科技管理研究，2012，32（1）：201-204.

念也随之提出❶。布伦特兰指出，随着能源技术的深入研发与广泛运用，造成了全球温室效应的不断明显；化工技术蓬勃发展的同时，也加剧了"工业三废排放"问题；克隆技术虽有益于挽救濒临灭绝的珍稀物种，提高动物的育种纯度，但动物遗传基因方面的一致性和单一性问题不利于生态种群的稳定繁衍。可见现代科学技术的创新的确具有破坏生态与环境平衡运行的隐患。因此进一步指出，减少科技创新对生态环境的负面影响，是实现可持续发展的关键。

国内外经验研究及实证研究方面，阿西莫格鲁（Acemoglu）等在关于环境与技术革新的研究中指出，技术创新在推动经济增长的同时可能带来更多的碳排放❷；彭水军、包群关于中国 1996—2002 年间的"环境库兹涅茨曲线假说"检验中发现，环境技术的科研经费投入增加并未对包括水污染、大气污染、固体污染等六类环境污染物质的排放起到明显的抑制作用❸；朱勤基于 IPAT 扩展模型的研究发现，相对于经济增长对碳排放的明显刺激作用，技术进步对二氧化碳排放的抑制作用不明显❹；赵昕、郭晶通过指数分解法与修正的索洛增长方程，研究得出 1982—2008 年间的中国技术进步对二氧化碳排放的促进作用远远大于抑制作用，技术进步对碳排放的抑制作用并不明显❺；申萌等综合考察了技术进步对二氧化碳排放的影响效应❻。研究表明，1997—2009 年间，虽然中国技术进步对二氧化碳排放的直接影响弹性系数为负，但其影响程度不足以抵消技术进步对二氧化碳排放的正向刺激间接效应，导致最终的二氧化碳排放量仍是增加的，得出考察期内中国技

---

❶　BRUNDTLAND. G. H. What is sustainable development ［J］. Our common future，1987：8-9.

❷　ACEMOGLU. D，AGHION. P，BURSZTYN. L，et al. The environment and directed technical change［J］. The American economic review, 2012，102（1）：131-166.

❸　彭水军，包群. 经济增长与环境污染——环境库兹涅茨曲线假说的中国检验［J］. 财经问题研究，2006（8）：3-17.

❹　朱勤，彭希哲，陆志明，等. 人口与消费对碳排放影响的分析模型与实证［J］. 中国人口·资源与环境，2010，20（2）：98-102.

❺　赵昕，郭晶. 中国低碳经济发展的技术进步因素及其动态效应［J］. 经济学动态，2011（5）：47-51.

❻　申萌，李凯杰，曲如晓. 技术进步、经济增长与二氧化碳排放：理论和经验研究［J］. 世界经济，2012，35（7）：83-100.

术进步还不能同时兼顾经济增长和二氧化碳减排的结论；宋马林、王舒鸿的研究聚焦中国工业化过程中的地区技术创新类型选择问题，指出偏重GDP而较少关注环境保护的技术进步，造成了包括大气污染、水污染、土壤污染等环境公害的增加❶。

2. 正向改善作用

埃利希和霍尔德伦的 IPAT 研究模型结果显示，技术进步可以减轻由人口增长造成的环境污染❷；格罗斯曼和克鲁格关于生态环境影响因素的研究也提及技术创新的发展效应，认为越先进的技术往往越"绿色"，强调创新发展对改善生态环境质量的重要作用❸；斯托基在内生增长模型基础上对EKC 曲线进行了理论分析，指出经济的不断发展会促进技术进步，技术的创新可以提高资源和能源的利用效率，进而降低资源消耗与环境破坏❹；世界观察研究所（Worldwatch Institute）指出，无论是工业化国家还是发展中国家，都应该将长期发展战略规划着眼于生态化技术创新，寻觅绿色、生态化的发展路径；瓦伦蒂娜·博塞蒂（Valentina Bosetti）等通过构建全球技术变化混合模型（World Induced Technical Change Hybrid Model，WITCH），指出技术创新可以帮助实现节能减排❺；杰拉赫（Gerlagh）在对诱发性创新的价值研究中指出，科技创新一方面可以通过促进技术进步以降低碳价格，缓解强制性减排的负担，另一方面可以通过创新情境所形成的减排"学习效应"，缓解碳减排的成本压力❻；Ang 的研究认为，技术创新能够抑制中

---

❶ 宋马林，王舒鸿. 环境规制、技术进步与经济增长 [J]. 经济研究，2013，48（3）：122-134.

❷ EHRLICH. P. R, HOLDREN. J. P. Impact of population growth[J]. Science,1971,171(3977):1212-1217.

❸ GROSSMAN. G. M,KRUEGER. A. B. Environmental impacts of a North American free trade agreement[R]. National Bureau of Economic Research,1991.

❹ STOKEY. N. L. Are there limits to growth? [J]. International economic review,1998,39(1):1-31.

❺ BOSETTI. V, CARRARO. C, GALEOTTI. M,et al. WITCH a world induced technical change hybrid model[J]. The Energy Journal,2006:13-37.

❻ GERLAGH. R . Measuring the value of induced technological change[J]. Energy Policy,2007,35(11):5287-5297.

国的碳排放量❶。而同年阿里克·莱文森（Arik Levinson）的研究以美国制造业为样本，分析产业的技术进步对生态环境造成的影响。结果显示，美国制造业环境质量的提升并不是因为工业经济结构优化，而主要归因于产业的技术创新发展❷。

国内近期的相关研究中，刘跃等在区域技术创新能力与经济增长质量的关系研究中，将生态环境作为经济增长质量的一个关键评价指标（其中包括固、液、气三个排放指标）。结果显示，区域技术创新能力对本地和邻接地区的生态环境皆有积极影响❸；严翔等的研究中，从"压力""状态"和"规制"三方面综合评测生态环境水平，考察了中国 30 个省份在 1998—2014 年间的区域创新能力与生态环境间的非均衡发展关系，指出创新能力对生态环境的正向影响具有显著的门槛效应，东部的积极拉动效应明显强于中部❹。

也有部分研究从生态环境的其他方面切入，验证了科技创新对其的正向改善作用：

以二氧化碳、二氧化硫等废气产生及排放量表征生态环境的研究中，库马尔和马纳吉（Kumar & Managi）比较了诱导性和外生性技术进步对增加电力产出，及其对减少硫化物、氮化物等污染物质的影响大小，测评1995—2007 年间科技创新的正向影响❺；李斌、赵新华根据格罗斯曼和克鲁

❶ ANG. J. B. CO$_2$ emissions, research and technology transfer in China[J]. Ecological Economics,2009,68(10):2658-2665.

❷ LEVINSON. A. Technology, international trade, and pollution from US manufacturing [J]. American Economic Review,2009,99(5):2177-2192.

❸ 刘跃，卜曲，彭春香. 中国区域技术创新能力与经济增长质量的关系 [J]. 地域研究与开发，2016（3）：1-4, 39.

❹ 严翔，成长春，金巍，等. 基于经济门槛效应的创新能力与生态环境非均衡关系研究 [J]. 中国科技论坛，2017（10）：112-121.

❺ KUMAR. S, MANAGI. S. Environment and productivities in developed and developing countries:the case of carbon dioxide and sulfur dioxide[J]. Journal of Environmental Management,2010,91(7):1580-1592.

格❶、埃金斯❷和莱文森❸的分解模型，构建了加入生产技术和污染治理技术的生态差分模型❹。结果显示，工业结构变化对废气减排的作用不明显，而技术进步可以促进废气减排，一定程度上弥补了工业结构的不合理；李博研究指出，我国地区技术创新能力的提升不仅会对降低本地的碳排放量，也会对邻近地区产生积极的空间外溢效应❺；周杰琦、汪同三以专利授权数量衡量科技创新能力，分析其对二氧化碳排放的影响。研究显示，发明专利、实用新型专利与外观设计专利皆对二氧化碳减排有显著影响，内陆地区在依靠科技创新推行节能减排方面，较沿海地区还存在差距❻；黄娟、汪明进研究指出，科技创新能改善工业二氧化硫排放强度和排放总量❼。

在水资源消耗表征生态环境的研究中，贾绍凤等、陈雯、王湘萍，姜蓓蕾等的研究聚焦工业技术创新对水资源消耗的影响。相关成果显示，工业创新投入和技术进步对提高工业用水效率具有正向作用，且从时间上看，推进作用持续明显❽❾❿。张兵兵、沈满洪的研究指出，技术创新是使工业用水倒"U"型库兹涅茨曲线拐点出现的原因，科技创新的不断涌现节省

❶ GROSSMAN. G. M，KRUEGER. A. B. Environmental impacts of a North American free trade agreement[R]. National Bureau of Economic Research，1991.

❷ EKINS，P. The Kuznets curve for the environment and economic growth：examining the evidence[J]. Environment and Planning A，1997，29(5)：805-830.

❸ LEVINSON. A. Technology，international trade，and pollution from US manufacturing [J]. American Economic Review，2009，99(5)：2177-2192.

❹ 李斌，赵新华. 经济结构、技术进步与环境污染—基于中国工业行业数据的分析 [J]. 财经研究，2011 (4)：112-122.

❺ 李博. 中国地区技术创新能力与人均碳排放水平—基于省级面板数据的空间计量实证分析 [J]. 软科学，2013 (1)：26-30.

❻ 周杰琦，汪同三. 自主技术创新对中国碳排放的影响效应——基于省际面板数据的实证研究 [J]. 科技进步与对策，2014，31 (24)：29-35.

❼ 黄娟，汪明进. 科技创新、产业集聚与环境污染 [J]. 山西财经大学学报，2016 (4)：50-61.

❽ 贾绍凤，张士锋，杨红，等. 工业用水与经济发展的关系——用水库兹涅茨曲线 [J]. 自然资源学报，2004 (3)：279-284.

❾ 陈雯，王湘萍. 我国工业行业的技术进步、结构变迁与水资源消耗——基于LMDI方法的实证分析 [J]. 湖南大学学报 (社会科学版)，2011，25 (2)：68-72.

❿ 姜蓓蕾，耿雷华，卞锦宇，等. 中国工业用水效率水平驱动因素分析及区划研究 [J]. 资源科学，2014，36 (11)：2231-2239.

了工业生产中的水资源❶。

在工业三废综合表征生态环境的研究中，安德森（Anderson）分析了技术进步对减少空气和水污染的贡献，认为产业在技术上的创新可以有效降低对生态环境的破坏❷；王鹏、谢丽文以我国 2003—2010 年间的 30 个省市为研究样本，选择工业废水、废气、固体废物的污染治理作为被解释变量。研究显示，企业技术创新对工业污染治理的推进效应显著，可以提升工业"三废"综合利用产品的产值，削减工业二氧化硫排放量，但在工业用水重复利用率、工业固体废物综合利用率方面的影响较弱❸；孙建的研究则对中国区域技术创新对生态环境的影响进行预测模拟❹，研究显示东、中、西三大经济板块的 R&D 投入在同等幅度增加的情况下，都会有效削减二氧化硫和二氧化碳的排放量，且都能促进经济增长、降低能源强度、抑制工业废水排放，但短期内难以实现对工业固体废物和二氧化硫的抑制效用。

3. 影响关系不确定

杰夫等对某些地区的实证研究显示，人类社会发展必然会对生态环境产生一定的影响，这主要取决于技术变革速度及其方向，有的新技术可以缓解甚至替代现有的环境污染活动，但亦存在可能加剧生态环境污染的技术创新❺；杰夫等的研究又指出，科技创新可以促进经济的规模发展，通过规模效应这一间接影响路径促进碳排放的增加，也可以科技创新直接提升技术水平，通过技术效应直接减少碳排放，因此科技创新对生态环境的作用关系，因影响路径不同、综合效应差异而呈现不确定特征❻。

❶ 张兵兵，沈满洪. 工业用水库兹涅茨曲线分析［J］. 资源科学，2016，38（1）：102-109.

❷ ANDERSON. D. Technical progress & pollution abatement：an economic view of selected technologies and practices［J］. Environment and Development Economics，2001，6(3)：283-311.

❸ 王鹏，谢丽文. 污染治理投资、企业技术创新与污染治理效率［J］. 中国人口·资源与环境，2014，24（9）：51-58.

❹ 孙建. 中国区域技术创新的二氧化碳减排效应——基于宏观计量经济模型模拟分析［J］. 技术经济，2018，37（10）：107-116.

❺ JAFFE. A. B，NEWELL. R. G，STAVINS. R. N. Technological Change And The Environment［J］. Environmental Resource & Economics，2000，22(3)：461-516.

❻ JAFFE. A. B，NEWELL. R. G，STAVINS. R. N. Environmental Policy and Technological Change［J］. Environmental and Resource Economics，2002，22(01)：41-70.

我国学者对科技创新之于生态环境的不确定影响也有论证,魏巍贤、杨芳的研究将环境污染纳入内生经济增长模型中,以中国 1997—2007 年省域面板数据为样本,实证剖析了影响我国二氧化碳排放量的诸多因素。结论显示,区域间的创新水平的不均衡特征,造成技术进步对我国二氧化碳排放的影响表现出明显的地区差异,科技创新可以减少东部地区的二氧化碳排放量,但对中西部地区的二氧化碳排放没有显著影响❶;李凯杰、曲如晓的研究结果表明,中国在 1978—2008 年间的技术进步与碳排放之间存在长期均衡关系。长远来看,技术进步可以减少碳排放,而短期内技术进步对碳排放没有明显作用❷;张兵兵、徐康宁的研究也显示技术进步对碳排放的影响具有不确定性,结果表明,虽然发达国家的技术进步可以有效降低二氧化碳的排放强度,但在发展中国家则存在不确定性,进一步指出不同经济发展水平决定着地区科技创新的技术选择路径及其技术依赖路径❸;马歆等梳理了区域创新、环境规制与碳压力水平间的理论框架,指出只有在一定的环境规制强度下,区域科技创新才可以发挥其对碳压力水平改善的正向影响作用,即"波特假说"是有条件成立的,存在区域异质性❹。

(四) 两者间的协调互动关系

1. 协调作用关系

在协调作用关系的定性研究方面,我国学者欧阳志远很早就指出,生态化是第三次产业革命的实质与方向,在其著作中详细阐述了生态环境与科技创新间的协调发展关系对于可持续发展的重要性❺;陈彬的研究对"技术创新

❶ 魏巍贤,杨芳. 技术进步对中国二氧化碳排放的影响 [J]. 统计研究,2010,27 (7):36-44.

❷ 李凯杰,曲如晓. 技术进步对中国碳排放的影响——基于向量误差修正模型的实证研究 [J]. 中国软科学,2012 (6):51-58.

❸ 张兵兵,徐康宁. 技术进步与 CO2 排放:基于跨国面板数据的经验分析 [J]. 中国人口·资源与环境,2013,23 (9):28-33.

❹ 马歆,薛天天,WAQAS ALI,王继东. 环境规制约束下区域创新对碳压力水平的影响研究 [J]. 管理学报,2019,16 (1):85-95.

❺ 欧阳志远. 生态化:第三次产业革命实质与方向 [M]. 北京:中国人民大学出版社,1994:2.

生态化"的概念做了重新诠释，强调要将生态学的思想融入技术创新的过程中，不仅要考量技术进步对经济发展的驱动力，也要虑及对生态环境的影响作用，既要注重技术研发的创新与应用，又要确保生态环境的平衡与清洁，在体现商业价值的同时兼顾生态价值的实现，旨在追求人与自然的和谐发展❶；张保伟的研究也聚焦"技术创新生态化"，指出只有将科技创新与资源节约和环境保护结合起来，树立以生态与环境为中心的科技创新发展导向，才有益于社会的可持续发展❷。

　　在协调作用关系的实证研究方面，李虹、张希源基于低碳环保创新视角，构建了科技创新与生态环境间的复合系统协同度模型，指出长三角、珠三角与京津冀三大城市群的生态创新协同度水平较低，区域科技创新与生态环境间的系统协同机制尚未建立❸；向丽通过构建综合评价指标体系，采用变异系数法和协调发展度模型，实证测算了我国省域科技创新与生态环境协调发展度，指出我国省域科技创新综合发展水平明显滞后于生态环境综合发展水平，且中、西部地区和东北地区的所有省份均属于科技创新滞后型。考察期内全国科技创新与生态环境的协调度数值偏低且运行平稳，不同省份的协调度指数存在明显的时空分异❹；彭朝霞、吴玉锋利用我国省域 2014 年的截面数据，分别构建了生态、经济、科技三系统的评价指标体系，并测算了三系统的耦合协调发展程度。研究反映出我国省域生态—经济—科技系统的耦合度多处在拮抗阶段，耦合协调度处于勉强协调状态，生态环境与科技创新的发展协同度有待提升❺；谷缙等的研究测度了 2006—2015 年间中国生态文明建设与科技创新能力的耦合度与协调度，考察期内两数值均呈上升运行趋势，空间格局呈东高西低态势。生态文明建设与科技创新能力的耦合协调过程具有非

❶　陈彬. 技术创新生态化——一种思想的转向［J］. 桂海论丛，2003（2）：54-56.

❷　张保伟. 论生态文化与技术创新的生态化［J］. 科技管理研究，2012，32（1）：201-204.

❸　李虹，张希源. 区域生态创新协同度及其影响因素研究［J］. 中国人口资源与环境，2016，26（6）：43-51.

❹　向丽. 中国省域科技创新与生态环境协调发展时空特征［J］. 技术经济，2016，35（11）：28-35.

❺　彭朝霞，吴玉锋. 我国生态—经济—科技系统耦合协调发展评价及其差异性分析［J］. 科技管理研究，2017，37（4）：250-255.

均衡波动特征❶。

2. 互动作用关系

在互动作用关系的定性研究方面，肖显静等的研究探讨了科技创新如何促进我国生态文明建设，主要聚焦生态文明建设与当代科学技术发展的互动关系，点明了当前科技创新的发展现状、政策等与生态文明观的冲突与矛盾，建议既要建设生态文明的科技创新体系，又要以科技创新促进生态文明建设❷；李旭颖有关企业创新与环境规制间互动影响的研究中指出，环境规制规定科技创新发展的外部约束条件，通过要素的优化配置而实现了科技的创新发展。而科技创新改变了产业竞争格局与市场结构行为，同时也促进了环境规制的动因及其标准的变更，最终形成了科技创新和环境规制间的双向互动影响机制❸。

在互动作用关系的实证研究方面，黄平、胡日东的研究也指出，政府环境规制与企业技术创新之间是相互促进，相互作用的。环境规制的时间期限及其强度设定监督促进了企业开展技术创新，环境规制对于知识产权的保护与激励，也可以促进科创资源的合理配置，引导企业开展技术创新。与此同时，科技创新也可以通过技术创新本身的张力、企业社会责任、可持续发展三方面，反向促进生态环境，两者间形成棘轮效应❹；祝恩元等将生态环境纳入可持续发展的指标体系，测算了山东科技创新与可持续发展耦合协调关系，结论指出不同类型地区所面临的可持续发展问题不同，因此科技创新驱动的侧重领域也有所不同，强调了在新时代背景下的区域发展进程中，必须坚持科技创新与可持续发展的双向互动❺。

---

❶ 谷缙，程钰，任建兰. 中国生态文明建设与科技创新耦合协调时空演变 [J]. 中国科技论坛，2018（11）：158-167.

❷ 肖显静，彭新宇，蒋高明，等. 科技如何促进我国生态文明建设 [J]. 中国科技论坛，2008（2）：3-8.

❸ 李旭颖. 企业创新与环境规制互动分析 [J]. 科学学与科学技术管理，2008（6）：61-65.

❹ 黄平，胡日东. 环境规制与企业技术创新相互促进的机理与实证研究 [J]. 财经理论与实践，2010，31（1）：99-103.

❺ 祝恩元，李俊莉，刘兆德，李姗鸿. 山东省科技创新与可持续发展耦合度空间差异分析 [J]. 地域研究与开发，2018，37（6）：23-28.

3. 绿色科创效率研究

在全球倡导绿色低碳的发展背景下，学界认为科技创新发展不能仅以经济发展为中心，而应追求科技创新与生态环境间的融合协调发展，因此研究的焦点也从单一考虑科技创新投入，转移到考虑生态环境因素的"绿色科技创新绩效（效率）"，认为绿色低碳是科技创新效率提升，实现可持续发展的关键。具体研究，如白俊红、蒋伏心的研究中首先指出以往测算区域创新效率的研究并未考虑环境因素的影响，随后通过数据包络法，将环境因素作为科技创新过程中的非期望产出，测评了我国区域创新的效率及问题❶；张江雪、朱磊对技术创新的方向进行约束，将资源生产率和环境负荷视作产出，通过数据包络法测算了2009年中国各省份工业企业绿色技术创新效率。研究发现，环境因素有利于技术创新效率的提高❷；韩晶等的研究基于绿色增长视角，运用包含空间计量的数据包络模型，实证分析了中国2010年各省份的创新效率。结果显示，中国绿色科技创新效率存在明显的地域差异，东部地区明显高于中西部地区，而规模报酬递增的区域数量远远少于中西部地区❸。

综上所述，我们发现，科技创新在促进社会经济发展方式转变、人类生态伦理价值观形成、绿色生存空间营造等方面，都发挥着重要的驱动支撑作用；生态环境建设也是一个系统性工程，不仅涉及人类生存环境的改善、自然生态的修复、生产生活方式的引导，同时也涉及产业发展的类型及科技创新的方向。由此可见，推进科技创新与生态环境间的互利共生、协调发展是实现可持续发展的重要途径。

---

❶ 白俊红，蒋伏心. 考虑环境因素的区域创新效率研究——基于三阶段 DEA 方法 [J]. 财贸经济，2011（10）：104-112，136.

❷ 张江雪，朱磊. 基于绿色增长的我国各地区工业企业技术创新效率研究 [J]. 数量经济技术经济研究，2012（2）：114-123.

❸ 韩晶，宋涛，陈超凡，等. 基于绿色增长的中国区域创新效率研究 [J]. 经济社会体制比较，2013（3）：101-109.

二、典型地区的发展案例分析

(一) 地区发展案例解析

1. 美国硅谷发展案例

美国的硅谷 (Silicon Valley) 地处加利福尼亚州北部的大都会旧金山湾区以南，面积约 3800 平方千米，地理环境优越，自然气候宜人，有着"天然空调"的美誉。硅谷的最初成因源自政府为了挽留住斯坦福等著名高校的留学生，所以在地方政策的促成下形成了一个科技聚集社区。又因当地早期的主要产业是研究、生产以硅为材料的半导体芯片，故"硅谷"为此而得名。目前，包括英特尔、谷歌、苹果、思科、惠普、朗讯等国际科技大公司都驻扎在硅谷，规模不等的科技创新公司已超过一万家；除了早期的半导体集成电路和电子计算机产业，也包括生物、空间、海洋、通信、能源材料等新兴技术的研发企业；拥有超过一百万的世界各国高科技工作人员，其中美国科学院院士就有近千人，获诺贝尔奖的科学家就达 30 多人。可以说，硅谷以其突出的科技创新优势，对 20 世纪后半叶兴起的第三次工业革命做出了重要贡献。

许多专家学者对"硅谷现象"进行了研究并指出，以斯坦福大学、伯克利大学、加州理工学院等世界知名大学为硅谷提供了高质量的人力资源。高新技术的中小公司集聚，形成了硅谷完善的科技创新网络与产业链。此外，硅谷也拥有自由开放的创新文化、资本雄厚的金融风投等。但黄德春、吴海燕认为，美国硅谷之所以能成为世界科技创新的高地，并且能够长期保持相对领先的创新优势，并不是由单独因素决定的，其中常常被人忽视的基础要素就是硅谷拥有优美自然的生活环境与舒适洁净的工作环境❶。

硅谷人口的受教育程度普遍较高，其中高新科技企业员工占比较大，这部分人群的经济状况相对富裕，生活态度积极，普遍追求高质量生活品质。因此，优美的城市与自然生态环境、发达的交通与信息通信网络等配

---

❶ 黄德春，吴海燕. 美国硅谷成因及其对"世界水谷"建设的启示 [J]. 水利经济，2016，34 (1)：51-54，59，85.

套基础设施，成为高新科技企业和人才驻守的外在硬约束。因此，在硅谷的研究案例中，优美宜居的生态环境是科创人员生活质量提升的重要保障，也可以激发科创人员的创新灵感与创作思路，是吸引和留住科创企业的关键要素之一，并且可以不断为硅谷的科技创新注入活力。

2. 中国贵阳发展案例

21世纪初，贵阳果断作出了建设循环经济生态城市的决定。在生态化改造进程中，贵阳市政府重点对水泥厂、化工厂、卷烟厂、钢铁厂、火电厂、电池厂等环境污染企业展开整治，对无法转型升级的高能耗、高污染企业坚决关停取缔，逐年推进城市燃料由煤改气进程。一系列生态环境的修复举措使贵阳的空气质量得到根本性改善。与此同时，当地政府和企业初步体会到生态环境改善为当地经济效率提升带来的红利，生态环境促进当地产业结构转型与生产效率变革的效能初显。2018年，贵阳的城市森林覆盖率高达52%，集中式饮用水水源地水质100%稳定达标，主要河流国控、省控断面水质优良率近94%，空气质量优良率常年维持在95%以上，PM2.5等污染物年均浓度达到国家二级标准。

良好的生态环境品牌效应吸引了诸多高科技企业及其创新配套产业链的入驻，一定程度上形成了高科技产业集聚，但贵阳始终把绿色招商作为生态环境保护和科技创新实力提升的重要原则。贵阳《"十三五"科技创新发展专项规划》中就明确了大数据、大健康、先进制造、新材料等领域的科技创新目标，强调要以"大数据+大生态"引领绿色发展，走可持续发展道路。

由此可见，贵阳的绿色创新发展模式中的科技创新基础并不具备优势，而是首先基于前期对生态环境的大力整治，后来才出现了对科技创新发展的反哺效应。具体来说，生态环境之于科技创新的影响，不仅体现在对优秀研发人员的吸引以及科技创新企业的招募上，更体现在以生态环境为标尺，倒逼企业科技创新，促进产业提质增效方面。赵德明指出，优良的生态环境是贵阳最响亮的品牌，走"生态产业化、产业生态化"的绿色高质量发展路径❶，一方面要以生态环境保护作为产业发展的底线，适度合理利

---

❶ 赵德明. 优良的生态环境是贵阳最响亮的品牌 [J]. 当代贵州, 2018 (26)：42-43.

用生产环境，做大、做强、做优绿色实体经济，实施"绿色经济倍增计划"；另一方面应通过明确、强化环境规制，监督企业开展科技创新，改造提升传统产业的竞争力，重点推动"千企改造"方案。努力把自然生态禀赋，转化为科创环境优势、科创发展优势，进而实现转型跨越发展。

（二）国家发展案例解析

越来越多的企业已经认识到，优先考虑生态环境及其带来的社会价值，不仅会为社会带来益处，还会为企业的可持续发展带来诸多益处，它们已经领悟到社会与企业同步成长的互补性。如 GE 公司的"绿色创想计划"，即便在前期研发阶段投入了大量成本，但其绿色产品已经实现了 3 倍于公司平均增幅的快速提升，产品营业额超过 100 亿美元。因此，欧美的科技创新发展已经从单纯关注财务和股东价值的"经济人"假设，转向范围更广的企业与社会共同增长的"社会人"假设范畴，其中就包括对生态环境的友好与珍视。

2018 年联合国世界知识产权组织、美国康奈尔大学、欧洲工商管理学院在纽约联合发布了 2018 年全球创新指数，中国位居第 17 位，虽然首次进入前 20，是首个、也是唯一的进入前 20 的中等收入经济体。但我们也该清楚地认识到，与排名更靠前的亚洲国家新加坡（NO.5）、韩国（NO.12）、日本（NO.13）还有一定差距❶。鉴于日本与中国具有相近的文化背景与地缘特征，因此下文重点聚焦该国在经济高速发展中，如何处理生态环境与科技创新的发展关系，旨在对其发展经验总结的基础上，为长江经济带的"生态优先、绿色发展"提供借鉴。

第二次世界大战后日本的工业体系几乎崩溃，但它通过引进以美国为代表的西方国家最新技术，经历了从"模仿创新—引进消化吸收再创新—集成创新—自主创新"的模式演进❷，很快奠定了坚实完善的国家工业基础，完成了第二次世界大战后的复兴。但在 20 世纪 70 年代，因排烟和排水

---

❶ Cornell University, INSEAD, WIPO. Global Innovation Index 2018 ［R］. Wipo Economics & Statistics, 2018.

❷ 吴熊. 我国科技型中小企业绿色技术创新可行模式的探讨 ［D］. 北京：北京林业大学, 2012.

等问题严重污染了生态环境❶，环境公害引发了大范围的疾病蔓延，20 世纪初期发生的世界八大公害事件中，日本就占了一半，足见当时日本环境问题的严重性❷。与此同时，1973 年的石油危机也导致日本在第二次世界大战后出现了经济增长率的零增长。以四大公害诉讼为标志的广大民众运动，以及国内外新闻媒介的舆论压力日益加大，提醒日本政府在追求经济增长的同时，绝不能忽视生态环境的协同发展。日本政府也意识到不同国家与地域在各自的生态环境约束下所进行的创新发展路径与政策工具等也会大相径庭，本国特殊的自然地理条件造成资源环境的约束远大于世界其他发达国家，所以奥达吉里和白藤（Odagiri & Goto）认为，突破资源环境约束的技术创新不可照搬以往产业发展一味技术模仿或引进的模式❸。

此后日本开始长期致力于以科技创新来突破资源环境的约束，以生态环境为标杆挖掘科技创新的新驱力，努力将环境资源依赖型产业向技术创新密集型产业转换，将生产重点转向科技含量高、原料消耗少、环境污染小的创新项目研发❹。纵观日本应对历次资源环境危机的过程，都可以将每次危机都转化为创新动力，日本早先的资源环境约束反而促进了本国的科技创新发展，形成了"反哺效应"，使日本在产业结构转型升级方面实现了突破。例如：在应为两次石油危机时，日本建立并不断完善本国的资源能源战略储备体系，大力发展了诸如新能源汽车等节能环保产业，相关产品迅速获得较大的国际市场份额❺；日本的《建筑循环利用法》规定，不管是

❶　冯昭奎，张可喜. 科学技术与日本社会 ［M］. 西安：陕西人民教育出版社，1997.

❷　1950—1956 年期间，日本熊本县水俣湾因为有机汞水污染而导致水俣病的暴发；1966 年新潟县阿贺野川流域也暴发和水俣病同样症状的大范围疫情，原因与熊本县水俣病相同，亦称"第二水俣病"；1960—1972 年在三重县四日市因为硫氧化物导致的大气污染，随后引发哮喘病的大范围暴发；20 世纪 70 年代前，含有重金属镉的大量废水排放至河里，导致神通川及其支流的严重污染，滋生了"痛痛症"。引自：叶子青，钟书华. 日本绿色技术创新发展趋势 ［J］. 科技与管理，2002（4）：116-119.

❸　ODAGIRI. H, GOTO. A. The Japanese System of Innovation：Past，Present and Future，in：Nelson，R. R.（Ed.），National Systems of Innovation［M］. Oxford University Press，1993：76-114.

❹　满颖之. 日本经济地理 ［M］. 北京：科学出版社，1984.

❺　方晓霞，杨丹辉，李晓华. 日本应对工业 4. 0：竞争优势重构与产业政策的角色 ［J］. 经济管理，2015，37（11）：20-31.

公共部门还是私人业主，在改建房屋时有义务对所有建筑材料进行循环再利用，促进了日本相关企业在混凝土再利用方面开展了积极研发创新❶，也促使日本在该领域很快占据国际领先地位。

经过几十年的努力，日本已经从低端制造业的家电类产业摆脱出来，在新材料、人工智能、医疗、生物、新能源、物联网、机器人、高科技硬件、环保、资源再利用等新兴领域实现突破，其重金属、水、垃圾等环境终端治理技术已经达到了世界先进水平❷。几十年的科技创新实践不仅改善了日本的生态环境质量，也推动了产业转型升级、提质增效，实现了经济社会的绿色可持续发展，日本经验值得世界上许多国家与地区效仿借鉴。

1. 宏观法规制度

20 世纪 70 年代后期日本就开始实行"技术立国"战略，同时在"四大公害"的影响下，不断完善的环境规制对科技创新发展的约束作用也越发明晰，日本还为此专门成立了国立环境研究所，于是对民众生活环境问题的防治成为科技创新的重点。以国家优先权理论为指导，日本选择了"政府主导型"市场经济体制，通过一系列的政策措施和制度安排，对其创新发展进行了长期而卓有成效的宏观调控和指导（如表 2-1 所示）。21 世纪以后，日本开始实施的可持续发展战略最主要特点是以科技创新为突破口，解决生态环境与经济发展间的平衡问题❸。具体实施操作过程中，当以生态环境约束加剧而影响科技创新发展时，必然会影响社会众多相关群体的利益❹，日本政府则注重以不同利益中间人和社会公众整体利益代表的身份进行调节与干预，灵活运用政策工具，统筹分配国内各类别资源要素，平衡

---

❶ 杨宜勇，吴香雪，杨泽坤. 绿色发展的国际先进经验及其对中国的启示 [J]. 新疆师范大学学报（哲学社会科学版），2017，38（2）：18-24，2.

❷ 王旭东. 资源环境约束下的区域技术创新研究 [D]. 青岛：中国海洋大学，2005；

❸ 史妍嵋. 日本的创新与可持续发展 [J]. 新远见，2010（9）：37-39.

❹ 成立于 1946 年的经团联是日本工商业界的核心，由能源集约型和温室气体排放"大户"的钢铁、电力及化学三大业种出资人才组建，该组织左右着日本政府的内外经济政策。而以经团联为代表的日本工商业界对政府提出的低碳经济战略却一直持消极态度，担心制约碳排放会阻碍日本企业发展，所以千方百计拖延日本发展低碳经济的步伐。引自：施锦芳. 日本低碳经济实践及对我国启示 [J]. 经济社会体制比较，2015（6）：136-146.

各利益团体的关系，协调官、产、学、研间的分工合作。事实上，日本政府并不避讳直接干预企业的技术创新行为，甚至坚信政府能够比市场更好地预测经济的长期战略性需求❶。

表2-1 日本主要相关法规制度的发展历程❷❸❹❺

时间	相关法规制度	内容
1971年	《70年代通商展望》	向资源环境依赖小的知识密集型产业转换，积极推进电子信息产业创新
1974—1978年	"阳光计划+月光计划"	基于节能技术推动资源节约和环保型高新技术的创新
20世纪80年代	《80年代通商产业政策构想》	贯彻"技术立国"发展战略，从之前聚焦经济效益较高的传统产业技术，转向高技术、有益于资源环境、提升公益、福利方面的技术。通过调整产业结构以增强产业的先进程度与应变能力，大幅降低资源环境损耗
1986年	《科学技术政策大纲》	将"科学技术与人类社会的协调发展"作为重要内容列入发展大纲，强调技术创新对于突破资源环境约束的作用，推动日本产业向资源节约型、技术密集型和高附加值的产业转变
1989年	"地球环境开发技术计划"	强调开发革新技术，将产业革命200年以来变化了的地球逐步进行恢复，重视资源环境和可持续发展问题
1995年	《科学技术基本法》	明确提出将"科学技术创新立国"作为其基本国策，也为日本突破资源环境约束的区域技术创新提供了法律和政策保障
2000年	《建立循环型社会基本法》	强调保护环境、减少污染、节约资源，确立了发展循环经济、构建循环社会的目标

❶ 叶子青，钟书华. 日本绿色技术创新发展趋势 [J]. 科技与管理，2002 (4)：116-119.

❷ 杨宜勇，吴香雪，杨泽坤. 绿色发展的国际先进经验及其对中国的启示 [J]. 新疆师范大学学报 (哲学社会科学版)，2017，38 (2)：18-24，2.

❸ 王旭东. 资源环境约束下的区域技术创新研究 [D]. 青岛：中国海洋大学，2005；

❹ 罗丽. 日本环境法的历史发展 [J]. 北京理工大学学报 (社会科学版)，2000 (2)：50-53.

❺ 邹治平，石晓庚. 20世纪80年代以来日本技术创新的特点及启示 [J]. 河北大学成人教育学院学报，2001 (1)：58-60.

时间	相关法规制度	内容
2007 年	《21 世纪环境立国战略》《环境与循环型社会白皮书》	系统阐述了日本中长期环境政策的发展目标，强调要促进绿色技术开发创新，宣布在建立低碳社会的基础上，建立与环境保护相协调的美丽家园
2009 年	《2010 年经济产业政策的重点》	明确建立"日本式的低碳社会以及稳定、健康、长寿的社会"，降低外部资源依赖，产业发展须兼顾日本经济社会发展的长远需要
2014 年	《科学技术创新综合战略 2014》	提高技术创新能力，完善清洁、经济的能源系统，强调推进社会实现可持续发展的监测技术及其活用及推动经济持续增长的资源循环和再生利用的重要性

2. 产业财税政策

20 世纪 80 年代以后，日本政府针对绿色环保创新的专利法频繁地进行修改完善，1985 年颁布的《中小企业技术开发促进临时措施法》就鼓励中小企业基于绿色自主研发来提高技术创新水平。21 世纪初成立了知识产权战略委员会，在 2002 年进行了知识产权战略的整体布局，包括确立大纲、发布基本法到确切实行《知识产权创造、保护、应用的推进计划》。随着日本创新产业的不断发展，相关知识产权保护制度也随之不断完善，这为创新主体的发展解决了后顾之忧，营造了公平的创新氛围。在 1995 年"科学技术创新立国"和 2002 年"知识产权立国"的国家战略指导下，日本政府相继出台了一系列税收优惠、折旧优惠、金融扶持等财政税收政策：

补贴政策方面，向节约能源的家庭和企业发放补助金。譬如对家庭购买太阳能发电设备提供一定额度的补助金，对企业使用节能设备的给予设备成本 1/3 的补贴（也设置补贴上限）；对研发创新的补贴，如规定对污染防治的实验研究费采取税额扣除制度，如果企业年度绿色研发费超过往年最高额时，20% 的超额税额可以免缴。同时，对能减轻环境污染的设备可减免税金。

折旧优惠政策方面，对不产生污染的工业装置，可在安装设备的前三年免缴 50% 的固定资产税，激励企业进行环境友好型设备的研制与安装。相关制度规定，凡在生产工艺中安装污染控制设备的企业可扣除 50% 的设备折旧费。

金融扶持政策方面，日本基于成熟的资本市场与风险投资制度，设立了专业的绿色金融服务机构，可以为环境污染治理项目提供低息贷款，也可为废弃物处理及再生化设备提供通融资金，缓解了绿色创新发展的压力❶。

"绿色采购政策"也很好地支持了创新的绿色发展。自 1994 年开始，日本政府制定了"绿色政府行动计划"，1996 年成立了绿色采购网络组织（GPN），2000 年颁布了《绿色采购法》，在设定绿色采购基本原则基础上，鼓励各级政府机构与会员团体采购绿色节能新产品，购买环境友好型设备与服务❷。

上述政策提高了企业对生态环境的保护意识，刺激其对生态友好型设备的需求，鼓励其开展 R&D 创新活动以淘汰落后产能。目前，日本企业意识到企业未来发展的核心竞争力已经转移到绿色节能技术方面，经过几十年的不懈努力，很多企业的生产已经达到绿色环保要求，不少企业的"绿色创新"支出超过研发总额的 50%，越来越多的企业开始认识到企业经营发展离不开社会大环境，从产品、服务及技术方面进行生态友好型创新本身就是企业社会责任（CSR）的体现，重环保、求创新，比利润更重要。

3. 创新组织机构

除了以日本的大学和国家级研发机构作为推动科技创新的主体，事实上日本政府在合作创新过程中也具有重要作用，它通过制定相关政策，最大限度地将资金、技术、人才等创新要素进行统筹整合，构建机构间合作机制，协调企业间合作开发，促进技术的市场化转移❸。日本企业在资源约束下的创新发展内生性也很明显，表现出"自下而上"的自主性，几乎每个大型企业都配套专门的研发部门，不管是在人财物等资源投入还是科技创新成果，均不逊于国家级研究组织，科研领域也不囿于本企业的产品业务，通过企业内部独立的研发活动，获得了众多领域的关键技术突破，这其实也可以体现出日本企业在成本压力与市场竞争加剧背景下，对当今商

---

❶　阎莉. 日本技术创新政策的理论依据及政策手段选择 [J]. 日本研究，2000（4）：24-30.

❷　戴永务，余建辉，刘燕娜，等. 绿色技术创新政策的国际经验对福建的借鉴与启示 [J]. 江西科技师范学院学报，2007（2）：10-14.

❸　薛春志. 战后日本技术创新模式的演进与启示 [J]. 现代日本经济，2011（6）：71-77.

业运营模式创新趋势变化所做出的适应性匹配。

此外，不少日本大企业是由涉及多个业务领域的众多小公司构成的集团组织，且各集团企业间存在交叉持股的情况，因此有利于专利在多个领域间的传播应用，"终身雇佣制"也便于研究人员在多机构部门间流动，从而促进了日本企业的创新协作与融合，发挥了日本企业内部化创新后产生的正外部性优势❶。形成了日本创新主体"公司、高校和研究机构❷"三位一体、"官、产、学"❸ 联合创新的特点：既要发挥政府宏观调控的作用，也要利用大学和研究机构雄厚的科研能力和科技资源，同时要发挥企业在技术开发和市场开拓方面的能力，加速创新成果的市场化。譬如 1976—1980 年的案例，通产省组织多家电子公司、大学及研究所联合攻关当时最先进的微米级微电子成套生产技术，虽然各机构间存在竞争的关系，但在政府的牵头协调下，各方围绕共性技术积极展开项目攻关，技术创新项目成功后合作联盟即解散，各单位随后基于联合创新的共享成果，分头成功研发出各自领域的新产品❹。

近些年的创新合作网络又有了更多向的延伸，变得更开放、灵活，诸如环境金融❺、技术转移等组织也加入其中，还形成了诸如"绿色技术联盟"的组织形式。在生态环境等资源约束加剧的背景下，日本不同社会各组织间的合作形成了优势互补、资源共用、风险共担、利益共享，有效缩

❶　平力群. 创新激励、创新效率与经济绩效——对弗里曼的日本国家创新系统的分析补充［J］. 现代日本经济，2016（1）：1-10.

❷　"研究机构"指以科学技术方面的实验和研究为主要业务的组织，包括国立、公立、民间等研究机构。据统计，这类机构在全日本实施绿色技术研究的有关机构中所占比例为10%，主要负责进行一些风险大、周期长，民间企业无力承担的尖端研发活动。引自：叶子青，钟书华. 日本绿色技术创新发展趋势［J］. 科技与管理，2002（4）：116-119.

❸　国内常用称谓"官、产、学"，但在日本将三类组织的排序为"产、官、学"，先后次序其实也真实地反映出日本现实社会中企业应有的主体地位，日本政府在日益市场化的国家治理结构中的位置更迭。引自：方晓霞，杨丹辉，李晓华. 日本应对工业4.0：竞争优势重构与产业政策的角色［J］. 经济管理，2015，37（11）：20-31.

❹　薛春志. 战后日本技术创新模式的演进与启示［J］. 现代日本经济，2011（6）：71-77.

❺　施锦芳. 日本低碳经济实践及对我国启示［J］. 经济社会体制比较，2015（6）：136-146.

短了研发周期，提高了整个创新价值链的竞争力。

4. 民众宣传教育

1990 年成立日本环境教育学会，文部省编辑出版了《环境教育指导资料》的教师用本❶，也确立了环境教育的法律地位与保障。1994 年颁布了《环境基本计划》，规定每年召开一次环境教育展示会，介绍环境治理方面的各种成果，探讨未来环境教育的改革。除了课堂教育，日本也注重鼓励学生投身到环境保护活动中，锻炼学生的环保能力，鼓励学生走出课堂、融入生活，将日常周边的自然环境和生态系统作为环保宣传教育的载体。"学校、家庭和社区一体化"的环境教育模式体现了日本环境教育实施过程的开放性及资源丰富性的特点，为学生提供了实践其环境技能、态度和价值观的机会。此外，日本会社不仅会在招聘、培训等环节进行环保教育与考核，也鼓励员工在商业活动中休现环境保护理念❷。

日本也重视对消费终端的宣传教育，在社会上大力倡导绿色消费行为，如日本政府为了节能宣传就专门建立了节能日和节能月，规定每年的二月为"节能月"，通过举办生态与能源展览的宣传活动，将"生态友好型产品与服务"植入社会公众的主流消费意识中❸。2009 年颁布的《绿色经济和社会变革》政策草案中就提出了对节能家电的购买与使用给予定额补贴，既刺激了电视、空调、冰箱的更新换代，也推动相关企业开展以"消费者需求"为导向的绿色技术创新，达到削减温室气体排放的目的，进而促进日本产业的绿色发展。

可见，日本在关注科技创新发展的同时，已形成全社会、多层面、齐参与的环境教育体系，以培养国民生态环境的知识、技能、态度和价值观为基础。

---

❶ 何培忠. 日本环境教育的发展 [J]. 国外社会科学, 2005 (6): 110-111.

❷ 陈卓. 日本环境教育的特征及启示 [J]. 贵州教育学院学报, 2007 (2): 80-83.

❸ 戴永务，余建辉，刘燕娜，等. 绿色技术创新政策的国际经验对福建的借鉴与启示 [J]. 江西科技师范学院学报, 2007 (2): 10-14.

三、互动影响机制概念模型构建

通过将前文基础理论、相关案例与既存文献中的实证结果相结合，初步判断，生态环境与科技创新是两个既相互独立，又相互作用的系统，存在相辅相成、互利共生，相互融合、协调发展的关系。两者间不断的交互影响可以划分为直接影响关系与间接影响关系，其中间接影响关系又可以从宏观与微观两个层面展开详述。因此，本书构建的生态环境与科技创新间的非均衡互动作用传导机制模型具体如图 2-2 所示。

生态环境与科技创新是相互独立的两大系统。在宏观区域层面，任一系统的发展都需要配置一定量的资源，尤其在生态资源约束不断强化的发展背景下，地区在投资科技创新与改善生态环境方面常常面临两难，任一系统的发展都有可能挤占另一方的资源与空间，形成的"挤出效应"势必将造成两系统间的不均衡发展；微观企业层面，为了保护环境，遵照规制，传统企业可能被迫将原本可以投入原料加工、产品生产或规模扩大再生产的资源，转移到排污处置环节的投资方面，如果环境规制的惩罚力度小于企业偷排获利的成本，将会削弱企业开展科技创新的内生动力。

生态环境与科技创新是相互影响的两个系统。首先，生态环境是一切经济活动的基础，其资源与能量作为物质要素输送至社会发展的各个系统，经过生产、生活单位的处理加工后，再以价值产品及其废弃物回流至生态环境系统；其次，科技创新是社会发展的动力来源，社会的不断发展需要向科技创新系统输入必要的资金、人才、信息等要素资源，科技创新系统通过提高生产效率与产品品质，培育绿色高端产业，反哺社会经济的高质量发展。如果将生态环境与科技创新两系统置于更大的社会网络中，会发现两者间不仅存在着能量、资源等直接交互关系，也会通过社会复杂网络中的其他交叉领域或中介载体产生间接影响作用❶。随着不同的经济发展水平、经济推动模式等因素影响，其间的作用影响形式，既可能出现"恶性循环"，也可能实现"良性互动"。

---

❶ 秦佳良，张玉臣，贺明华. 气候变化会影响技术创新吗？[J]. 科学学研究，2018（12）：2280-2291.

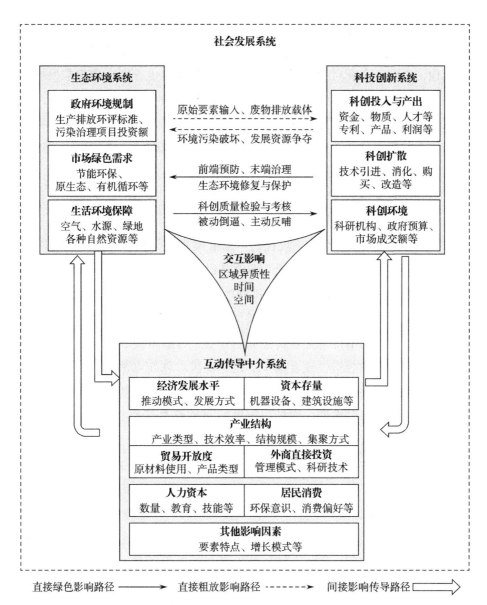

图 2-2 生态环境与科技创新间的非均衡互动作用传导机制模型

（一）直接影响机制

从地区发展初期分析，两核心变量间可能存在粗放型直接影响路径。早期工业文明是建立在"经济人"假设基础上的，行为动机是为了获得经济利益最大化，所以包括世界发达国家在内的很多国家或地区，科技创新早期对人、财、物等资源要素投入巨大，所需的基础设施建设、人员消费及其他衍生配套产业对生态环境的资源依赖较大，也曾因一味追求发展速度的短视问题，对地区生态环境造成了不同程度的负面影响，侵占了环境修复所需的经济资源，普遍存在高污染、高排放现象。可见，传统的科技创新体系割裂了科技、经济与环境之间的关系，忽略了企业竞争力、社会经济利益和生态环境改善间良性关联。

与此同时，短期内环境规制强度的提升增加了污染治理的负担，不论是通过控制污染排放，还是通过提高污染治理技术水平，或对员工开展新技术、新操作的培训，皆会引发传统资源依赖型企业生产运营成本的增加。当环境规制的惩处力度不及传统企业维持既存模式的生产盈利时，甚至出现不少企业通过购买能耗指标与超排许可维持当前生产的情况❶。在其他条件不变的情况下，生产成本的提高增加了企业的资金压力，降低了企业的抗风险能力，因此不得不重置资源调配计划，考虑将资源资本从生产运营投资转向环境保护投资，或者减少、控制在技术创新方面的支出，这样就造成生态环境对科技创新的正向影响甚微。

从地区长远发展来看，两核心变量间可能存在绿色型直接影响路径。在生态文明的逻辑框架下，人们的经济活动是基于"社会人"与"生态人"的前提假设。面对生态环境的恶化现象，人们会出于对社会责任的长远考虑，积极主动地开展科技创新活动。我们应该清楚地认识到，科技创新发展向来不是以牺牲生态环境为代价，科技创新既可以促进生产技术的革新，削弱地区传统发展模式对资源环境的依赖，形成前端预防，也可以促进环保技术与设备的使用，为生态环境的修复与改善提供技术支撑，对污染排放物进行末端治理。生产效率的提升减少了对环境的污染，同时也促进了环境规制的动因及其标准的变更，这应该成为科技创新之于生态环境的良性影响范式。

与此同时，环境约束并不必然阻碍科技创新发展。生态环境规定了科

---

❶ 吴传清，董旭. 环境约束下长江经济带全要素能源效率研究 [J]. 中国软科学，2016（3）：73-83.

技创新发展的外部约束条件，对地区的产业结构、能耗结构、要素结构等产生了强烈冲击。这样可以优化地区资源配置，减少浪费，倒逼企业加大科技创新的投入力度，提高生产效率，促进产业转型升级。政府对绿色科技创新产业补贴政策的持续完善，也对企业的科技创新内生动力有提升作用，即便企业在科技创新发展前期的生产运营成本有所增加，但最终势必会因生产效率的提高与创新补偿效应的产生而抵消❶。生态环境的刚需强化也会促进市场终端的环保意识提升，消费偏好也倾向于生产环保、产品绿色的商品，这也从市场需求端迫使企业开展科技创新。此外，生态禀赋与环境优势也可以吸引人才、资金等科技创新要素的输入，吸引科技创新产业的集聚。

综上所述，两者间的直接影响路径究竟会形成正面的"补偿效应"，还是负面的"挤出效应"，学界并未给出定论。但可以确定的是，在不同发展阶段的地区社会大系统内，其经济推动模式、经济发展方式等一定会造成生态环境与科技创新间的影响存在传导路径上的差异。我们要清楚地认识到，虽然可能存在以美国硅谷、中国贵阳等地区的科技创新跨越式发展案例，但是从历史发展的普遍规律上看，在生态环境及其规制的设定强度上，不宜有大幅度提升。地区间客观存在着经济发展水平与科技创新实力的差距，所以地区早期的科技创新发展很有可能会对生态环境产生负面影响，既然科技创新能力的提升不可一蹴而就，那么在长江经济带各地区的环境规制强度设置上也不可"一刀切"，而应该根据地区科技创新实力，循序渐进地采取差异化环境规制设定。

（二）间接影响机制

彭海珍、任荣明很早就讨论了不同环境政策可能对企业技术创新的激励程度，指出可能存在一些中介因素，限制了环境政策工具对企业技术创新激励的有效性❷。本书在此论断基础上，结合对相关文献的梳理，认为如

---

❶ 黄德春，刘志彪. 环境规制与企业自主创新——基于波特假设的企业竞争优势构建 [J]. 中国工业经济，2006（3）：100-106.

❷ 彭海珍，任荣明. 环境政策工具与企业竞争优势 [J]. 中国工业经济，2003（7）：75-82.

果将生态环境与科技创新置于更为宽泛的社会发展系统中，那么两核心变量间的影响作用也可以社会其他系统为中介传导载体，进而形成更为具体的间接交互影响路径。本书将间接影响机制下所形成的间接效应从宏观与微观两个层面加以细分：宏观层面包括经济基础、产业结构、资本存量、外商直接投资及贸易开放度，微观层面包括人力资本与居民消费。下文对中介载体影响下的两核心变量影响机制与路径做进一步梳理。

经济基础方面，格罗斯曼和克鲁格提出的"环境库兹涅茨曲线假说"认为，经济的发展需要较大规模的经济活动与资源供给，势必会对生态环境带来负的规模效应，但同时经济发展又可以借助技术进步效应以及产业结构效应来减少污染排放。该理论很好地解释了生态环境与科技创新间的间接影响路径❶。程启军认为，我国生态环境问题与经济建设背景、经济推动模式、经济发展方式等密切相关❷，以往粗放式经济发展模式下，经济系统的发展向生态环境系统排放了诸多污染物质，当污染超过环境的自净、容纳阈限，必将影响生产运营，危害生活质量，阻碍经济的可持续发展。沈斌、冯勤的研究显示，当环境保护与经济增长发生矛盾时，个别地区的技术创新更多地倾向于促进经济增长，而进一步正向影响生态环境传导路径的驱动力不足❸。当前中国经济正处在由高速增长阶段转向"高质量"发展阶段，从传统要素驱动转为科技创新驱动是当前经济模式的必然选择，并且要将科技创新覆盖至全社会与整个产业体系❹。由此可见，经济的绿色可持续发展必须向科技创新索要动能，而生态环境应由原来粗放模式下的污染排放承载者，转为经济高质量发展的监督者。

产业结构方面，不同类型、规模、集聚方式的产业发展都要从自然环境中汲取所需要的资源，并且释放出各种有价值产品及其生产废弃物，势

❶ GROSSMAN. G. M, KRUEGER. A. B. Environmental impacts of a North American free trade agreement[R]. National Bureau of Economic Research, 1991.

❷ 程启军. 改革开放40年：理解环境问题的经济因素 [J]. 江淮论坛, 2018 (6)：22-26.

❸ 沈斌, 冯勤. 基于可持续发展的环境技术创新及其政策机制 [J]. 科学学与科学技术管理, 2004 (8)：52-55.

❹ 张来武. 科技创新驱动经济发展方式转变 [J]. 中国软科学, 2011 (12)：1-5.

必对生态环境产生不同的影响与干扰。为了降低生态与环境的压力，科技创新自然成为产业结构优化升级的关键环节❶，尤其对工业结构提质增效方面的贡献较大。在我国工业化进程中，产业结构调整由资源与环境依赖型、劳力与资本密集型，向技术与知识密集型产业过渡，从低端制造业向高技术产业、装备制造业转型升级，从资源生产型向社会经济与生态环境综合效益型的转变。此外，产业集聚也可以促进科技创新溢出效应的产生，集群内企业环保节能技术的溢出和知识共享可以有效降低单个企业的治污成本，进而达到降低环境污染程度和改善环境质量的目的❷❸❹。因此，生态环境与科技创新间的影响，可以通过工业结构的调整与发展为中介载体，走产业节能减排这一绿色传导路径❺。

　　资本存量方面，无论是需要长期维护的生态环境，还是投资风险较大的科技创新，两个系统的发展都需要以地区政府与企业一定的经济与物质资本为基础，当面临生态环境保护与技术创新投资两难境地时，都需要对资本存量进行重组与再分配。其中，资本存量对生态环境的影响主要体现在环保基建设施项目的投入方面，诸如污水、生活垃圾等环保设施设备建设，城市园林绿化率的提升，"三废"综合利用与治理项目的投资等；资本存量对科技创新的影响则表现为对科研项目及设备的支撑，交通、通信、

❶　周叔莲，王伟光. 依靠科技创新和体制创新推动产业结构优化升级 ［J］. 党政干部学刊，2001（11）：9-11.

❷　PEDRO. C, MANUEL. V. H, PEDRO. S. V. Are Environmental Concerns Drivers of Innovation? Interpreting Portuguese Innovation Data to Foster Environmental Foresight［J］. Technological Forecasting and social change, 2006, 73(3): 266-276.

❸　黄娟，汪明进. 科技创新、产业集聚与环境污染 ［J］. 山西财经大学学报，2016（4）：50-61.

❹　沈能，王艳，王群伟. 集聚外部性与碳生产率空间趋同研究 ［J］. 中国人口·资源与环境，2013，23（12）：40-47.

❺　彭建，王仰麟，叶敏婷，等. 区域产业结构变化及其生态环境效应——以云南省丽江市为例 ［J］. 地理学报，2005（5）：798-806.

物流、上下游配套设施的完善，以及对科技创新环境的营造上❶❷。

外商直接投资方面，沃特尔（Walter）提出"污染天堂假说"❸，认为先进地区的污染产业会选择环境规制较弱的欠发达地区进行投资生产。随着生态环境水平及环境规制强度的提升，地方对以科技创新驱动为发展的刚性需求加大，势必会对招商引资的项目进行筛选。一方面注重发挥FDI项目在科技创新、人才流动方面的"示范效应"❹，并且加强对FDI先进管理经验与技术创新的消化吸收；另一方面淘汰传统资源型粗放制造产业，优先考虑那些资本密集型和技术密集型企业，既提高了地区科技创新的能力，也缓解了当地生态环境的压力❺。

贸易开放度方面，经典理论提出，对外贸易与FDI之间既存在替代关系，也存在互补关系❻。环境规制是影响贸易比较优势的重要因素❼，一方面环境规制会通过增加生产成本、抑制技术创新而削弱一国的贸易比较优势，即"污染天堂假说"。范比斯等提出，环境规制对资源类产品的出口具有显著的负面影响；❽另一方面，环境规制并不会降低比较优势，波特和范德林德（Porter & Van der Linde）从技术创新角度提出，严格的环境规制会促进地区产业的技术进步，而地区的贸易水平也会因技术创新的比较优势

---

❶ 张宗益，张莹. 创新环境与区域技术创新效率研究［J］. 软科学，2008，22（12）：123-127.

❷ 严翔，成长春. 长江经济带科技创新效率与生态环境非均衡发展研究—基于双门槛面板模型［J］. 软科学，2018，32（2）：11-15.

❸ WALTER I, UGELOW J L. Environmental policies in developing countries［J］. Ambio，1979：102-109.

❹ 蒋殿春，夏良科. 外商直接投资对中国高技术产业技术创新作用的经验分析［J］. 世界经济，2005（8）：5-12，82.

❺ 许和连，邓玉萍. 外商直接投资导致了中国的环境污染吗？——基于中国省际面板数据的空间计量研究［J］. 管理世界，2012（2）：30-43.

❻ 李荣林. 国际贸易与直接投资的关系：文献综述［J］. 世界经济，2002（4）：44-46.

❼ 任力，黄崇杰. 国内外环境规制对中国出口贸易影响［J］. 世界经济，2015，38（5）：59-80.

❽ BEERS. C. V , JEROEN. C. J. M. Van Den Bergh. An Empirical Multi-Country Analysis of the Impact of Environmental Regulations on Foreign Trade Flows［J］. Kyklos，1997，50（1）：18.

而提升❶，即"波特假说"。谢靖、廖涵的研究显示，贸易开放度对于当今国际市场的影响主要体现在出口贸易产品的量与质方面❷，这就要求地区贸易发展既要注重产业创新后的生产率提升，加快对国际市场变化的响应速度，也要关注产品是否符合绿色环保的国际贸易标准。

微观层面包括人力资本与居民消费两方面。李宝良、郭其友认为，地区贫困问题的根结并非"工具差距"，而是"观念差距"❸。罗默认为，世界范围内大部分的贫困现象可以通过技术追赶而以相对较小的代价加以消除，同时他也强调了必须采取政策来填补民众的"观念差距"❹。事实上，社会民众既是生产者也是消费者，其受教育程度的高低不仅关系到在生产端开展科技创新，提高生产效率的可能性与熟练度❺，也关乎到在生活端对资源环境的保护意识，对高科技绿色产品的市场响应偏好与消费使用习惯。❻❼ 因此，科技创新可以借助微观民众为中介，通过生产技术培训、生态文明宣传、市场消费引导等方式，与生态环境间形成间接影响路径。

综上所述，生态环境与科技创新间的非均衡影响关系分析，既要将直接效应与间接效应相区分，也要将宏观分析与微观调研相结合，这样才能立体构建与检验两者间的非均衡互动作用传导机制。

---

❶ PORTER. M. E, VAN. L. C. Toward a new conception of the environment-competitiveness relationship[J]. Journal of economic perspectives,1995(9):97-118.

❷ 谢靖，廖涵. 技术创新视角下环境规制对出口质量的影响研究——基于制造业动态面板数据的实证分析 [J]. 中国软科学，2017（8）：55-64.

❸ 李宝良，郭其友. 技术创新、气候变化与经济增长理论的扩展及其应用——2018 年度诺贝尔经济学奖得主主要经济理论贡献述评 [J]. 外国经济与管理，2018，40（11）：144-154.

❹ 李宝良，郭其友. 技术创新、气候变化与经济增长理论的扩展及其应用——2018 年度诺贝尔经济学奖得主主要经济理论贡献述评 [J]. 外国经济与管理，2018，40（11）：144-154.

❺ 何庆丰，陈武，王学军. 直接人力资本投入、R&D 投入与创新绩效的关系——基于我国科技活动面板数据的实证研究 [J]. 技术经济，2009，28（4）：1-9.

❻ 王洪庆. 人力资本视角下环境规制对经济增长的门槛效应研究 [J]. 中国软科学，2016（6）：52-61.

❼ 方达，张广辉. 环境污染、人口结构与城乡居民消费——来自中国省级面板数据的证据 [J]. 中南财经政法大学学报，2018（6）：3-12，158.

第三章

长江经济带生态环境与科技创新间
非均衡关系存在性检验

第二章已经对生态环境与科技创新间的影响关系及其作用机制做了梳理，本章主要聚焦"非均衡"的概念界定与发展状态检验。首先对非均衡发展理论从时间与空间上进行归纳，并对本书的非均衡概念做了界定。随后借助熵权法构建了本书核心变量的综合评价指标体系，接着以长江经济带 11 省（市）的面板数据为研究样本，选择 1998—2016 年为考察期，通过物理耦合协调度模型等计量工具，验证长江经济带科技创新与生态环境的系统间是否存在非均衡发展关系，是否存在"系统间发展趋势不协调、地区间发展水平非平衡"的问题，进一步剖析各地区在历史发展进程中的问题成因，为后续章节分析变量间"阶段性、非线性影响关系"奠定基础。

一、非均衡发展理论梳理

区域增长理论大体可分为均衡增长理论与非均衡增长理论，并且经历了由均衡增长向非均衡增长的演变过程，具体见表 3-1。

表 3-1　均衡与非均衡理论演变

时间	主要流派和理论	代表人物
20 世纪 40 年代以前	区位论	杜能、韦伯、克里斯泰勒、廖什等
20 世纪四五十年代	循环累积因果理论、大推进理论、增长极理论、贫困恶性循环理论、二元经济结构理论、出口基地理论、低水平陷阱理论、临界最小努力命题理论	缪尔达尔、罗森斯坦、佩鲁、纳克斯、刘易斯、诺斯、纳尔逊、赖宾斯坦、赫希曼、斯特里顿等

时间	主要流派和理论	代表人物
20世纪六七十年代	增长极理论、资源禀赋决定理论、梯度推移理论、倒U型假说、经济增长空间影响理论	布德维尔、珀洛夫、温格、弗农、威尔斯、赫西哲、威廉逊、弗里德曼等
20世纪八九十年代	梯度理论、反梯度理论、新经济地理学、新竞争优势理论、产业集群理论、点轴系统理论、非平衡增长理论	夏禹龙、刘吉、冯之浚、郭凡生、克鲁格曼、藤田、莫瑞、瓦尔兹、马丁、沃纳伯尔斯、波特、刘再兴、陆大道、朱嘉明、洪银兴等
21世纪以来	网络开发理论、总部经济理论、新经济地理学、区域内生增长理论	李小建、覃成林、廖重斌、赵弘、马丁、普拉莫、布洛克等

表来源：通过参考文献整理制成

其中，在区域均衡增长理论的分支中，新古典区域均衡增长理论要求市场竞争与信息完全的前提假设与现实并不相符，构建的规模报酬不变生产函数忽视了规模经济效应和聚集经济效应，视技术进步为外生变量，且提出政府不要干预经济的政策主张，过度突出了市场机制对实现区域间均衡的作用；发展经济学的均衡增长理论则强调，地区政府可以通过合理的政策干预，努力协调产业与部门间的发展，促进地区内和地区间的均衡。这一理论虽然在发展中国家和地区得到了应验，但又因为过分依赖政府的角色作用，导致实践中出现了生产效率低下等一系列现实问题。

通过长期的实践检验后发现，区域经济的客观发展轨迹并未遵循均衡增长理论的路径逐渐趋向于均衡状态，而是与非均衡发展理论的思想符合。本文参考付东、邓永波的做法❶❷，将区域经济及其部门、产业、生产要素等系统的非均衡发展理论，分别从时间与空间维度进行归纳，也可以认为是从时间动态视角与空间静态视角进行归纳。

---

❶ 付东. 区域非均衡增长理论综述及评价 [J]. 商场现代化，2009 (5)：218.
❷ 邓永波. 京津冀产业集聚与区域经济协调发展研究 [D]. 北京：中共中央党校，2017.

(一) 空间非均衡理论

1. 增长极理论

法国经济学家弗朗索瓦·佩鲁 (Francois Perroux) 于 20 世纪 50 年代, 针对落后地区的经济开发与规划问题, 先后在 1950 年、1955 年编著了《经济空间: 理论与应用》和《略论发展极的概念》两本著作, 他在书中基于"不平等动力学"和"支配学", 阐述了"增长极理论" (Growth Pole Theory), 他指出增长并非均衡地发生在所有空间, 而是首先出现一些强度各异的增长点或增长极, 随后由空间点状分布并通过不同的路径进行扩散传播, 进而渗透影响到整个区域经济的发展❶。

佩鲁对于增长极概念的最初释义是针对抽象的经济空间, 而非地理空间, 这就好比由诸多"磁场极"所构成的受力场, 受力场中心即为增长极。各种经济要素、资源要素在相互作用的过程中完全是处于一种不均衡条件下发展的, 即一些经济单元会对另一些经济单元产生支配或依附效应, 而这些效应的产生正是从增长的极化区域, 通过诸如技术创新、制度创新、资本输出、规模经济、集聚经济等路径, 对其周边单元产生影响。此后, 张秀生、卫鹏鹏、褚淑贞、孙春梅等学者对于增长极的形成条件, 分别从历史情境、技术经济、资源优势三个方面做了归纳, 指出在基础设施、劳动力素质、文化环境等社会情境方面具备历史传承的区域, 在技术和制度方面具备较强创新和发展能力的经济发达地区, 在具有水源、能源、原料等具备资源禀赋优势的区位, 更适合于增长极的产生和发展❷❸。

针对佩鲁增长极理论中仅考虑经济空间而无地理空间的诠释遗漏问题, 法国经济学家布德维尔 (J. R. Boudville) 在其 1957 年的著作《区域经济规划问题》和 1972 年的著作《国土整治和发展极》中将区域"地理空间"联系纳入考察范围, 将区位论作为增长极理论的拓展, 进一步提出了"区

---

❶ 弗朗索瓦·佩鲁. 经济空间: 理论与应用 [M]. 北京: 经济学季刊, 1950.

❷ 张秀生, 卫鹏鹏. 区域经济理论 [M]. 武汉: 武汉大学出版社, 2005, 65-68.

❸ 褚淑贞, 孙春梅. 增长极理论及其应用研究综述 [J]. 现代物业, 2011, 10 (1): 4-7.

域发展极"的概念❶。布德维尔发现，增长极的发展功能直接同城市的集聚体系与模式联系在一起，指出增长极的形成离不开一个城市集聚优势和多种功能。我国学者任军针对功能层面的阐述认为，极化效应与扩散效应的综合即为溢出效应，且皆随物理距离的延伸而衰减，如极化效应大于扩散效应，则溢出效应为负值，对落后地区不利，如溢出效应为正值则对落后地区有利❷。佩鲁和布德维尔的理论与早先新古典区域均衡增长理论的一个关键区别是，增长极的形成既可通过政府力量主动干预，也可以通过市场力量而自发形成。

2. 中心—外围理论

经济学家弗里德曼（Friedmann）于 1966 年在其著作《区域发展政策》一书中提出了"中心—外围理论"，随后的代表作《极化发展的一般理论》一文中又对该理论做了进一步发展❸。弗里德曼认为，诸多原因造成了在多区域中的个别区域会发展较快，因成为区域发展的中心而居于统治地位，其他区域因较中心区域的发展较慢而被称为"外围"，需要依赖中心地区的补充而发展，中心与外围间呈非均衡发展关系。统治及非均衡关系主要源于中心与外围地区间在诸多层面的地位与实力不对等，如经济权力、贸易、技术创新、生产能力等自中心区向外围区扩散，进而促进了周边地区的发展。而当中心区与外围区之间的协作减弱而阻碍中心区发展时，可以通过扩展效应以减小外围对中心的依赖。此外，弗里德曼将文化、政治等多方面的发展皆纳入经济发展进程中，地区的各变量并不孤立，而是作为一个大系统的组成部分而存在。

3. 核心—边缘理论

美国发展经济学家霍希曼（Hirschman）于 1958 年在其著作《经济发展战略》一书中，基于"大推进理论"阐述了其对非均衡增长的观点，提出

---

❶ 布德维尔. 区域经济学导论 [M]. 爱丁堡：爱丁堡大学出版社，1966.

❷ 任军. 增长极理论的演进及其对我国区域经济协调发展的启示 [J]. 内蒙古民族大学学报（社会科学版），2005，(2)：51-55.

❸ FRIEDMANN J. Regional development policy：case study of Venezuela[R]. 1966.

了"核心—边缘"理论。霍希曼认为，地区类型可以划分为社会经济活动集聚的核心区，以及围绕核心区存在的经济欠发达地区，即边缘区。从地区间相互影响的机理来看，一方面核心区从边缘区虹吸生产要素，进而促进地区的革新；另一方面革新成果也会自核心区向外围边缘区不断扩散，引导边缘区的各种社会经济活动❶❷。与缪尔达尔提出的回波效应和扩散效应相对应，霍希曼将核心发达地区增长对边缘落后地区的正向作用定义为"涓滴效应"，负向作用定义为"极化效应"。他指出政府在择优选定优先发展的产业时，应该考虑产业拉动效应较大的产业，即强调通过"联系效应"来解释不平衡增长❸，从而将极化效应最大化。与缪尔达尔观点不同的是，赫希曼强调了增长极对其他地区的带动作用，主张政府应该对增长极的发展所采取谨慎干预，是促进涓滴效应生成的必要条件，而缪尔达尔的立场则主张政府采取积极干预。

4. 点轴系统理论

我国学者陆大道在 1984 年的全国经济地理和国土规划学术讨论会上，提交了《2000 年我国工业布局总图的科学基础》报告，首次阐述了"点轴系统理论"。他在承认早先经济学家指出的"经济中心总是首先集中在少数条件较好的区位"这一论断基础上，提出了点轴开发模式，指出经济的发展促进了点与点间、地区与地区间的生产要素交换，作为交换载体的路径就是交通线路、动力供应线、水源供应线等，点与线的连接组成了轴线，而轴线的形成必将会吸引人口、产业向轴线两侧集中，产生新的增长点，就此点轴贯通而形成了点轴系统。在此基础上，陆大道等学者随后又提出

---

❶ HIRSCHMAN. A. O. The strategy of economic development[R]. 1958.

❷ 艾伯特·赫希曼. 经济发展战略 [M]. 北京：经济科学出版社，1991.

❸ 联系效应指在一国的社会关系中，各产业间存在着相互联系和相互影响的依存关系，可用产品的需求价格弹性和需求收入弹性来衡量。这种关系决定了每一个部门的生产活动对其他相关部门生产活动的影响。

了著名的"T"型发展战略❶❷。

5. 层级增长极网络

窦欣在《基于层级增长极网络化发展模式的西部区域城市化研究》一文中,以我国西部地区的现实发展趋势为客观依据,提出"层级增长极网络"观点❸。他认为,在交通条件较发达的区域内,存在着一个或几个大型或特大型核心增长极,这些增长极同时也各自率领着若干个不同等级、不同规模的增长极,具体可以划分为核心增长极、次核心增长极、边缘层增长极及腹地增长极等多个层次,各层增长极由此构成了增长极网络体系。

(二) 时间非均衡理论

前文以增长极为代表的增长理论属于无时间变量的非平衡增长理论,而对于时间非均衡理论,最早可以追溯到20世纪20年代,奥地利裔美国经济学家约瑟夫·熊彼特(Joseph Schumpeter)提出的"创造性破坏"理论中,就揭示了经济增长的时间动态非均衡性❹。后来演变出的新熊彼特主义理论和新古典熊彼特主义理论,也强调了技术创新和制度创新对于长期推动经济非均衡发展的重要性。本书参照李红锦的研究,将有时间变量的非均衡增长理论归为时间非均衡,主要以威廉逊等人的倒"U"型假说为代表❺。

1. 循环累积因果理论

以佩鲁为代表的"增长极理论"仅论述了地区增长极对周边地区的带动作用,但忽略了对除增长极以外的周边地区的正负效能研究。瑞典经济

---

❶ 陆大道. 论区域的最佳结构与最佳发展——提出"点–轴系统"和"T"型结构以来的回顾与再分析 [J]. 地理学报, 2001, (2): 127-135.

❷ 刘卫东, 陆大道. 新时期我国区域空间规划的方法论探讨——以"西部开发重点区域规划前期研究"为例 [J]. 地理学报, 2005, (6): 16-24.

❸ 窦欣. 基于层级增长极网络化发展模式的西部区域城市化研究 [D]. 西安: 西安电子科技大学, 2009.

❹ SCHUMPETER. J. Creative Destruction [J]. Capitalism, Socialism and Democracy, 1942:825.

❺ 李红锦. 区域经济增长理论述评 [J]. 生产力研究, 2007 (7): 138-139.

学家缪尔达尔从经济发达地区与落后地区间的联系为切入点，在其《经济理论和不发达地区》一书中首次提出了地理"二元经济结构"理论框架❶，他对新古典主义发展理论中的静态均衡分析法提出了质疑，强调经济增长应该是一个动态的实现过程，突出了通过市场机制对资源配置与调节的重要性，论证了此种途径是实现地区经济均衡发展的关键。但事实上，该理论并不符合发展中国家的实际。随后佩鲁提出的"循环累积因果关系"概念针对的是"地理上二元经济"的消除问题，在其《亚洲戏剧：各国贫困问题考察》一书中阐述了"回波效应"与"扩散效应"两种动态效应：一方面，劳力、资本、技术等生产要素受收益差异等市场需求的影响，在经济发展初期由落后地区向发达地区流动，形成的回波效应导致地区间发展差距逐渐扩大；另一方面，回波效应并非无节制，地区间差距亦有限度。当经济发达地区的发展达到一定程度后，人口稠密、交通拥挤、生态环境污染、社会资本过剩、自然资源不足等问题接踵而至，直接导致生产、生活成本上升，外部经济效益的递减，势必会削弱经济增长驱动力。当发达地区的规模经济效应变得不经济，那么资本、劳力、技术等要素很可能会向落后地区扩散，形成有助于落后地区的"扩散效应"❷。发达地区与落后地区的差距将随着"回波效应"与"扩散效应"的转换而呈现不均衡发展态势。缪尔达尔进一步建议政府应该采取更为积极主动的干预政策来促进增长极以外的欠发达地区的发展，而不是被动消极地等待增长极地区的"扩散效应"以填补循环累积因果所造成的地区非均衡差距❸。

2. 倒 U 型假说

西蒙·库兹涅茨（Simon Kuznets）在 1955 年的美国经济协会上发表了题名《经济增长与收入不公平》的就职演说，他针对经济增长与收入分配之间的动态关系，提出了经典的"库兹涅茨倒 U 型假说"，即随着经济的不

---

❶ MYRDAL. G, SITOHANG. P. Economic theory and underdeveloped regions[J]. 1957 (9):25-30.

❷ 缪尔达尔. 国际不平等和外国援助的回顾 [M]. 北京：经济科学出版社，1988.

❸ 缪尔达尔. 世界贫困的挑战 [M]. 北京：北京经济学院出版社，1989.

断发展，国民收入差距将先经历不断上升阶段，但当跨过某一经济发展阈限的"拐点"后，收入分配差距逐渐减小且日趋公平❶；在此基础上格罗斯曼和克鲁格进一步提出的"环境库兹涅茨曲线（EKC）"验证了经济增长与环境污染间也存在"倒 U 型曲线"特征❷，指出经济增长可以通过三种途径影响生态环境的质量，其中影响生态环境的技术效应及路径包括促进生产率的提升、提升资源利用率，研发清洁循环能源与技术等；在能源消耗研究领域，苏瑞和查普曼（Suri & Chapman）在前人研究的基础上，首先用库兹涅茨曲线来检验经济发展与能源消耗之间的关联❸。研究表明，虽然处于工业化中后期国家增加对制成品的出口能够增加能源需求，但是前者的增长速度更快，符合 EKC 假说。

美国学者威廉逊（J. G. Williamson）1965 年在其《区域不平衡与国家发展过程》一文中提出了"倒 U 型假说"❹，他将 24 个国家 1940—1961 年间的统计数据、个别国家的长短期序列数据及美国的截面数据这三类数据相结合，实证分析了在不同类型国家，人均收入水平的短期与长期数列的区间不平等程度。结果显示，不论是使用截面数据还是时间序列分析，经济增长过程中的地区间发展不平衡程度皆呈"倒 U 型"变化趋势。具体来说，在早期发展阶段，区域间的非均衡发展差距会因为历史及资源等诸多原因，不可避免地出现日益扩大趋势，在中等收入水平阶段的区域非均衡程度达到最高，但随着时间的推移，经济向更高水平发展时，这种非均衡差异将缩小，以时间的推移而呈非线性倒 U 型变化。后来威廉逊的"倒 U 型假说"在许多学者的实证研究中被证实。

❶ KUZNETS. S. Economic growth and income inequality[J]. The American economic review,1955,45(1):1-28.

❷ GROSSMAN. G. M,KRUEGER. A. B. Environmental impacts of a North American free trade agreement[R]. National Bureau of Economic Research,1991.

❸ SURI. V, CHAPMAN. D. Economic growth, trade and energy: implications for the environmental Kuznets curve [J]. Ecological economics, 1998, 25 (2): 195-208.

❹ WILLIAMSON. J. G. Regional inequality and the process of national development:a description of the patterns[J]. Economic development and cultural change,1965,13(4):1-84.

3. 梯度推移理论

该理论以雷蒙德·弗农（Raymond Vernon）为代表的团队于 1966 年提出，弗农认为，产业结构的优劣决定着地区经济的兴旺，而地区经济产业部门在工业生命循环过程中所处的生命周期阶段，又直接影响着产业结构的优劣[1]。该理论认为，"极化效应"与"扩散效应"在时间层面的动态共同作用，会促进梯度推移的形成。

改革开放以后，夏禹龙、冯之浚等学者在《梯度理论和区域经济》一文中将"梯度转移理论"引入国内，认为我国经济发展不平衡的特点造成了技术梯度现象，所以应该自觉按照技术梯度规律，让一些优先发展地区首先掌握世界先进技术，然后逐步转移到"中间技术"地区及"传统技术"地区[2]。梯度转移理论同时也强调了随着经济的发展，通过技术转移可以逐步缩小地区间非均衡发展差距；但也有学者对此观点提出了质疑，郭凡生于 1986 年发表了题为《何为"反梯度理论"》的文章，分析了技术梯度转移的局限性，提出了"反梯度理论"[3]。其观点认为，在国内技术转移方向上，由发达地区转移到落后地区的技术梯度推移只能算是诸多方法中的一种，但也不排除条件好的落后地区同样可以成为技术高梯度地区，所以郭凡生主张梯度转移不应成为国内技术转移的主导方式；杨长春认为，无论是西部大开发，还是沿海开放，不能是单一的由东向西梯度推移，而应该根据我国国情与各地区情，采取多向吸收与辐射式推移，走多层次梯度转移道路[4]；王育宝、李国平的研究则将早先的梯度转移理论视为"狭义"，并从"广义"视角对梯度转移的范畴进行了重新诠释，认为"梯度"概念应该是动态、多维的，不能局限在技术领域，还应该涵盖文化、制度等诸

❶　VERNON. R. The product cycle hypothesis in a new international environment[J]. Oxford bulletin of economics and statistics,1979,41(4):255-267.

❷　夏禹龙，冯之浚，等. 梯度理论和区域经济 [J]. 科学学与科学技术管理，1983，(2)：5-6.

❸　郭凡生. 何为"反梯度理论"[J]. 开发研究，1986，(3)：39-40.

❹　杨长春. 梯度推移理论是否失败 [N]. 人民日报海外版，2000-05-18.

多要素资源❶。在某些低梯度区域的发展进程中，也可能因其资源禀赋而形成比较优势，实现弯道超车或跨越式发展。

由此可见，国内学者的研究虽然对非均衡梯度转移现象存在共识，但对于非均衡发展方式及路径存在争议，针对地区间的非均衡发展问题，如何因地制宜地选择地区发展模式，是区域经济学讨论的热点之一。

（三）本书非均衡概念界定

2018年3月国务院《政府工作报告》中首次提出中国经济由高速增长阶段转向"高质量"发展阶段，因此区域发展战略的基本出发点也要相应地从数量型的均衡、非均衡分析视角逐步转向质量型、效益型的协调、不协调分析视角，尤其是在中国特定的国情、长江经济带特殊的区情背景下，更要强化和突出"区域协调发展"的战略意义和战略实践，目的是促进区域间的分工协作与要素间的和谐共生，实现区域间协调联动，区域内均衡发展。

本书首先赞同洪银兴在其著作《经济运行的均衡与非均衡分析》中的观点❷，认为应对瓦尔拉的一般均衡理论和科尔内的非瓦尔拉的短缺均衡理论做必要的扬弃：首先，不能简单地对均衡发展作好坏价值评判，同时不可否认均衡发展的必要性，因为经济系统长期处于非均衡状态运行，势必导致非稳定的无序状态；其次，虽然当前及未来的很长时间，长江经济带可能都会长期处于非均衡发展态势，但是非均衡发展状态在数量上是存在可承受的阈限范围，在此范围内的非均衡具有趋向均衡的稳定性，而超出此阈限而远离均衡态，会因为非稳定而导致系统破坏。但最终的发展目的，还是要努力探求长江经济带经济运行由非均衡走向均衡的发展途径。

此外，本书支持成长春、徐长乐针对长江经济带非均衡发展状态而提出的"协调性均衡"理论❸❹，强调由非均衡转向均衡应该强调"关系的共

───────────

❶ 王育宝，李国平. 狭义梯度推移理论的局限及其创新［J］. 西安交通大学学报：社会科学版，2006，26（5）：6.

❷ 洪银兴. 经济运行的均衡与非均衡分析［M］. 上海：上海三联书店，1988.

❸ 成长春，杨凤华. 协调性均衡发展：长江经济带发展新战略与江苏探索［M］. 北京：人民出版社，2016.

❹ 徐长乐. 探索协调性均衡发展之路［N］. 经济日报，2016-12-01（14）.

生性"与"系统的和谐性"。其中，关系的共生性主要体现为两个及以上发生相互作用关系的事物之间，存在着互为依存（即"你中有我、我中有你"）、联系密切、彼此竞合的良性互动关系，形成一个不可分割的存在共同体、利益共同体和命运共同体；系统的和谐性即区域作为一个自然-经济-社会的复合系统，一要基本维持系统长期、稳定的动态平衡；二要不断满足结构优化、关系良化、功能进化的发展需求；三要实现"整体大于部分之和"的系统功效。

包括长江经济带在内的我国区域发展战略，中短期目标可以是均衡的也可以是非均衡的，但中长期目标一定是均衡的。因此，本书对非均衡关系研究的最终目的，还是要聚焦到沿江省市间关系的共生性与省市内系统的和谐性上来，其中地区发展系统中包含了本研究的核心变量、生态环境与科技创新。

二、指标体系构建与数据说明

科技创新与生态环境的发展都必须以一定的经济发展水平为基础，因此本章节所构建的综合评价指标体系涉及"经济发展（x）、科技创新（y）、生态环境（z）"三大系统，具体由 8 个一级指标及 22 个二级指标构成，既包括现实状态的静态指标，又包涵过程发展的动态指标。

（一）数据来源与处理

1. 数据来源

因考察期跨度较大，统计年鉴中表征科技创新与生态环境的代表性指标口径长年保持不变的不多，同时因为重庆 1997 年成为直辖市，所以在保证原始数据可获得性及连续性的基础上，选取 1998—2016 年长江流域 11 省（市）的面板数据进行实证分析。数据大体源于《中国统计年鉴》《中国环境统计年鉴》《中国科技统计年鉴》及各省市的年度统计年鉴，对因特殊原因而缺失的数据采用插值法、灰色预测法补齐。

2. 数据预处理

各系统所包含的评价指标存在单位及数量级等差异，需要对原始数据进行标准化预处理以消除对评价结果的影响。所以本部分利用极差法对正、逆向指标进行无量钢化处理。此外，为了在取对数运算时保证值不为零，设置最小值为 0.1，具体指标调整函数如式 3-1。

$$x_i^{'} = \begin{cases} \left[\dfrac{x_i - \mathrm{Min}(x_i)}{\mathrm{Max}(x_i) - \mathrm{Min}(x_i)}\right] \times 0.9 + 0.1 \ \text{正向指标} \\ \\ \left[\dfrac{\mathrm{Max}(x_i) - x_i}{\mathrm{Max}(x_i) - \mathrm{Min}(x_i)}\right] \times 0.9 + 0.1 \ \text{逆向指标} \end{cases} \quad (3-1)$$

其中，x_i 表示第 i 个指标的原始值，$x_i^{'}$ 表示第 i 个指标转化后的值；$\mathrm{Max}(x_i)$、$\mathrm{Min}(x_i)$ 表示系统稳定临界点序参量的上下限；三个特征指标对系统的效用，数值越大表明对系统的影响越大。

(二) 指标遴选与权重

1. 指标遴选

评价指标的遴选要求遵循科学性、系统性及典型性的原则，指标间还要满足相对的独立性原则[1]。既有相关研究文献普遍将"国内生产总值"与"人均生产总值"作为综合反映经济基础水平的评价指标，如下表 3-2。

表 3-2　经济发展水平评价指标体系

系统	一级指标	二级指标	单位	类型
经济	经济发展水平	地区生产总值	亿元	正向指标
		人均地区生产总值	亿元	正向指标

生态环境系统的发展水平方面，本书以经济合作和开发组织（OECD）与联合国环境规划署（UNEP）提出的生态环境指标 PSR 模型为框架，设定了生态环境压力（pressure）、生态环境状态（state）和生态环境响应（response）三个一级指标，并参考杨士弘等，陈静、曾珍香，刘耀斌等，吴玉鸣、张燕

---

[1] 池仁勇，虞晓芬，李正卫. 我国东西部地区技术创新效率差异及其原因分析[J]. 中国软科学，2004 (8)：128-131.

的研究观点❶❷❸❹，从水、土、气、生物和资源能源等五大要素入手，选取了对应的 7 个二级指标以综合评测生态环境系统，其中生态环境压力是负功效指标，生态环境状态和生态环境响应则是正功效指标，具体见表 3-3。

表 3-3　生态环境评价指标体系

系统	一级指标	二级指标	单位	类型
生态环境	生态环境压力	废水排放总量	万吨	负向指标
		二氧化硫排放量	万吨	负向指标
		工业固体废弃物产生量	万吨	负向指标
	生态环境状态	城市绿地覆盖面积	公顷	正向指标
		人均公园绿地面积	千米^2/人	正向指标
	生态环境响应	工业固体废弃物综合利用量	万吨	正向指标
		污染治理项目完成投资	万元	正向指标

　　科技创新水平反映了各地区在一定的经济基础条件下，采取有效措施以科学配置技术、人力、资金和教育等资源，并通过开展不同层次的创新活动，加速科技创新成果市场转化与应用传播，进而促进经济社会发展的综合水平。本书参考陈劲等、刘中文等、刘跃等的研究❺❻❼，将科技创新的综合评价体系分别从投入、产出、扩散与环境四个方面构建，选择了 13

　　❶　杨士弘，等. 城市生态环境学 [M]. 北京：科学出版社，2003.

　　❷　陈静，曾珍香. 社会、经济、资源、环境协调发展评价模型研究 [J]. 科学管理研究，2004 (3)：9-12.

　　❸　刘耀彬，李仁东，张守忠. 城市化与生态环境协调标准及其评价模型研究 [J]. 中国软科学，2005 (5)：140-148.

　　❹　吴玉鸣，张燕. 中国区域经济增长与环境的耦合协调发展研究 [J]. 资源科学，2008 (1)：25-30.

　　❺　陈劲，陈钰芬，余芳珍. FDI 对我国区域创新能力的影响 [J]. 科研管理，2007 (1)：7-13.

　　❻　刘中文，姜小冉，张序萍. 我国区域技术创新能力评价指标体系及模型构建 [J]. 技术经济与管理研究，2009 (1)：32-35.

　　❼　刘跃，卜曲，彭春香. 中国区域技术创新能力与经济增长质量的关系 [J]. 地域研究与开发，2016 (3)：1-4, 39.

个二级指标❶，具体如表 3-4。

表 3-4 科技创新评价指标体系

系统	一级指标	二级指标	单位	类型
科技创新	科技创新投入	R&D 人员全时当量	人/年	正向指标
		R&D 经费内部支出	万元	正向指标
	科技创新产出	3 种专利申请受理数	项	正向指标
		3 种专利申请授权量	项	正向指标
		工业企业新产品销售收入	万元	正向指标
		技术市场成交额	亿元	正向指标
	科技创新扩散	技术引进支出总额	万元	正向指标
		用于消化吸收的经费	万元	正向指标
		购买国内技术用款	万元	正向指标
		技术改造支出总额	万元	正向指标
	科技创新环境	高等院校数量	个	正向指标
		公共图书馆业机构数	个	正向指标
		政府科技资金投入	千元	正向指标

二级指标的选择方面，科技创新的投入归根结底还是人力与财力两类资源，参照刘顺忠、官建成，刘凤朝，白俊红、蒋伏心，韩晶等，曹霞、

---

❶ 关于"科技创新"相关指标选择合理性的两点补充说明：

①2008 年及之前的统计年鉴中的"1-15 各地区科技经费筹集总额"中，确实有源于"政府资金""企业资金""金融机构贷款"三大分类，可以作为科技创新环境的指标，但是到 2009 年往后的年鉴中则变更为"1-13 各地区按资金来源分研究与试验发展（R&D）经费内部支出"中包含上述三大来源分类，而之前的"科技经费筹集总额"中没有了来源分类。由于"科技经费筹集总额"与"研发经费内部支出"不是一个概念，加之数据正好是在 1998—2016 年的中间出现统计口径变更，通过其他方法预测或估算都觉得不妥。在每年统计年鉴指标中的"R&D 经费内部支出"口径多年保持不变，且此指标中包含"政府资金""企业资金""金融机构贷款"三大来源。（本文已经将"R&D 经费内部支出"放在科技创新投入部分，加之后面选取的"高等院校数量、政府科技资金投入和公共图书馆业机构数"，应该可以综合反映区域科技创新环境）

②本书用指标体系参与计算的最终目的是测算科技创新的整体实力，所以不论二级指标归类于何种一级指标，并不影响最终其所属系统的综合实力测算结果。

于娟的研究可知，对此学术界普遍采用在科技创新过程中的人力资源投入——"R&D 人员全时当量"与更真实体现研发经费实际投入和使用情况的"R&D 经费内部支出"两个指标❶❷❸❹❺；在选取科技创新产出的指标时，因为各种专利受理与申请数量是衡量地区科技创新水平的重要指标，是科技创新活动的主要直接产出形式，因此本文选取现有文献广泛使用的三种专利申请受理数与授权量作为创新直接产出指标。但在现实情况下，一些创新发明并不申请专利，且用专利数来衡量创新效率时存在明显缺陷，因此本书借鉴 Zhang 等，朱有为、徐康宁的做法❻❼，补充"规模上工业企业的新产品销售收入""技术市场交易额"两个指标，反映科技创新的间接产出状况；科技创新扩散的数据源自《中国科技统计年鉴》中"规上工业企业技术获取和技术改造费用"，而新产品销售收入的数据选择的是规上工业企业新产品销售收入；科技创新环境所涉及的因素比较广泛，政府、企业、高校等都可以影响科技创新环境，本章节借鉴余泳泽、刘大勇的研究❽，以高等院校数量、政府科技资金投入和公共图书馆业机构数来衡量科

❶　刘顺忠，官建成. 区域创新系统创新绩效的评价 [J]. 中国管理科学，2002，(1)：75-78.

❷　刘凤朝. 基于 Malmquist 的我国科创效率评价 [J]. 科学学研究，2007，(5)：986-990.

❸　白俊红，蒋伏心. 考虑环境因素的区域创新效率研究——基于三阶段 DEA 方法 [J]. 财贸经济，2011 (10)：104-112，136.

❹　韩晶，宋涛，陈超凡，等. 基于绿色增长的中国区域创新效率研究 [J]. 经济社会体制比较，2013 (3)：101-109.

❺　曹霞，于娟. 绿色低碳视角下中国区域创新效率研究 [J]. 中国人口·资源与环境，2015，25 (5)：10-19.

❻　ZHANG ANMING , ZHANG YIMIN , ZHAO RONALD. A study of the R&D efficiency and productivity of Chinese firms [J]，Journal of Comparative economics，2003，31：443-464.

❼　朱有为，徐康宁. 中国高技术产业研发效率的实证研究 [J]. 中国工业经济，2006，(11)：38-45.

❽　余泳泽，刘大勇. 我国区域创新效率的空间外溢效应与价值链外溢效应——创新价值链视角下的多维空间面板模型研究 [J]. 管理世界，2013，(7)：6-20，70，187.

技创新环境❶。

2. 权重计算

综合指标体系构建以后，为了避免各种主观因素对评价指标的偏好，本书利用熵权法（Entropy Weight Method）测算各指标的相关度，依据指标数值的变异程度来确定客观权重。按照信息论基本原理的解释，信息是系统有序程度的一个度量，熵是表征系统无序程度的一个度量，如果在综合评价体系中的某个指标信息熵（information entropy）越小，就代表该指标可以解释的信息量越多，指标数值的变异程度随之增大，在综合评价体系中起到的相对作用也就越大，那么理应赋予这一指标更大的权重。反之，某个指标数值的变异程度小则代表其提供的信息量也少，在综合评价中所起到的作用也越小，其权重也就越小。

根据上述原理，设定第 i 系统的第 j 个指标对应的信息熵数值函数式如式 3-2、式 3-3 所示。

$$E_j = -\ln n^{-1} \sum_{i=1}^{n} p_{ij} \ln p_{ij} \tag{3-2}$$

其中，

$$p_{ij} = y_{ij} \Big/ \sum_{i=1}^{n} y_{ij} \tag{3-3}$$

将 k 个指标的信息熵（E_1，E_2，…，E_k）代入函数式（3-4），可求得各指标的权重 w_i。

$$w_i = \frac{1 - E_i}{k - \sum_{i=1}^{k} E_i} (i = 1, 2, \cdots, k) \tag{3-4}$$

三、计量研究方法

（一）系统综合评价模型

对于经济基础、科技创新与生态环境三大系统的评测，涉及各系统下

---

❶ 相关变量的描述性统计见附录。

属多个子指标的累计贡献量，本部分采用几何平均法和线性加权法集成二级指标，计算各子系统序参量对总系统"有序程度"的贡献量，具体如函数式（3-5）所示。

$$f(x) = \sum_{i=1}^{m} a_i x_i^{'}, \quad \sum_{i}^{m} a_i = 1$$

$$g(y) = \sum_{j=1}^{n} b_j y_j^{'}, \quad \sum_{j}^{n} b_j = 1 \qquad (3-5)$$

$$h(z) = \sum_{p=1}^{p} c_p z_l^{'}, \quad \sum_{p=1}^{p} c_p = 1$$

其中，$f(x)$、$g(y)$、$h(z)$分别表示经济基础、科技创新、生态环境三大系统的综合效益函数。a_i、b_j、c_p为各子系统指标的权重w；$x_i^{'}$、$y_j^{'}$、$z_l^{'}$为标准化处理后的数据。T为三系合成后的综合评价值，$T = \alpha f(x) + \beta g(y) + \gamma h(z)$，表征区域整体发展水平，$\alpha$、$\beta$、$\gamma$分别为各子系统权重的待定系数（$\alpha+\beta+\gamma=1$）。通过参照前期研究成果❶❷，并咨询访谈了多位区域经济学专家，凸显"创新驱动、绿色发展"的长江经济带发展理念，最终设定$\alpha=0.3$，$\beta=0.35$，$\gamma=0.35$。

（二）耦合协调度模型

国内外用以测度系统间运行趋势的耦合协调度研究方法很多，大体上可以划分为基于功效系数、基于模糊理论、基于灰色理论、基于变异和距离、基于数据包络法、基于系统演化及系统动力学、基于指数综合加成等❸，方法的功效各有侧重，其中物理学中的耦合概念，是用以分析电路系统中存在的两个及以上的电路元件输入与输出紧密配合及其相互影响的现象，相互影响的程度也决定了各系统由无序转向有序的趋势。基于先期文

❶ 严翔，成长春，金巍，等. 基于经济门槛效应的创新能力与生态环境非均衡关系研究［J］. 中国科技论坛，2017（10）：112-121.

❷ 严翔，成长春. 长江经济带科技创新效率与生态环境非均衡发展研究—基于双门槛面板模型［J］. 软科学，2018，32（2）：11-15.

❸ 杨玉珍. 区域EEES耦合系统演化机理与协同发展研究［D］. 天津：天津大学，2011.

献梳理可知，科技创新与生态环境两系统间存在着一定的交互影响关系，但两系统的发展又必须考虑区域的经济发展基础，因此本章节基于物理学中的"容量耦合"（Capacitive Coupling）概念及方法❶，测度科技创新、生态环境及经济发展三大系统间相互影响的程度，进而验证长江经济带三系统间的非均衡发展关系，模型及方法的选择与本章节的研究目的契合。

1. 耦合度模型

物理学中的"容量耦合"概念是用来表征两个及以上系统间相互影响的程度，其中 $U_i(i,j=1,2,3,\cdots,n$ 且 $i\neq j)$ 是各子系统的评价函数，设 $U_1=f(x)$、$U_2=g(y)$、$U_3=h(z)$，即 $n=3$，所以本研究的耦合度函数如式（3-6）所示

$$C = 3\frac{[f(x)\times g(y)\times h(z)]^{1/3}}{f(x)+g(y)+h(z)} \tag{3-6}$$

$C\in[0,1]$ 表示耦合度，C 值越大耦合度越好，说明系统间越有序匹配、紧密相关。按 C 值的大小将耦合度划分为6个阶段，具体如表3-5。

表3-5 耦合度阶段划分

C 值	$C=0$	$(0, 0.3)$	$[0.3, 0.5)$	$[0.5, 0.8)$	$[0.8, 1.0)$	1.0
阶段	无关无序	低水平耦合	拮抗耦合	中度耦合	高度耦合	完全耦合

2. 耦合协调度模型

前文介绍的耦合度函数仅能描述三系统间发展程度的一致性，无所谓优劣利弊，无法准确反映经济基础、科技创新与生态环境间的互动协调发展水平。譬如在经济基础较薄弱地区，其科技创新与生态环境发展可能也落后，这样尽管某地区三系统间的耦合度高，但忽略了系统间存在的"伪协调"现象。所以本章在耦合度模型基础上，在引入吴大进等的协同学原理，进一步引入耦合协调度函数❷，即交互耦合的协调程度，用以测量系统

❶ VALERIE. I. The penguin dictionary of physics[M]. Beijing：Foreign Language Press，1996：92-93.

❷ 吴大进，曹力，陈立华. 协同学原理和应用 [M]. 武汉：华中理工大学出版社，1990：9-17.

间或系统内部要素间相互作用程度及影响强度的大小，反映各系统协调发展状况的好坏优劣程度❶，表征系统内由无序向有序发展的变化趋势❷。因此在上述综合评价指数 T 与耦合度 C 基础上，构建的耦合协调度 D 的模型函数式如式（3-7）所示。

$$D = \sqrt{C \times T} \tag{3-7}$$

借鉴刘定惠等（2011）的研究❸，利用均匀分布函数法划分的耦合协调度等级，具体如表3-6所示。

表3-6　耦合协调度等级划分

D 值	[0.00, 0.10)	[0.10, 0.20)	[0.20, 0.30)	[0.30, 0.40)	[0.40, 0.50)
等级	极度失调	严重失调	中度失调	轻度失调	濒临失调
D 值	[0.50, 0.60)	[0.60, 0.70)	[0.70, 0.80)	[0.80, 0.90)	[0.90, 1.00]
等级	勉强协调	初级协调	中级协调	良好协调	优质协调

（三）本章实证研究步骤

本章的研究目的是要检验长江经济带 11 省（市）生态环境与科技创新间非均衡发展关系的存在性，核实是否存在"系统间发展趋势不协调、地区间发展水平非平衡"的问题。因此，根据研究目的，选择了上述相匹配的研究方法，本章后续研究的实证步骤与分析逻辑框架具体如图 3-1 所示。

---

❶ 刘定惠，杨永春. 区域经济-旅游-生态环境耦合协调度研究——以安徽省为例 [J]. 长江流域资源与环境，2011，20（07）：892-896.
❷ 吴跃明，张翼，王勤耕，等. 论环境-经济系统协调度 [J]. 环境污染与防治，1997（1）：20-23，46.
❸ 刘定惠，杨永春. 区域经济-旅游-生态环境耦合协调度研究——以安徽省为例 [J]. 长江流域资源与环境，2011，20（07）：892-896.

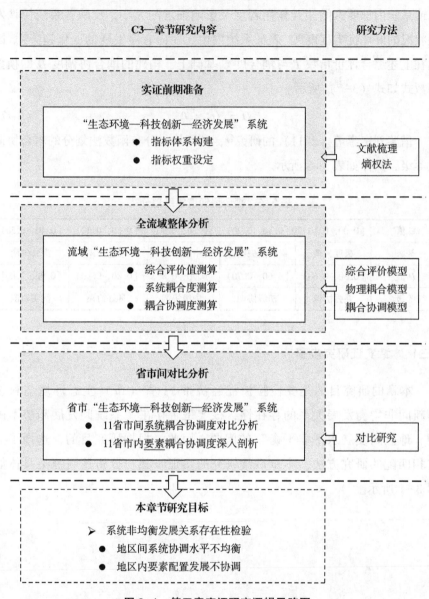

图 3-1 　第三章实证研究逻辑思路图

四、长江经济带实证结果与分析

本章节涉及经济基础、科技创新及生态环境三大系统，其中各项二级指标均通过信度与效度检验，在此不再赘述。根据上文所述的综合指标体系及计量模型，推算出长江经济带 11 省市在 1998—2016 年间的经济发展水平 $f(x)$、科技创新水平 $g(x)$、生态环境水平 $h(x)$，以及综合评价指数 T、耦合度 C 和耦合协调度 D。

(一) 全流域结果分析

1. 各系统综合发展分析

三系统及综合评价模型的运行趋势如图 3-2 所示，1998—2016 年间，长江经济带各省市各系统的运行指数介于 0.334 与 0.499 之间，总体仍处于中等偏低水平。除了生态环境指数在考察期始末略微提高以外，科技创新、经济基础及综合发展水平指数都呈下降趋势。

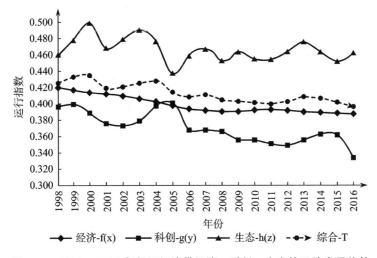

图 3-2　1998—2016 年长江经济带经济—科创—生态的系统发展趋势

进一步分析各子系统，其中，流域经济发展指数由 0.420 平稳降至 0.387。从表面数据来看，貌似与统计年鉴中公布的官方数据不符，如图 3-3 所示。考察期内长江经济带 11 省市所创造的国内生产总值增长了近十倍，从 1998 年的 3.406 万亿元逐年提升，到 2016 年已达到 33.719 万亿元。其在全国的经济地位也愈发重要，20 世纪长江经济带 11 省市的总产值才占全国总产值的不到四成，2016 年长江经济带 11 省市的国内生产总值已经达到全国国内生产总值的 45.312%。

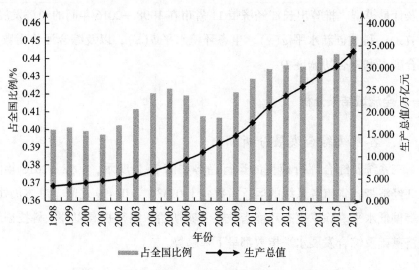

图 3-3   1998—2016 年长江经济带地区生产总值

在全流域经济发展水平不断提升的客观现实下，本书的流域经济发展指数降低则揭示出流域"非均衡发展"的客观问题。追溯到上文的模型设定及其原理，所有的数据在标准化的过程中（参见式 3-1），分母为该年度截面数据中最大值与最小值之差，差异越大，最终测算的相对指数就越小。换而言之，所得的经济发展指数是一个比较值，如果长江经济带的发展最优地区与最落后地区的数值差距越大，最终所得到的系统综合指数也就越小。因此，可以推测出各省市间的经济发展水平并不协调，发展差距的逐年增大造成长江经济带整体经济指数在考察期内呈下降趋势。

流域的科技创新发展指数由 0.397 降至 0.334，近二十年的发展不升反降。从波动曲线趋势分析，并未与经济系统发展同步，表明流域以科技创新推动经济发展的动力有限。进一步观察、比对与生态环境的发展曲线发现，科技创新与生态环境的发展常年存在异向发展的态势。一方面，可以初步推断科技创新对生态环境的支撑作用还不明显；另一方面，是否可以检验长江经济某些地区的科技创新发展存在以牺牲生态环境及自然资源为代价的粗放模式，值得后续章节展开进一步探讨。

全流域考察期间的生态环境发展指数相对其他系统指数最高，由 0.458 提升至 0.462，总体发展曲线的波动较大，但考察期的首尾年间的增幅较小。波动很可能与近些年经济冲击、产业调整及相关政策调整有关，而增幅较小也可间接反映出各省市对生态环境问题的认识统一。近些年各地区也都陆续颁布、出台了一系列有关环保治理的政策法规，因此11省市间的生态环境发展差距并未被拉大。从三系统的指数范围来看，生态环境指数最低出现在2005年，为0.437，但仍然高于各时期的经济发展及科技创新指数。由此可以推断，较经济与科技创新的地区发展差异而言，生态环境的地区间发展差异相对较小。

基于上述分析可以推断，正是因为长江经济带11省市间的经济基础、科技创新及生态环境三系统的地区间发展差距加大，才最终导致加权后的综合发展指数 *T* 也呈现波动下降趋势，由0.425降至0.395。

2. 耦合协调度指数分析

耦合度模型的演算结果如图3-4所示。考察期内长江经济带的经济、科技创新及生态的系统耦合度较高，整体最小耦合度为2016年的0.991，地区最低耦合度为2014年贵州的0.842，由此可以判断，长江经济带整体的三系统间有序配合，紧密相关，属于良性共振耦合，有必要进一步测算剖析该流域三系统间的耦合协调发展状况。

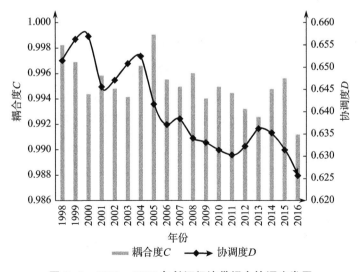

图3-4　1998—2016年长江经济带耦合协调度发展

将综合评价指数 T 值及耦合度 C 值带入耦合协调度模型，得出的长江经济带整体耦合协调度 D 如图 4 所示。D 值处于 0.625 与 0.658 之间，考察期内皆处于初级协调阶段，但发展曲线整体下降趋势明显，由 1998 年的 0.651 下降至 2016 年的 0.625，波动中共经历的三次降幅分别发生在 21 世纪初、2004—2011 年、2013—2016 年，这势必与外部环境的变迁息息相关，此部分将在后续省域层面进行深入分析。可以初步推断，全流域的经济发展并未与科技创新、生态环境的发展进度匹配，三系统具有非均衡发展的特征：科技创新对经济发展的推动力不足，与生态环境的互动协调发展程度尚待提高。

自 2014 年国家将长江经济带发展正式上升为国家战略以后，2015 年 5 月中共中央、国务院印发的《关于加快推进生态文明建设的意见》中指出，要坚持把创新驱动作为生态文明建设的基本动力，不断深化科技创新，建立系统完整的生态文明制度体系，强化科技创新引领作用，为生态文明注入强大动力。2016 年《长江经济带发展规划纲要》也强调了"生态优先、绿色发展"的基本思路，将"共抓大保护、不搞大开发"作为坚守的实践基准，把创新驱动作为长江经济带提质增效的新动力；2017 年 7 月，环境保护部等三部委印发《长江经济带生态环境保护规划》，不仅从水资源利用、水生态保护、水环境修复、长江岸线保护和开发利用、环境污染治理、流域风险防控等方面明确了保护长江生态环境的具体行动部署，同时也对沿江省市以科技创新促进产业转型升级提出了更高要求；2018 年 3 月国务院《政府工作报告》中首次提出中国经济由高速增长阶段转向"高质量"发展阶段，而科技创新与生态环境被纳为高质量发展的核心。

由此可见，在生态环境约束加剧的新时代背景下，提高科技创新质量，摆脱产业发展对资源环境的过度路径依赖，增强科技创新与生态环境间的良性耦合互动，是实现长江经济带经济提质增效、绿色发展的关键。

(二) 省域间结果分析

1998—2016 年，长江经济带 11 省市的耦合协调度年序发展数值及其所处发展阶段如表 3-7 所示。按耦合协调度值的大小，可以将该全流域省市划分为三大集团：长三角江苏、浙江、上海为领先集团，考察期内的耦合协

表3-7　1998—2016年长江经济带各省市发展—科技创新—生态环境耦合协调发展阶段

省市	1998	1999	2000	2001	2002	2003	2004	2005	2006	2007	2008	2009	2010	2011	2012	2013	2014	2015	2016
上海	0.743	0.753	0.770	0.744	0.751	0.766	0.768	0.744	0.753	0.727	0.729	0.757	0.727	0.706	0.716	0.703	0.720	0.712	0.735
	中级协调	中级协调	中级协调	中级协调	中级协调	中级协调	中级协调	中级协调	中级协调	中级协调	中级协调	中级协调	中级协调	中级协调	中级协调	中级协调	中级协调	中级协调	中级协调
江苏	0.932	0.928	0.896	0.912	0.912	0.921	0.930	0.925	0.899	0.927	0.914	0.893	0.904	0.936	0.930	0.932	0.909	0.907	0.889
	优质协调	优质协调	良好协调	优质协调	优质协调	优质协调	优质协调	优质协调	良好协调	优质协调	优质协调	良好协调	优质协调	优质协调	优质协调	优质协调	优质协调	优质协调	良好协调
浙江	0.757	0.783	0.787	0.778	0.783	0.786	0.784	0.792	0.797	0.788	0.760	0.762	0.740	0.731	0.739	0.754	0.757	0.766	0.756
	中级协调	中级协调	中级协调	中级协调	中级协调	中级协调	中级协调	中级协调	中级协调	中级协调	中级协调	中级协调	中级协调	中级协调	中级协调	中级协调	中级协调	中级协调	中级协调
安徽	0.596	0.613	0.613	0.597	0.606	0.613	0.593	0.595	0.579	0.586	0.588	0.588	0.577	0.604	0.602	0.623	0.606	0.600	0.604
	勉强协调	初级协调	初级协调	勉强协调	初级协调	初级协调	勉强协调	勉强协调	勉强协调	勉强协调	勉强协调	勉强协调	勉强协调	初级协调	初级协调	初级协调	初级协调	初级协调	初级协调
江西	0.483	0.485	0.488	0.470	0.484	0.507	0.511	0.517	0.497	0.501	0.506	3.489	0.503	0.498	0.495	0.503	0.515	0.509	0.486
	濒临失调	濒临失调	濒临失调	濒临失调	濒临失调	勉强协调	勉强协调	勉强协调	濒临失调	勉强协调	勉强协调	濒临失调	勉强协调	濒临失调	濒临失调	勉强协调	勉强协调	勉强协调	濒临失调
湖北	0.683	0.689	0.702	0.681	0.666	0.655	0.639	0.623	0.619	0.625	0.630	0.642	0.641	0.595	0.606	0.625	0.631	0.621	0.620
	初级协调	初级协调	中级协调	初级协调	初级协调	初级协调	初级协调	初级协调	初级协调	初级协调	初级协调	初级协调	初级协调	勉强协调	初级协调	初级协调	初级协调	初级协调	初级协调

续表

省市		1998	1999	2000	2001	2002	2003	2004	2005	2006	2007	2008	2009	2010	2011	2012	2013	2014	2015	2016
湖南		0.606	0.618	0.627	0.625	0.603	0.587	0.595	0.581	0.590	0.584	0.585	0.594	0.598	0.581	0.588	0.591	0.587	0.590	0.579
		初级协调	初级协调	初级协调	初级协调	初级协调	勉强协调	勉强协调	勉强协调	勉强协调	勉强协调	勉强协调	勉强协调	勉强协调	勉强协调	勉强协调	勉强协调	勉强协调	勉强协调	勉强协调
重庆		0.482	0.476	0.477	0.469	0.471	0.484	0.518	0.480	0.491	0.482	0.503	0.518	0.519	0.520	0.519	0.529	0.542	0.545	0.530
		濒临失调	濒临失调	濒临失调	濒临失调	濒临失调	濒临失调	勉强协调	濒临失调	濒临失调	濒临失调	勉强协调	勉强协调	勉强协调	勉强协调	勉强协调	勉强协调	勉强协调	勉强协调	勉强协调
四川		0.686	0.685	0.674	0.653	0.664	0.668	0.685	0.667	0.640	0.654	0.632	0.604	0.613	0.622	0.610	0.604	0.606	0.597	0.589
		初级协调	初级协调	初级协调	初级协调	初级协调	初级协调	初级协调	初级协调	初级协调	初级协调	初级协调	初级协调	初级协调	初级协调	初级协调	初级协调	初级协调	勉强协调	勉强协调
贵州		0.398	0.396	0.401	0.396	0.400	0.394	0.392	0.385	0.393	0.394	0.391	0.391	0.382	0.396	0.406	0.406	0.410	0.404	0.406
		轻度失调	轻度失调	濒临失调	轻度失调	濒临失调	轻度失调	轻度失调	轻度失调	轻度失调	轻度失调	轻度失调	轻度失调	轻度失调	轻度失调	濒临失调	濒临失调	濒临失调	濒临失调	濒临失调
云南		0.539	0.535	0.538	0.510	0.515	0.518	0.503	0.488	0.489	0.490	0.483	0.478	0.483	0.486	0.484	0.473	0.465	0.463	0.450
		勉强协调	勉强协调	勉强协调	勉强协调	勉强协调	勉强协调	勉强协调	濒临失调	濒临失调	濒临失调	濒临失调	濒临失调	濒临失调	濒临失调	濒临失调	濒临失调	濒临失调	濒临失调	濒临失调

调度 D 值皆位于 0.7 以上，其中江苏大都为"优质协调"，上海与浙江常年处于"中级协调"阶段；安徽、湖北、湖南、四川为中等水平集团，四省的耦合协调度位于 0.55 至 0.70 之间，考察期内基本都在"勉强协调"与"初级协调"间游离；江西、重庆、云南、贵州四地形成了落后集团，耦合协调度均在 0.55 以下，各地多数年份处于"勉强协调"与"濒临失调"阶段，尤其是相对落后的贵州，D 值始终在 0.4 上下轻微浮动，耦合协调度在"轻度失调"与"濒临失调"两种状态间切换。由此可见，考察期内长江经济带各省市的耦合协调发展度参差不齐，"地区间发展不平衡、系统间发展不均衡"是流域整体耦合协调度的原因。

进一步剖析 11 个地区的耦合协调度在近二十年间的时序变化趋势，具体如图 3-5 所示。领先集团中，江苏的 D 值始终居全流域首位，除了在 1998 年、2008 年两次金融危机期间略有波动外，其耦合协调度始终位于 0.9 上下，保持常年高位稳定发展态势；上海与浙江由于地缘相近，经济发展外部环境相关度较高，造成 D 值的运行波形相似，两地的平均 D 值分别为 0.738 与 0.768，耦合协调度在中级协调与良好协调间波动，起止年间的变化不大。

处于第二集团的四省份平均协调度为 0.619，基本都处于"初级协调"阶段。其中，四川与湖北两省的平均 D 值略高，分别为 0.640、0.642，但两省在起止年间的 D 值变化曲线下降趋势明显，波动中分别有 9.7% 与 6.3% 的降幅。湖北仅在 2000 年达到 0.702 的中级协调水平，此后即呈波动下降态势；而安徽与湖南两省的变动趋势则相对稳定，年均 D 值近乎 0.6，分别为 0.599 与 0.595，系统协调发展阶段也在"勉强协调"与"初级协调"间切换。

落后集团中，江西省近二十年的 D 值仅有 0.3% 的变化，但从发展趋势图的走向分析，在经历了 2001—2005 年间的持续提升后，此后年间的耦合协调度受外界因素影响而发展震荡较大；云南的 D 值曲线则呈明显的波动下降趋势，由勉强协调的 0.539 降至濒临失调的 0.450，存在近十个百分点的降幅；重庆市的经济基础虽然相对江浙沪薄弱，系统协调度也属于全流域的落后集团，但其却是为数不多的在考察期内协调度有明显提升趋势的

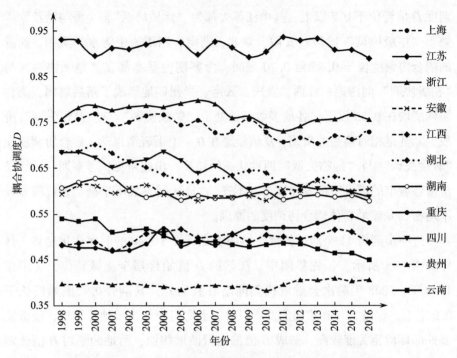

图 3-5　1998—2016 年长江经济带各省市耦合协调度发展趋势

省份，D 值由 0.469 持续稳步上升至 0.545；贵州的协调度运行曲线虽然平稳，但其年平均 D 值是 11 省市中唯一低于 0.4 的（0.387），与流域其他省份相比存在至少 10% 的差距。

　　为了深度剖析长江经济带 11 省市"经济—科创—生态"系统的综合评价指数、耦合协调度及其发展成因，本部分按照长江上、中、下游的区块地缘划分，分别就下游的江苏、浙江、上海地区（如图 3-6 所示）、中游的安徽、江西、湖北、湖南四省（如图 3-7 所示），以及上游的重庆、四川、贵州、云南地区（如图 3-8 所示），展开进一步比对分析。

1. 长江经济带下游区域分析

　　江苏的地区生产总值占流域总量的 22.951%，为全流域最高，与年均 0.399 的流域经济指数相比，江苏发展指数始终稳定在 1，凸显出其经济总量的比较优势。科技创新方面一直保持全流域最高水平，但考察期内波动中略有下降，一方面源自江苏的高校及科研院所众多，科研实力强劲，另一方面也与近年来其他省份也都开始注重科技创新发展，使得科技创新的比较优势削弱。江苏的生态环境及其环境规制水平也较高，年均指数达0.721，远高于0.466的流域年均水平。与此同时，科技创新与生态环境的指数同向运行趋势明显。这主要归结于江苏的产业基础较好，尤其近些年在国家政策引导下，对战略性新兴产业的引入及支持力度较大，积极推进对科技创新园区企业的甄别淘汰与培育孵化工作，高新技术产品的市场化转换较快，进而缓解了当地生态环境建设的资金投入压力，而环境规制也成为地区产业升级、提质增效的标杆。这些使得江苏的系统耦合协调度稳定在年均0.916的高水平发展，属于优质协调阶段。

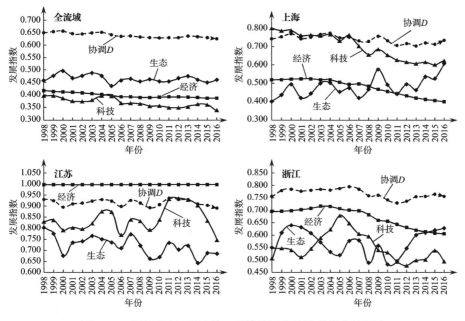

图3-6　全流域及江浙沪的三系统发展趋势及其耦合协调度

上海的经济系统指数在考察期内呈现下滑趋势，表明其与江苏经济总量的相对差距扩大，但是从人均GDP数值来看，2016年11.656万元的水平较其他省份还是优势明显，属于长江流域的经济发达地区。科技创新方面，与江苏还有一定差距，相对值由0.787下降至0.622，主要因为上海作为长江经济带的龙头地区，产业布局成熟且多年来变迁不大，虽然每年的科技创新投入也不少，但因其国际金融中心的地位和依靠港口形成的对外贸易产业链，外向型经济特征更为明显：2016 年"进出口总额/地区生产总值"与"FDI/地区生产总值"的比例已分别达到江苏的 2.336 倍与 2.071 倍，而在工业生产方面的科技创新总投入稍弱。生态环境指数的增幅明显，由 0.403 提升至 0.609，主要归功于近二十年来，上海不仅针对传统工业开展了产业转移及升级，强化了地区环境规制，更针对因人口膨胀、城市交通拥堵、街道房屋集中等问题所滋生的生活固、液、气污染进行全面整治。与此同时，科技创新与生态环境的曲线波动方向吻合，系统间良性共振初步显现，三系统耦合协调度年均值为 0.738，属于中级协调阶段。

从图 3-6 的经济指数走势来看，浙江地区生产总量在考察期内存在 8.843% 的降幅，表明浙江与经济总量排名首位的江苏相比，二者的差距有扩大趋势。科技创新指数在 1998 年金融危机后下降，虽在 2001—2005 年间经历了一次抬升，但从 2006—2012 年再次大幅度下滑，自 2012 年至今呈回弹趋势。与此同时，生态环境指数同样在 2000—2011 年间持续降低，而从 2012 年开始稳步提升。虽然从年份上科技创新略微滞后于生态环境的发展，但在发展阶段及趋势上，浙江的科技创新与生态环境的指数走向趋同。究其原因，2010 年的规模上企业新产品销售收入为 6282.618 亿元，占流域总和的 18.617%，仅为江苏的 66.927%，全省产业技术层次不高，创新能力弱，产品附加值低造成的生态破坏、环境污染问题严重。自"十二五"规划以后，浙江经济开始由粗放型向集约型转变，对传统产业进行转型升级，从劳动密集型制造业向资本、技术密集型新兴产业过渡。2016 年浙江的规模上企业新产品销售收入为 21396.831 亿元，占流域总和的 22.996%，较江苏比重也有十个百分点的提升。目前浙江产业已与互联网为载体的数字经济、电子商务引领的现代化服务紧密结合，处于全国领先地位。由此可见，科技创新与环境的耦合协调发展是地区实现经济高质量的风向标。

2. 长江经济带中游区域分析

长江经济带中部的皖赣鄂湘四省经济发展指数波动都不大，如图 3-7 所示。但从指数均值来看，分别为 0.316、0.214、0.382、0.375，可见与下游发达省市仍然存在较大差距。安徽在考察期早期部分年份的耦合协调度低于 0.6，属于勉强协调，但自 2011 年以后，三系统间的耦合协调度一直稳定在 0.6 以上的初级协调阶段。2015 年之前的科技创新与生态环境间也存在一定的同向共振效应，科技创新略微滞后于生态环境的波动。初步判断此阶段两系统间存在正向关联；江西的科技创新水平不高，仅高于流域西部的云贵，生态环境水平也较低，虽然考察期内有 2.24% 的提升，但平均 D 值仅有 0.371，处于全流域落后水平。但从科技创新与生态环境两条指数曲线走势分析，两系统间的同向共振明显。耦合协调度在濒临失调与勉强协调间切换；湖北的高校及科研院所较中部其他三省多，科研实力有优势，但从考察期内指数波动趋势分析，湖北的科技创新水平却有 6.215% 的下降。生态环境在波动中也有高达 15.784% 的降幅，当地环境整治压力加大。同时，科技创新与生态环境的指数变动趋势相似，科技创新略微滞后于生态环境的发展。耦合协调度常年属于初级协调；湖南的生态环境指数受到经济的影响明显，可以发现在 1998 年与 2008 年都有一定幅度的下探，但考察起止年间有 3.170% 提升。同时从曲线走势来看，科技创新与生态环境在一定时期存在异向运行态势，即科技创新提升而生态环境下降。虽然在 2002 年之间的耦合协调度均为初级协调，但此后皆为勉强协调。

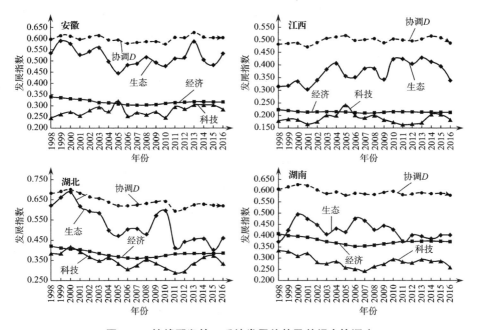

图 3-7 皖赣鄂湘的三系统发展趋势及其耦合协调度

究其原因，作为国家"中部崛起计划"的重点区域，皖赣鄂湘四省因远离沿海而经济外向度较低，沿江中游的重化产业过度集聚，投资拉动型、资源消耗型企业基数较大，劳力密集型产业占比较高。与此同时，人才、技术等要素资源流失严重，四省研发人员总量仅占江浙沪的四成，"孔雀东南飞"现象常年困扰中游地区的发展。此外，该区域短期内传统工业的主导格局难以改变，仍处于工业化中期，要素驱动与投资驱动并存，加之资源粗放低效利用，造成四省的生态环境水平普遍不高，2016年仅工业固体废物排放量就占了全流域的42.481%。此外，多数省份出现了科技创新与生态环境的指数运行曲线呈一定滞后期的同向波动，说明科技创新产业的发展虽然对生态环境的改善不是立竿见影，但科技创新投入几年后对生态环境的正向影响日趋明显。四省的三系统指数低位运行造成了其耦合协调度指数偏低，这也一定程度验证了该区域薄弱的经济基础是制约区域科技创新和生态环境发展的桎梏，科技创新发展与环境建设存在争夺经济资源投入的现象。不可忽视的是，部分地区在某时间段出现了科技创新与生态指数异向波动的现象，究其成因，可能是因为四省地缘毗邻长三角，自"十一五"期间开始承接东部成熟产业的转移，自然也成为高耗能、高污染的落后产能转移首选地。这些地区在科技创新或在接受下游土地密集和污染密集型产业转移时，自身环境甄别机制缺位，粗放式科技创新项目上马增加了地区工业三废的排放，加剧了生态环境的负外部性。

3. 长江经济带上游区域分析

长江上游经济欠发达的川渝云贵四省市，地处西南边陲，是国家西部开发战略及科技计划倾斜支持的重点区域，四省市的"经济—科创—生态"三系统发展趋势及其耦合协调度如图3-8所示。

具体来看，重庆的耦合协调度是全流域中唯一有所提升的，D值在波动中由0.482上调至0.530，虽然整体仍处于勉强协调阶段，但上升势头明晰，这主要归因于重庆的经济—科创—生态三系统的共同提升。其中经济指数方面，起止年间有3%的稳步提升，科技创新也有1.5%的上浮，尤其是生态环境的整治力度较大，有近14%的涨幅；四川的耦合协调度在长江上游四省份中最高，年均D值为0.640，经济指数在考察期间略有下降，科技创新与生态环境的发展受外部环境影响震荡较大，虽然生态环境指数变动趋势略微滞后于科技创新，但震荡波形同向发展趋势明显。最终造成三系统间的耦合协调度在考察期内降低近十个百分点，由 0.686 降至 0.589；云南的经济发展指数由 0.239 平缓降至 0.190，表明与流域发达地区的差距被进一步拉大，而科技创新自 1998 年金融危机后并未有明显抬升迹象，尤其是生态环境指数不升反降，自 2011 年往后的数年，逐年衰减，由 0.395 降至 0.294。三系统都呈衰减趋势，且系统间共振效应也并不明显，导致云南的耦合协调度年均值低于 0.5，处于濒临失调阶段；贵州的经济发展迟滞明显，与江苏的高位发展形成了鲜明对比，经济基础薄弱也造成其在科研方面的投入匮乏，科技创新指数常年落后于长江经济带的其他省市，且与生态环境发展曲线几乎无共振效应，这也造成三系统间的耦合协调度最低，年均 D 值仅为 0.397。系统间呈现轻度失调关系。

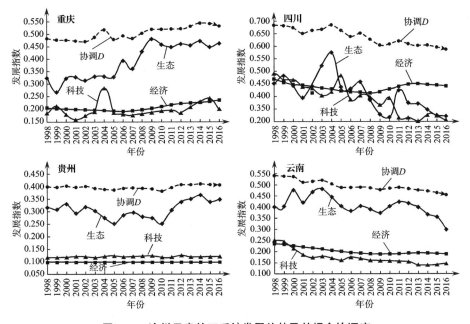

图 3-8　渝川云贵的三系统发展趋势及其耦合协调度

　　细究其因，地理位置特殊，交通、通信等基础设施不完备，阻碍了该区域要素资源的流入。传统工业基数不大且工业化步伐滞后，大都为矿产、化工、烟草等资源型产业。而科技创新基础薄弱，难以吸引科技创新资源与相关高新技术项目，所以自然资源的禀赋优势与其落后的产业技术形成鲜明对比。在传统型工业化及城镇化进程付出的资源环境代价较大，出现了诸如耕地退化、水土流失问题，农业耕种、畜牧养殖造成的面源污染等问题。"十二五"期间因国家政策导向促进了该区域的产业结构升级，尤其是围绕现代化农业的科技创新投入增加，以及人文旅游主导的现代服务业发展，使经济发展及结构调整一定程度上抑制了环境恶化。

其中，重庆 D 值的提升主要得益于考察期内当地一度对基建设施的大量投资，国家级"两江新区"的挂牌成立等，这一时期的资本驱动型规模扩张使该市的科技创新与生态环境的发展迅速，生态环境指数更是达到了13.49% 的增幅；四川经济外向度很高，这也造成在生态环境和科技创新方面的投入在两次金融危机前后的降幅明显，受诸如汶川地震等自然灾害及2009 年后的国家扩大内需政策的影响，当地将大量精力投入到灾后救援及基础设计重建方面，一定程度上拖累了当地科技创新和生态的发展进程，科技创新指数及生态指数分别有 18.83%、12.60% 的削减；云贵两省有着特殊的地形地貌特征，虽然自然资源禀赋较优，但也很难大规模发展现代化农业，资源要素的流动阻碍重重，"资源诅咒"效应显著：近些年，当地响应国家号召，迅速发展靠山靠水的旅游业，但也分散了科技创新产业的发展注意力。现有产业的结构单一，分布较散，缺少统筹安排，升级更新较慢，金属、矿产、化工等传统资源类产业占比很高，加剧了环境的压力。与此同时，多数传统企业因信息闭塞，经营理念滞后，对传统发展路径的依赖较强，忽略了地区技术引进与产业升级，导致高技术、高价值产业的发展内生动力不足。与此同时，区域间合作协调的行政体制僵化，"马太效应"明显，科技创新要素无法有效实现跨区域流动，造成高科技新兴产业的发展较为落后。云贵两省 2016 年的 R&D 经费内部支出仅为江苏的6.550%、3.621%，生态环境发展的年均指数仅为江苏的 55.946%、42.473%。总体看来，云南和贵州两省的经济发展水平提升缓慢，科技创新与生态环境指数常年低位运行，从图 3-8 来看，经济、科创、环境这三条趋势线几乎无共振现象，这也直接导致在考察期内，两地的耦合协调度游离在"濒临失调"与"轻度失调"之间，与长江下游地区存在较大差距。

五、本章小结

本章节首先基于文献回顾，对非均衡发展理论分别从空间、时间维度进行梳理，并对本研究的"非均衡"影响关系做了界定；其次，参考现有相关文献，建立了"经济发展、科技创新、生态环境"三大系统的综合评价指标体系；再次，借助系统综合评价模型、耦合协调度模型，推算出长江经济带 11 省市经济发展水平、科技创新水平、生态环境水平，以及综合评价指数 T、耦合度 C 和耦合协调度 D；最后按照地缘区位划分，进一步对长江经济带 11 省市的实证结果展开深入剖析。

研究表明：系统综合评价指数方面，1998—2016 年间长江经济带整体的"经济—科创—生态"三系统的综合评价指数介于 0.334 与 0.499 之间，总体仍处于中等偏低水平。除生态环境指数在考察期始末略微提高，科技创新、经济基础及综合发展水平指数都呈下降趋势；系统耦合协调度指数方面，地区间及地区内的系统耦合协调发展程度参差不齐，造成全流域整体的耦合协调度低偏低，D 值处于 0.625 与 0.658 之间，考察期内皆处于初级协调阶段。省市间发展差距扩大是造成流域整体指数偏低的原因。

根据模型计算获得的耦合协调度 D 值的大小，将长江经济带 11 省市划分为三大集团：江浙沪构成的领先集团，考察期内的耦合协调度 D 值皆位于 0.7 以上，属于"中级协调"与"优质协调"并存阶段；安徽、湖北、湖南、四川组成的中等水平集团，四省的耦合协调度位于 0.55 至 0.70 之间，考察期内基本都在"勉强协调"与"初级协调"间游离；江西、重庆、云南、贵州四地形成的落后集团，耦合协调度均在 0.55 以下，各地多数年份处于"勉强协调"与"濒临失调"阶段。由此可见，流域省市间的系统耦合协调发展差距明显，存在"地区间发展不平衡、系统间发展不均衡"的突出问题；个别地区的科技创新发展质量不高，仍存在以牺牲生态资源及自然环境为代价的粗放模式；流域多数省市的科技创新驱动经济发展的动力有限，对改善生态环境的技术支撑不足，其发展的孤岛态势造成对其他系统的溢出反哺效能甚微。由此可以初步推断，全流域在经济快速发展进程中，科技创新、生态环境的发展匹配度不够，地区间及系统间具有非均衡发展特征。

针对"非均衡"发展现状进一步指出，增强生态环境与科技创新间的耦合协调互动，是流域实现经济高质量绿色发展的关键。但同时也要对非均衡发展有如下认识：

区域内系统非均衡发展不代表需要平均配置要素，应该根据区域内自身情况，配比各种要素单元以缓解科技创新对生态环境产生的负面影响。下游省份的发展经验告诉我们，在生态环境约束加剧的新时代背景下，提升科技创新的质量，摆脱对资源环境的过度依赖，的确可以推动区域经济的高质量发展，降低当地生态环境的压力，而严苛的环境规制与舒适的自然环境也理应成为衡量该地区产业升级、提质增效的标准。但中西部欠发达地区则不能完全效仿长江下游发达地区的经验，简单用科技创新扭转当前资源环境经济发展的颓势。在地区环境规制适度强化的前提下，应该因地制宜地觅求错位发展，借助新一轮科技革命所带来的产业转型与绿色发展机遇，以互联网信息技术作为虚拟纽带，合理利用相关优惠扶持政策，充分发挥资源禀赋比较优势，发展现代化农业、旅游业、大数据产业等环境友好型产业。

区域间非均衡发展并不强求地区间发展相等，而是要以"黄金水道"为载体，在觅求共同利益点基础上，完善流域横向补偿机制。在流域可持续发展的战略层面划分协调发展的角色，明晰地区发展中应该拥有的权利和履行的义务；同时，要注重匹配市场法则建立成本补偿制度，保障各省市能在协调中互惠共赢。譬如，长江经济带经济欠发达的长江中上游部分省份，在承接下游江浙沪发达地区的成熟产业转移时，政府应该对撤出地与承接区皆给予财税补贴、土地供给指标等政策优惠与扶持。对流域长远发展战略分工中扮演配角、生态或水权等开发受限的长江中上游地区，应该借助财政转移支付等途径，在人、财、物等资源配给方面享受一定的政府扶持与物质补贴。

第四章 长江经济带生态环境与科技创新间时间非均衡影响关系测评

第三章通过耦合协调度模型，验证了1998年至2016年间长江经济带的科技创新与生态环境间存在"地区间发展不平衡、系统间发展不均衡"的问题，非均衡发展特征存在。事实上，区域科技创新与生态环境的发展势必会存在争夺经济资源投入的情况，这也就造成两者间的影响关系究竟是正向促进还是负向阻碍，取决于地区不同的经济发展阶段，并随着时间的推移而呈现不均衡影响关系。是否存在当科技创新发展到一定阶段，才会对生态环境产生正向影响；当科技创新的发展达到某一阈限后，会不会对生态环境的正向作用弱化；或经济发展到什么程度才可以出现生态环境与科技创新的同向进步。因此，本章着重对两者之间的阶段性非均衡影响门槛效应展开深入探究。

一、计量研究方法

"门槛效应"是指当某些经济研究参数达到一定的数值阈限后，改变了原本自变量与因变量间的影响关系，形成另一种影响趋势的新情况。既存检验门槛效应存在性的研究文献中，一部分研究中通过简单的分组形式判断非均衡影响关系的存在（门槛效应），也有部分研究将门槛变量与被影响变量的交叉项都设定为自变量带入回归方程参与估算。但这两种方法都有缺点，第一种需要人为决定分组标准，往往主观性较强，导致最终的门槛估计值的科学性、可行性不足；第二种估算过程中的交叉项的形式及内涵的定义不够明晰，导致估算的门槛阈限值的准确性值得商榷。此外，两种方法都很难检验非均衡影响的显著性。20世纪末，汉森（Hansen）提出了非动态面板门槛模型，用以分析在不同阶段的门槛变量影响下，自变量对因变量的阶段性作用区间和程度❶。

因此，为了弥补避免传统方法的不足，本章节基于汉森的建模思路，检验流域科技创新对生态环境的作用是否存在阶段性非均衡影响效应。与上一章引入经济发展水平一样，经济基础可以影响地区人才贮备，决定着新技术、新产品等科创产品市场化周期，同时也为生态环境的修复改善输入必要的要素资源，本书中两核心变量的发展都需要以一定的经济发展水平为前提。因此，本章将经济发展水平为待估计门槛值构建分段函数，以"内生分组"替代需要人为主观设定的"外生分组"。此外，通过汉森的非线性门槛回归法所估算出的结果和一般回归方程的结果相比，可以更准确地拟合在不同分组中自变量与因变量间的阶段性、非均衡发展关系，与本章的研究目的相匹配。

(一) 非动态面板门槛模型设定

本章基于前文的文献梳理与机制构建，对 STIRPAT 模型进行了拓展与变形，并在前文文献梳理的基础上，引入影响生态环境的其他因素。构建的单一门槛与双重门槛模型如式 4-1、式 4-2，多重门槛亦可在此基础上扩展推得。为了便于分析，本研究最终只考虑三重门槛。

$$\ln y_{it} = \mu_{it} + \theta \ln x_{it} + \beta_1 \ln STI_{it} I_{it}(\text{thr}_{it} \leq \gamma_1) + \beta_2 \ln STI_{it} I_{it}(\text{thr}_{it} > \gamma_1) + \varepsilon_{it} \quad (4-1)$$

$$\ln y_{it} = \mu_{it} + \theta \ln x_{it} + \beta_1 \ln STI_{it} I_{it}(\text{thr}_{it} \leq \gamma_1) + \beta_2 \ln STI_{it} I_{it}(\gamma_1 < \text{thr}_{it} \leq \gamma_2) + \beta_3 \ln STI_{it} I_{it}(\text{thr}_{it} > \gamma_2) + \varepsilon_{it} \quad (4-2)$$

其中，i 为地区；t 为年度；y_{it}（生态环境）表示被解释变量；STI_{it}（科技创新）表示解释变量。鉴于长江经济带上、中、下游省市间存在明显的经济发展差异，因此在全流域分析模型及各区分析模型的构建时引入控制变量，以提升地区间的可比性。设 x_{it} 为影响生态环境的控制变量集，本文选择已经被证实与生态环境有稳定关系的因素，包括经济发展水平（人均

❶ HANSEN, B. E. Threshold Effect in Non-dynamic Panels: Estimation, Testing, and Inference[J]. Journal of Econometrics, 1999, (93): 345-368.

GDP）、产业结构（工业增加值）、资本存量、人力资本❶，θ 作为斜率值，也表征相因变量的回归系数；科技创新作为受门槛变量影响的解释变量；μ_{it} 反映个体效应，thr_{it} 表示门槛变量❷，γ 表示待估计门槛系数；$I(\cdot)$ 表示指示函数（Indicator Function），当 $thr \leq \gamma$ 时，$I(\cdot)=1$，否则 $I(\cdot)=0$；ε_{it} 为随机误差项。

　　根据汉森的理论，门槛值 $\hat{\gamma}$ 是在门槛变量 thr 取值范围内随机选取的。在估算过程中，首先随意抽选一个初始值 γ_0 赋给 γ，并通过普通 OLS 估算出其他影响因素的弹性系数，测算出对应的残差平方和 S_0。然后继续按照上述步骤循环计算，并按照从小到大排序，将最小的残差平方和所对应的门槛值：$\hat{\gamma}=\arg\min S_1(\gamma)$ 作为最优结果输出。基于汉森的"定点法"同理类推，逐步搜索门槛值（固定了之前搜索的第一个门槛值后，再搜索第二个门槛值），通过循环估算即可获得双重及多重门槛值，在此不再赘述。在估计出门槛值 γ 及斜率值 θ 后，还需要对门槛效应的显著性与真实性进行校验。

(二) 计量模型检验

1. 显著性检验

　　根据显著性检验原理，如果基于估算的门槛值作为样本数据分组的标准，那么计量模型对不同分组数据测算的估计系数也会存在显著差异，这也说明研究样本的门槛效应客观存在。所构建的显著性检验原假设为：$H_0: \beta_1 = \beta_2$，汉森的检验 LM（Lagrange Multiplier）统计量为：$F_1 = [S_0 - S_1(\hat{\gamma})]/\hat{\sigma}^2$，其中，$S_0$、$S_1(\hat{\gamma})$ 分别为原假设无门槛和门槛估计下的残差平方和，$\hat{\sigma}^2$ 为备选假设门槛估计下残差的方差。因为原假设条件下的 γ 不确定，所以 F_1 统计量并不服从标准卡方分布（Chi-square Distribution），而

---

　　❶ 严翔，成长春，金巍，等. 基于经济门槛效应的创新能力与生态环境非均衡关系研究 [J]. 中国科技论坛，2017（10）：112-121.

　　❷ 根据汉森门槛模型原理，门槛变量既可以是模型中的解释变量，也可以是其他影响因素，如果将这些变量都作为解释变量放入模型中将产生多重共线性问题，导致估计结果不能准确说明解释变量对被解释变量的贡献大小及作用方向。所以本章节将经济发展水平作为门槛变量带入门槛模型参与估计。

是受到干扰参数的影响呈非标准、非相似（Non-Standard Non-Similar）分布，所以临界值也无法模拟❶。本章采用汉森提出的"自抽样法"（Bootstrap），以统计量本身的大样本分布函数来模拟统计量的渐进分布❷，构造对应概率值的 P 值。如果 P 值小于临界值则拒绝原假设，得到一个门槛值，反之则接受。在确定了第一个门槛值后还需要进行第二个门槛值的搜寻，依此法类推，则可以验证多重门槛值的显著性。

2. 真实性检验

研究变量间存在的"门槛效应"被检验确认后，还需要通过真实性检验估算出相应门槛值的置信区间。设真实性检验的原假设为：$H_0: \hat{\gamma} = \gamma_0$，相应的似然比统计量（Likelihood Ratio Statistic）为 $LR_1(\gamma) = [S_1(\gamma) - S_1(\hat{\gamma})]/\hat{\sigma}^2$，$S_1(\hat{\gamma})$ 是门槛值为 $\hat{\gamma}$ 时所得到的均方差 MSE，因此时存在干扰参数，所以 $LR_1(\gamma)$ 也是非标准分布的，需使用最大似然估计法来检验门槛值 γ，测算统计量的渐进分布❸。因此，本书借鉴汉森（2000）提出的拒绝域算法，即当显著性水平为 α、$LR_1 \leqslant -2\ln(1-\sqrt{1-\alpha})$ 时，不可拒绝原假设❹。一般当 α 在 95% 的置信水平时，临界值为 7.35。在门槛模型通过单门槛假设检验后，还需要重复上述估算步骤，逐层搜索双重、三重，抑或更多重门槛的阈限值。如果多重门槛值存在，仍需依照上述检验步骤，对相应门槛效应的显著性与真实性再次验证。

（三）本章实证研究步骤

本章研究的目的是检验长江经济带各省市生态环境与科技创新间的

---

❶ HANSEN, B. E. Inference When A Nuisance Parameter Is not Identified Under the Null Hypothesis[J]. Econometrica,1996(2):413-430.

❷ HANSEN, B. E. Sample Splitting and Threshold Estimation[J]. Econometrica,2000(3):575-603.

❸ 孔东民. 通货膨胀阻碍了金融发展与经济增长吗？——基于一个门槛回归模型的新检验 [J]. 数量经济技术经济研究, 2007, 10: 56-66.

❹ HANSEN, B. E. Sample Splitting and Threshold Estimation[J]. Econometrica,2000(3):575-603.

"时间"非均衡发展关系，验证两者间的影响关系是否随着地区不同的经济发展阶段，而在作用方向、作用强度等方面呈现出不同的趋势与特征。因此，根据研究目的，选择了上述相匹配的计量研究方法，后续研究的实证检验步骤与分析逻辑框架具体如图 4-1 所示。

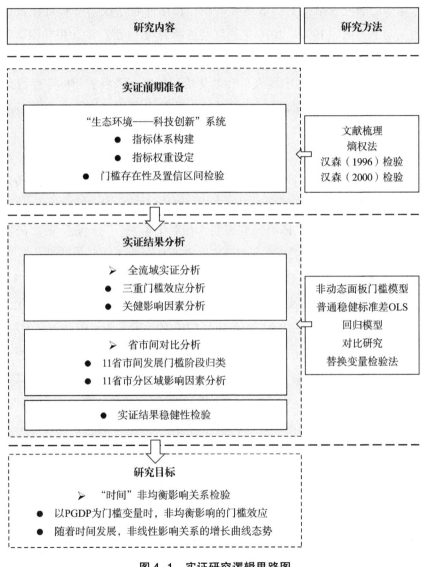

图 4-1　实证研究逻辑思路图

二、数据说明及检验

(一) 数据说明

本章的研究数据和上一章基本一致，在保证原始数据可获得性及连续性的基础上，选取1998—2016年长江经济带11省（市）的面板数据参与实证分析。数据大体源于考察期内的《中国统计年鉴》《中国科技统计年鉴》《中国环境统计年鉴》《中国人口和就业统计年鉴》及各省市的年度统计年鉴、环境统计公报，对因特殊原因而缺失的数据采用插值法、灰色预测法补齐。

经济水平（PGDP）。学界普遍使用"人均GDP"作为评价区域经济发展水平的指标。为使不同年份的数据具有可比性，去除价格因素的影响，本书以1998年为基期，对GDP进行价格平减处理。

产业结构（INS2）。既有研究表明，相对于第一、三产业，第二产业对生态环境和科技创新的关联较大[1]。第二产业可分为工业和建筑业，占比较小的建筑业对资本依赖较大，与科技创新、生态环境的关联体现不明显，而工业结构变化对生态及创新能力的影响更符合现实情况需要。因此，本文选择第二产业中的"工业增加值"占GDP的比重来表示产业结构发展。

人力资本（HUMC）。本文借鉴巴罗和李（Barro and Lee）的算法[2]，衡量区域劳动者平均受教育水平的程度，将小学、初中、高中和大专及以上的受教育年限分别设定为6年、9年、12年和16年，具体计算公式为HUMC =（6×小学人口+9×初中人口+12×高中人口+16×大专及以上人口）/6岁以上人口总数。

资本存量（CAPS）。学术界常用"永续盘存法"进行地区存量资本的

---

[1] 谢兰云. 创新、产业结构与经济增长的门槛效应分析 [J]. 经济理论与经济管理，2015（2）：51-59.

[2] BARRO. R, LEE. J. W. International Comparison of Educational Attainment[J]. Journal of Monetary Economics,1993,(3):363-394.

估算，本章借鉴单豪杰的研究❶，因基期的确定越早对后期的影响越小，所以选择 1952 年为资本基期的价格平减指数，并参照其方法将资本存量扩展到 2016 年。同时，囿于现有资料对分省折旧率的计算难度大，所以将最终折旧率统一设为 10.96%。具体形式为 $K_{it}=(1-\delta)K_{i,t-1}+I_{it}$，$K_{it}$ 表示第 i 个地区第 t 年的资本存量；I_{it} 表示第 i 个地区第 t 年的投资量；δ 表示资本存量折旧率。

居民消费（HOUC）。选取《中国统计年鉴》中国民经济核算部分的"居民消费水平"指标，并以 1998 年为基期，根据流域各省市的居民消费水平指数进行平减处理，以消除价格因素影响。

对外开放度（OPEN）。参考学界惯常的度量方法❷，采用进出口总额占名义地区生产总值的比例。其中，各省市统计年鉴中的进出口总额原始数据以亿美元为单位，因此参照 1998—2016 年国家统计局公布的人民币兑美元汇率中间价进行了折算。

外商直接投资（FDI）。参考张成思的研究❸，采用 FDI 利用金额占地区生产总值的比值作为 FDI 强度参与实证分析。其中，各省市统计年鉴中的 FDI 原始数据以万美元为单位，因此参照 1998—2016 年国家统计局公布的人民币兑美元汇率中间价进行了折算。

关于科技创新（STI）与生态环境（ECO）两个核心变量的研究，现有文献中大都选取单一指标参与分析，如韩玉军、齐亚伟等使用 CO_2 排放量代表生态环境水平❹❺；波特和斯特恩（Porter & Stern）、谢兰云、黄娟等使

❶　单豪杰. 中国资本存量 K 的再估算：1952—2006 年 [J]. 数量经济技术经济研究，2008（10）：17-31.

❷　张成思，朱越腾，芦哲. 对外开放对金融发展的抑制效应 [J]. 金融研究，2013（6）：16-30.

❸　张成思，朱越腾，芦哲. 对外开放对金融发展的抑制效应 [J]. 金融研究，2013（6）：16-30.

❹　韩玉军，陆旸. 门槛效应、经济增长与环境质量 [J]. 统计研究，2008（9）：24-31.

❺　齐亚伟. 空间集聚、经济增长与环境污染之间的门槛效应分析 [J]. 华东经济管理，2015，29（10）：72-78.

用专利量代表科技创新❶❷❸。本书认为单一指标可能是描述某一变量的有用指标，但忽略了其他相关指标的价值贡献，不能全面解释目标构念的整体发展趋势❹。佐尔坦（Zoltan）也指出用专利授权数量来衡量区域创新能力存在明显的片面性❺。事实上，在某些地区有可能存在"三废"排放较多但环境污染治理投入力度也较大的现象，或者即便地区对生态环境的整治投入加大，但因为前期污染严重，造成生态环境积重难返，短期内地区环境修复效果不明显等情况。因此结合汉森门槛模型的原理，对本章核心变量"科技创新"与"生态环境"的测算仍参照第三章的方法，通过构建指标体系推算出综合评价值❻，反映区域科技创新与生态环境的整体发展水平。

❶ FURMAN. J. L, PORTER. M. E, STERN. S. The determinants of national innovative capacity[J]. Research policy,2002,31(6):899-933.

❷ 谢兰云. 创新、产业结构与经济增长的门槛效应分析 [J]. 经济理论与经济管理, 2015（2）：51-59.

❸ 黄娟, 汪明进. 科技创新、产业集聚与环境污染 [J]. 山西财经大学学报, 2016（4）：50-61.

❹ 科马诺和谢勒（Comanor & Scherer）的研究发现，由于美国的专利法律因素及注册专利的难度和费用，导致专利申请有下降的趋势，同时专利并不能真实反映创新的质量，新产品的生产可能不仅来自企业的自主研发活动，也可能来源技术模仿等；格里利兹（Griliches）指出专利数本身并不代表专利质量，也不能体现在经济增长中发挥的作用。并不是所有的发明都申请了专利，尤其是某些核心技术的拥有者为避免他人模仿而没有注册专利等。引自:GRILICHES. Z. Patent Statistics as Economic Indicators:A Survey [J]. Nber Working Papers,1990,28(4):1661-1707. ZOLTAN. J. ACS,LUC ANSELIN,ATTILA VARGA. Patents and Innovation Counts as Measures of Regional Production of New Knowledge[J]. Research Policy,2002,31(7),1069-1085.

❺ ZOLTAN. J. ACS,LUC ANSELIN,ATTILA VARGA. Patents and Innovation Counts as Measures of Regional Production of New Knowledge[J]. Research Policy,2002,31(7),1069-1085.

❻ 汉森指出，如果门槛变量含有较强的时间趋势，代入方程后将改变模型突变点的似然分布，进而无法构建置信区间。因此本书通过建立指标体系，放弃带有趋势的绝对指标，而选择相对指标。引自:HANSEN, B. E. Tests for Parameter Instability in Regressions with I(1)Processes[J]. Journal of Business & Economic Statistics,1992(3):321-335.

(二) 数据检验

1. 面板数据单位根检验

由于经济系统存在惯性作用，数据在时间维度上往往存在前后依存的关系，这也是面板数据模型构建的前提假设，因此需要对数据的平稳性进行检验，避免直接使用不存在协积关系的非平稳变量。同时为了规避变量之间的"伪回归"现象，还需要通过协整检验来判断变量间是否存在长期的均衡关系。考虑如下面板自回归模型：

$$Y_{it} = \rho_i Y_{it-1} + X_{it}^{'} \theta_i + \varepsilon_{it}; i = 1, 2, \cdots, N; t = 1, 2, \cdots, T \qquad (4-3)$$

式中，其中，X_{it} 表示外生变量；N 表示横截面单位数；T 表示观测时间；θ_i 表示回归方程中的变量弹性系数；ε_{it} 表示随机扰动项，设其满足独立同分布，面板单位根检验的原假设为 $|\rho_i| = 1$，如果成立，则表示该序列数据存在单位根，即非平稳数据。而替代假设为 $|\rho_i| < 1$，如果成立则表示该序列数据 $\{Y_i\}$ 是平稳数据。基于参数 ρ_i 有两类检验假设，根据前提假设的不同，面板数据的单位根检验存在同单位根检验与异单位根检验两大类[1]。具体面板数据适用于何种面板单位根假定，主要还是取决于研究样本的数量[2]。

一类假设各面板单位的自回归系数都相同，各横截面序列有相同的单位根过程，亦称"共同根"（Common root），即原假设 H_0 是"各横截面数据序列存在一个相同的单位根"，式 4-3 中的 $\rho_i = \rho$，代表性检验诸如 LLC检验、Breitung 检验、HT 检验等，皆需考虑 ADF 检验形式，具体如式 4-4 所示。

$$\Delta Y_{it} = \alpha Y_{it-1} + \sum_{j=1}^{p_i} \beta_{ij} \Delta Y_{it} + X_{it}^{'} \theta_i + \varepsilon_{it} \quad i = 1, 2, \cdots, N \quad t = 1, 2, \cdots, T$$

$$(4-4)$$

---

[1]　BREITUNG. J, DAS. S. Panel unit root tests under cross - sectional dependence[J]. Statistica Neerlandica, 2005, 59(4): 414-433.

[2]　陈强. 高级计量经济学及 Stata 应用 [M]. 北京：高等教育出版社, 2010.

式中，假定 $\alpha = \rho - 1$，p_i 是第 i 个横截面单位的滞后项阶数，允许在不同的横截面单位上变动，此类检验方法的原假设和备择假设可以写为

$$H_0:\ \alpha = 0$$

$$H_1:\ \alpha < 0$$

两者都使用 ΔY_{it} 和 ΔY_{it-1} 的代理变量去估计参数 α，它们的检验统计量渐进服从标准正态分布。

另一类假设各横截面序列数据具有不同的单位根，对横截面维度 N 或时间维度 T 是否固定，抑或趋于无穷的速度所构建的渐进假定不同，代表性检验有 LLC 检验、IPS 检验、Breitung 检验、Fisher-ADF 检验、Fisher-PP 检验等。此类检验方法的基本原理趋同，大体上都是先分别针对不同的横截面数据序列进行单位根检验，然后再将所有的检验结果进行汇总，形成相关面板数据的检验统计量，其原假设和备择假设可以写为

$$H_0:\quad \alpha = 0$$

$$H_1:\begin{cases} \alpha_i = 0 & i = 1,\ 2,\ \cdots,\ N_1 \\ \alpha_i < 0 & i = N_1 + 1,\ N_1 + 2,\ \cdots,\ N \end{cases}$$

2. 面板数据协整检验

非平稳经济变量间存在的长期稳定的均衡关系称作协整关系。在经济领域，多数经济变量都是非平稳的，如果面板数据存在单位根，传统的处理方法与时间序列相似，即对目标数据进行一阶差分处理以保证数据的平稳性（一般都为一阶单整序列），但值得注意的是，此种处理后的变量经济含义与原序列其实还是存在一定程度的差异。若两个非平稳变量间存在协整关系，则其间的线性离差是平稳的。关于两个 $I(1)$ 变量 x、y 的函数式如式（4-5）所示。

$$y_{it} = \beta_1 x_{it} + u_{it} \quad i = 1,2,\cdots,N, t = 1,2,\cdots,T \qquad (4-5)$$

式中，$u_t \sim I(0)$，则 $y_{it} = \beta_1 x_{it} + u_{it}$，是长期均衡关系；$u_{it} = y_{it} - \beta_1 x_{it}$，为非均衡误差，该序列应该在 0 上下波动，并以一个不太快的频率穿越 0 值水平线。多个单位根变量间也可能因某种经济现象而存在长期均衡关系（Long-Run Equilibrium），具备相同的随机趋势，那么可以通过线性组合的方式消除相因变量的随机趋势。

除了首先要在理论上判断一阶单整序列变量是否存在长期均衡关系，关于面板数据协整检验方法大致分为两大类：

第一类是建立在恩格尔和格兰杰（Engle and Granger）提出的"EG 二步法"检验基础之上的协整检验[●]，如 Pedroni 检验和 Kao 检验；其中 Pedroni 检验方法以协整方程的回归残差为基础，通过构造 7 个统计量来检验面板变量之间的协整关系，考虑如下的回归模型如式（4-6）。

$$Y_{it} = \partial_i + \delta_i t + X_{it}^{'} \lambda_i + \varepsilon_{it} \quad i = 1,2,\cdots,N \quad t = 1,2,\cdots,T \quad (4-6)$$

式中，参数 ∂_i 和 δ_i 是每个截面个体效应和趋势效应，也可以设置为 0。

通过对上式进行估计获得残差序列，然后利用辅助回归的方法检验残差序列是否平稳，辅助回归的具体形式如函数式（4-7）所示。

$$\begin{cases} \hat{u}_{it} = \rho_i \hat{u}_{it-1} + v_{it} & i = 1,2,\cdots,N \\ \hat{u}_{it} = \rho_i \hat{u}_{it-1} + \sum_{j=1}^{p_i} \eta_{it} \Delta \hat{u}_{it-j} + v_{it} & i = 1,2,\cdots,N \end{cases} \quad (4-7)$$

式中，ρ_i 均表示对应于第 i 个横截面个体的残差自回归系数，v_{it} 表示扰动项，Pedroni 检验对残差进行平稳性检验就是判断 ρ_i 与常数 1 的关系大小。

Kao 检验与 Pedroni 检验遵循相同的基本原理，但差别在于 Kao 检验在第一阶段将回归方程设定为每一个横截面个体有着不同的截距项和相同的系数，即式中的 ∂_i 是不同的，λ_i 是相同的，并且将 δ_i 设定为 0。第二阶段则基于 DF 检验和 ADF 检验的原理，对第一阶段所求残差序列进行平稳性检验，判断系数与常数 1 的大小关系，具体辅助回归形式函数如式（4-8）所示。

$$\begin{cases} \hat{u}_{it} = \rho \hat{u}_{it-1} + v_{it} & i = 1,2,\cdots,N \\ \hat{u}_{it} = \rho \hat{u}_{it-1} + \sum_{j=1}^{p_i} \eta_{it} \Delta \hat{u}_{it-j} + v_{it} & i = 1,2,\cdots,N \end{cases} \quad (4-8)$$

具体 Pedroni 检验与 Kao 检验的原假设如表 4-1 所示。

● ENGLE. R. F, GRANGER C. W. J. Co-integration and error correction: representation, estimation, and testing[J]. Econometrica: journal of the Econometric Society, 1987, 55(2): 251-276.

表 4-1 Pedroni 检验和 Kao 检验方法的原假设

检验方法	检验假设	统计量
Kao 检验	H_0: $\rho=1$，不存在协整关系	ADF
Pedroni 检验	H_0: $\rho i=1$ H_1: $(\rho i=\rho)<1$	Panel v-Statistic
		Panel rho-Statistic
		Panel PP-Statistic
		Panel ADF-Statistic
	H_0: $\rho i=1$ H_1: $\rho i<1$	Group rho-Statistic
		Group PP-Statistic
		Group ADF-Statistic

第二类是建立在 Johansen 协整检验基础上的协整检验。基于 Fisher 所提出的单个因变量联合检验的结论[1]，曼达拉和吴（Maddala & Wu）建立了可用于面板数据的检验方法[2]，该方法通过联合单个截面个体 Johansen 协整检验的结果获得对应于面板数据的检验统计量。Jonansen 面板协整检验的主要步骤如下：

第一步，分别对各截面个体 i 进行单独的 Johansen 协整检验，设为 π_i 截面个体 i 的特征根迹统计量或最大特征根统计量所对应的 p 值；第二步，利用 Fisher 的结论建立如函数式（4-9）所示的相应于面板数据协整检验的统计量。

$$\text{Fisher} = -2\sum_{i=1}^{N}\ln\pi_i \qquad (4-9)$$

在"存在相应个数协整变量"的原假设下，该统计量渐进服从自由度为 $2N$ 的 χ^2 分布，如果不能拒绝原假设，则表明所检验的面板数据存在相应个数的协整向量。

---

[1] FISHER. R. A. Statistical methods and scientific inference[M]. STATISTICAL METHODS AND SCIENTIFIC INFERENCE. 1959.

[2] MADDALA. G. S, WU. S. A Comparative Study of Unit Root Tests with Panel Data and a New Simple Test[J]. Oxford Bulletin of Economics and Statistics. 1999(61):631-652.

三、长江经济带实证结果与分析

为了科学研究的有效性及可追溯性，在实证分析前对研究样本数据的基本情况进行描述性统计分析，本章节研究使用的是长江经济带 11 省市 19 年间的面板数据，一共 9 个变量，每个变量有 209 个参数值，符合相关统计分析的要求，具体如附录。

数据平稳性及协整检验方面的检验结果见附录，各变量的水平值为不平稳序列，但各变量的一阶差分序列至少在 10% 的显著水平上拒绝了存在单位根的原假设，故判断各变量的面板数据是平稳序列。全流域及各分区各变量间存在长期稳定的协整关系，可支持后续的实证分析。

根据上文模型估计及其检验方法，本章节使用 STATA15.0 的 xtptm、xtthres 两种门槛命令包对固定效应面板门槛模型进行估算，以保证实证结果的稳健性，P 值及临界值都采用 Bootstrap 法模拟 1000 次后的结果❶。

（一）门槛存在性及置信区间检验

表 4-2 列出了以 PGDP 为门槛变量时，长江经济带整体科技创新对生态环境影响的门槛效应存在性检验结果，三重门槛效应皆在 5% 水平下显著，门槛估计值分别为 4972.466 元、8364.799 元、22612.594 元，说明长江经济带 11 省市在考察期内，科技创新对生态环境的阶段性影响确实存在，这也说明研究流域生态环境与科技创新间的非均衡关系具有一定的可行性与合理性。

表 4-2　全流域 PGDP 门槛效应存在性检验

门槛模型	F 值	P 值	临界值			门槛值	95% 置信区间
			1%	5%	10%		
单一门槛	24.811***	0.000	7.270	4.160	2.557	4972.466	[4294.000, 7150.000]
双重门槛	20.001***	0.000	6.493	3.722	2.662	8364.799	[8364.799, 9043.265]
三重门槛	5.888**	0.011	6.726	3.397	2.417	22612.594	[19200.000, 24600.000]

❶　汉森的研究指出，计算估计量的一般统计量只需 50~200 次自抽样即可，本书为确保估计量的精确度，设置自抽样的次数为 1000。

注：*、**、***分别表示在 10%、5%、1%的水平下显著。

为了更准确剖析科技创新对生态环境的影响趋势，本部分最终选择三重门槛模型分析全流域的门槛效应。绘制的经济门槛值似然比函数如图 4-2 所示，即 LR 为 0 时的取值。门槛值 95%的置信区间为 LR 值位于虚线以下的部分。

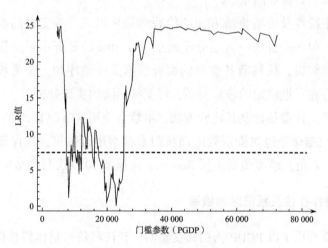

图 4-2　门槛估计值与置信区间

（二）全流域结果分析

三重门槛回归模型与普通稳健标准差 OLS 回归模型估得的结果如表 4-3 所示，除了各变量的相关系数略有差别以外，在显著性及正负影响关系方面保持一致。研究显示，长江经济带 11 省市在考察期间的科技创新对生态环境的影响不是简单的线性关系，而是呈现阶段性"门槛效应"，两者间的正向非均衡发展效应得到验证。具体分析弹性系数的变化趋势，当经济发展水平 PGDP 不高于 4972.466 元时，科技创新对生态环境的正向影响弹性系数为 0.559，但越过此经济门槛，位于 4972.466 元与 8364.799 元之间时，两变量间的弹性系数提升到 0.759，科技创新对生态环境正向推动的边际效应最大。当 PGDP 越过第二经济门槛，处于 8364.799 元至 22 612.594 元之间时，科技创新对生态环境的正向影响削弱，弹性系数降低至 0.443，而继续越过第三经济门槛值 22 612.594 元后，正向促进作用边际递减到 0.269。

由此可见，长江经济带环境库兹涅茨曲线（EKC）的拐点已经初步显现，以科技创新驱动的流域经济发展已经对生态环境起到了一定程度的正向拉动作用，整体呈 S 型增长曲线特征。

表 4-3　全流域层面回归结果

PGDP 为门槛变量的回归结果		稳健标准差 OLS 回归结果	
PGDP	0.000 **	PGDP	0.001 **
	(2.516)		(1.592)
INS2	0.633 ***	INS2	0.361 **
	(6.116)		(3.458)
CAPS	0.000 **	CAPS	0.000 ***
	(3.016)		(2.672)
OPEN	−0.076 ***	OPEN	−0.120 ***
	(−4.504)		(−6.139)
FDI	1.039 *	FDI	1.360 ***
	(2.244)		(2.857)
HUMC	−0.023 *	HUMC	0.0199 *
	(−2.392)		(−1.752)
HOUC	−0.035 *	HOUC	−0.012 *
	(−0.803)		(−1.407)
STI	0.559 ***		
(PGDP≤4972.466)	(5.951)		
STI	0.759 ***		0.347 ***
(4972.466<PGDP≤8364.799)	(9.718)	STI	
STI	0.443 ***		(8.246)
(8364.799<PGDP≤22612.594)	(9.738)		
STI	0.269 ***		
(PGDP>22612.594)	(6.503)		

注：*、**、***分别表示在 10%、5%、1%的水平下显著，（）内为 t 值。

　　分析其原因，长江经济带早期的发展模式一定程度上是以牺牲生态环境为代价，沿江重化工业密集，劳动及资源密集型低端制造业居多。工业化进程并未以科技创新聚焦价值链的高端。据权威统计数据显示，1998年至2005年间，流域劳动密集型产业占比约18%，而高新技术产业占比常年滞留在5%以下，生产污染濒临环境承载阈限。2005年以后，随着中部崛起计划及西部大开发规划的实施，长江中上游地区开始有序承接长三角各省市成熟产业的转移，产业结构随着知识密集型产业占比的提升而获得一定程度的优化升级。一方面减少了自然资源的消耗；另一方面降低了污染物的排放，所以较传统高投入、高消耗、高排放的粗放型产业而言，科技创新型产业更绿色，对生态环境发展也更友好，对生态环境的正向拉动作用明显。因此在科技创新驱动经济发展的初期，对生态环境正向影响的弹性系数较高，尤其在跨越经济第一门槛值，位于第一门槛值与第二门槛值之间时，正向影响边际效用由0.559提升至0.759。

但是此次实证的一个特殊情况是，在越过第二门槛值后，科技创新对生态环境的弹性系数经历了两次下跌，在第二门槛值与第三门槛值之间时降低为0.443，跨越第三门槛后再次降低至0.269，正向促进效能明显被削弱。究其原因，科技创新可以通过推进产业转型升级、节能减排而直接促进生态环境建设，但我们同样应该认识到，社会发展是个复杂系统，其他系统的发展也势必会影响生态环境的修复与改善。科技创新推进了区域经济发展的同时，也促进了社会其他领域的成长，加之居民生活水平的提高而资源的相对成本降低，可能会刺激新一轮的消费需求，间接加剧了生活垃圾的产生与生产废弃物的排放。譬如某些数码电子商品在生产过程中容易产生固、液、气三态的废料排放，而在诸如电视、电冰箱、空调等家电更新换代后的废弃物处置流程中，也极有可能造成对生态环境的破坏❶。随着江浙沪三地环境规制强度的提升，相关电子及零配件制造产业向流域中上游转移，考察期内流域中西部省份的科技创新水平虽然有明显提升，但囿于中西部以经济为中心的发展理念，缺少科技创新能力培养与项目投资的长效机制。此外，个别地区尚未完善环境评价考核与产业甄别规制，治

---

❶ 高科技产品对生产工艺的要求越高，元部件的科技含量越高，形成的废弃物就越难处理后回归自然，这样就会形成大量高科技垃圾，长时间搁置将导致如重金属污染地下水及土壤等诸多生态环境问题。

污设施项目投入力度不够，生态环境的修复治理步伐滞后。诸多原因造成产业污染抵消了科技创新对生态环境的部分正向效应，最终形成了随着经济发展，科技创新对生态环境的正向影响呈现边际效能递减的情况。基于本次实证结果的数值变化趋势预测，如再不加以遏制，甚至有可能出现环境污染物排放提升的"回弹效应"。

从影响生态环境的其他控制变量层面分析：首先，流域的经济发展水平 PGDP 与生态环境间的弹性系数偏低，但 5% 水平下呈显著正相关表明，经济发展水平可以反映区域物流、通信、交通等配套基建设备的完善程度，影响当地环境规制强度的设定，是生态环境发展的基础保障；其次，科技创新在工业发展中体现较明显，在近二十年的发展中，沿江各省市的工业结构逐渐由劳动密集型、资本密集型向技术密集型和知识密集型转变，近些年的高技术装备制造业发展迅速。科技创新不仅体现在工业生产效率及产值的提升，同时也推动了产业的绿色发展，降低了能耗与污染，对生态环境的正向拉动效应也随之显现；最后，资本存量对生态环境的正向作用主要体现在近二十年沿江地区在环境基础设施建设与治污设备项目投资上。譬如污水、生活垃圾等环保设施的建设，城市公园绿地的覆盖率逐年提升，"三废"排放管束强度与废弃物综合利用量的提高。即便在 2008 年全球金融危机后，流域资本存量总和也未有大幅下降趋势，在当时国家经济刺激政策的影响下，流域在考察期内的基础设施建设与固定资产投资实现了年均 10% 以上的增长幅度。

此外，流域的对外开放度对生态环境产生了负面影响，弹性系数为-0.076。究其原因，沿江传统资源环境依赖型企业基数较大，参与国内外市场贸易的产品涵盖黑色金属冶炼及压延加工业、纺织及制品业、机械、电气、电子设备制造业、非金属矿物制品业、塑料、橡胶及制品业、化学原料及化学制品制造业等，加之个别企业对科技创新投入的内生动力不强，产业转型升级步伐滞后，所以上述产品制成流程中的每一环节都可能产生大量污染物质；外商直接投资对生态环境产生了弹性系数为 1.039 的正向影响，这与学界诸如王洪庆、马内洛（Manello）、拉马纳坦（Ramanathan）等的研究结论吻合❶❷❸，可见流域的 FDI 初步实现了"波特假说"：外商直接投资弥补了长江经济带社会经济发展的资金缺口，并通过其先进技术和管理经验的溢出效应❹，提高生产过程中的资源使用效率，缓解了投资地的生态环境压力。

微观层面，考察期内人力资本与居民消费对生态环境的回归系数显著为负，相关系数分别为-0.023 与-0.035。究其原因，人力资本反映了我国居民受教育程度，一部分学者认为居民受教育水平越高，对生态资源与自然环境的保护意识就越强。但另有研究显示，居民受教育程度提升的同时，也激发了其消费欲望，丰富了其消费种类❺，这样不仅直接增加了生活端废弃物产生量，也间接刺激了生产端三废的排放量，最终造成对生态环境的正向推动效应，不及其驱动经济发展所附带产生的对生态环境的负面影响。就"废水排放总量"这一环境指标来说，流域各省市城镇居民生活污水排放总量是工业废水排放总量的 1.9 至 4 倍不等。在 2007 年党的十七大报告中就强调了生态文明建设的重要性，将节约能源资源和保护生态环境作为产业结构、增长方式、消费模式的发展准绳，这不仅是对生产端产业科技创新提出的要求，同时也呼吁生活端社会民众积极投身生态环境建设进程中。

(三) 省域间结果分析

根据上文门槛模型估得的三个 PGDP 门槛值，将 11 省市 19 年间的经济

---

❶　王洪庆. 外商直接投资影响中国工业环境规制 [J]. 中国软科学, 2015 (7)：170-181.

❷　MANELLO. A. Productivity growth, environmental regulation and win-win opportunities:The case of chemical industry in Italy and Germany[J]. European Journal of Operational Research,2017,262(2):733-743.

❸　RAMANATHAN. R, HE. Q , BLACK. A, et al. Environmental regulations, innovation and firm performance:a revisit of the Porter hypothesis[J]. Journal of Cleaner Production,2017 (155):79-92.

❹　李锴, 齐绍洲. "FDI 降低东道国能源强度"假说在中国成立吗？——基于省区工业面板数据的经验分析 [J]. 世界经济研究, 2016 (3)：108-122, 136.

❺　金巍, 章恒全, 张洪波, 等. 城镇化进程中人口结构变动对用水量的影响 [J]. 资源科学, 2018, 40 (4)：784-796.

发展水平进行归类，三个门槛值所划分的四个经济发展阶段如表4-4所示，其中 Xit 表示某地区某年的 PGDP 数据，红色表示 PGDP 小于4972.466元的初级发展阶段，黄色表示 PGDP 处于4972.466元至8364.799元之间，绿色表示 PGDP 处于8364.799元至22612.594元之间，蓝色表示 PGDP 已超过22612.594元，属于经济较发达阶段。

可以发现，长江下游江苏、浙江、上海三地属于经济发达地区，上海作为流域龙头，一枝独秀，考察期内的经济发展水平一直远高于第三门槛值，江苏、浙江两地在2006年后的经济发展水平也皆超过第三经济门槛值；长江中游安徽、江西、湖北、湖南四省与西部的四川、重庆、云南三地发展稳步，考察期内虽然常年处于第二门槛值与第三门槛值之间，但最近几年的经济发展也已越过最高门槛阈限值；贵州的经济发展水平则相对滞后，2005年之前一直位于第一门槛值以下，虽然近些年区域经济有所发展，但是与第三门槛值仍有6458.576元的较大差距。

鉴于长江经济带上、中、下游的经济发展水平具有明显的地域差异❶，因此用普通线性回归模型再次测算各分区生态环境影响因素及其系数，如表4-5所示，进一步剖析区域间非均衡发展差异及其成因。

江苏、浙江、上海三地分析：该区域的科技创新对生态环境的正向相关系数为0.193，低于中游的0.604与上游的0.675。可以推断，当经济发展到一定程度后，诸如产业结构、政策规制、环保宣传的力度、民众环保行为意识、基础设施完善程度等影响生态环境的其他要素的作用日益显现，而科技创新对生态环境的促进作用则相对减弱。因此有必要进一步结合各区发展情景进行比照分析。

长江经济带下游地区的 PGDP、资本存量对生态环境的相关系数显著为正，表明发达的经济发展水平是生态环境建设的基石，完善的基础设施建设是生态环境修复的保障；对外开放度与工业发展对生态环境的贡献显著，可以判断，长三角地区对外贸易额较大，外向型经济特征明显，加之近些年

---

❶　对于长江经济带东、中、西部（上、中、下游）的分区依据，主要参照2010年10月国务院和国家发展改革委员会出台的《中共中央关于制定国民经济和社会发展第十二个五年规划的建议》中有关"四大板块"东、中、西部的划分标准。

表 4-4　各省市经济发展门槛阶段归类

PGDP/元	上海	江苏	浙江	安徽	江西	湖北	湖南	重庆	四川	贵州	云南
1998	25 206.000	10 049.000	11 394.000	4235.000	4124.000	5287.000	4667.000	5579.000	4294.000	2364.000	4446.000
1999	27 827.424	11 063.949	12 533.400	4620.385	4445.672	5699.386	5059.028	6014.162	4577.404	2572.032	4770.558
2000	30 888.441	12 236.728	13 912.074	5003.877	4801.326	6189.533	5514.341	6525.366	4966.483	2788.083	5128.350
2001	34 131.727	13 484.874	15 386.754	5449.222	5223.842	6740.402	6010.631	7112.649	5413.467	3033.434	5477.078
2002	37 988.612	15 062.604	17 325.485	5972.347	5772.346	7360.519	6551.588	7838.139	5971.054	3309.476	5970.015
2003	42 661.211	17 111.118	19 872.331	6533.748	6522.751	8074.489	7180.540	8739.525	6645.783	3643.734	6495.376
2004	48 719.103	19 643.564	22 753.819	7402.736	7383.754	8978.832	8049.386	9805.747	7489.797	4059.119	7229.353
2005	54 126.924	22 491.880	25 666.308	8261.454	8328.874	10 065.270	8983.115	10 933.408	8433.512	4529.977	7879.995
2006	60 622.155	25 843.171	29 156.926	9327.181	9353.326	11 283.168	10 070.071	12 267.283	9555.169	5050.924	8817.715
2007	69 836.722	29 693.803	33 442.994	10 651.641	10 587.965	12 930.511	11 580.582	14 217.782	10 940.669	5798.461	9893.476
2008	76 610.884	33 464.916	36 820.736	12 004.400	11 985.576	14 663.199	13 190.283	16 279.360	12 144.142	6453.687	10 942.184
2009	82 892.977	37 614.566	40 097.782	13 552.967	13 555.687	16 642.731	14 997.352	18 704.985	13 905.043	7189.408	12 266.189
2010	91 430.953	42 391.615	44 869.418	15 531.700	15 453.483	19 105.855	17 186.965	21 903.537	16 004.704	8109.652	13 774.930
2011	98 928.292	47 054.693	48 907.666	17 628.480	17 385.169	21 742.463	19 386.897	25 495.717	18 405.410	9326.100	15 662.095
2012	106 347.913	51 807.217	52 820.279	19 761.526	19 297.537	24 199.361	21 577.616	28 963.134	20 724.491	10 594.449	17 698.167
2013	114 536.703	56 780.710	57 151.542	21 816.725	21 246.588	26 643.497	23 756.955	32 525.600	22 796.941	11 918.755	19 839.646
2014	122 554.272	61 720.632	61 495.059	23 823.863	23 307.507	29 227.916	26 013.866	36 070.890	24 734.680	13 205.981	21 446.657
2015	131 010.517	66 966.885	66 414.663	25 896.539	25 428.491	31 829.200	28 225.045	40 038.688	26 688.720	14 619.021	23 312.516
2016	140 050.242	72 190.302	71 462.178	28 149.538	27 717.055	34 407.366	30 483.048	44 322.828	28 770.440	16 154.018	25 340.705

$X_{ij}<4972.466$　$4972.466<X_{ij}<8364.799$　$8364.799<X_{ij}<22612.594$　$X_{ij}>22612.594$

对高科技、低污染的工业项目投资逐年增加，产业发展模式已经朝着技术密集型和知识密集型过渡，减少了生态环境的负担，以科技创新驱动的经济发展是高质量发展的保证；长江下游地区的人力资本与居民消费对生态环境的回归系数显著为负，相关系数分别为-0.103与-0.006，这表明，经济、产业发展的同时，也需要关注微观民众的环保意识与消费行为，加强绿色产品的市场引导，推进生态文明建设，谨防因经济发展而造成的环境污染回弹现象。

表4-5　分区域影响因素分析

下游		中游		上游	
E-PGDP	0.001***	M-PGDP	-0.005	W-PGDP	0.003***
	(2.830)		(-0.340)		(3.130)
E-INS2	1.858*	M-INS2	-1.996***	W-INS2	0.217
	(1.980)		(-3.590)		(0.610)
E-CAPS	0.000*	M-CAPS	0.000	W-CAPS	0.003***
	(1.760)		(0.06)		(-3.550)
E-OPEN	0.313***	M-OPEN	-0.051	W-OPEN	-0.111
	(2.980)		(-0.510)		(-0.380)
E-FDI	-0.024	M-FDI	-2.206*	W-FDI	2.696
	(-0.020)		(-1.940)		(1.240)
E-HUMC	-0.103**	M-HUMC	-0.034	W-HUMC	-0.066**
	(-2.440)		(-1.210)		(-2.650)
E-HOUC	-0.006***	M-HOUC	-0.000	W-HOUC	-0.001***
	(-3.440)		(-0.050)		(-2.890)
E-STI	0.193*	M-STI	0.604**	W-STI	0.675***
	(0.800)		(2.160)		(5.910)

注：*、**、***分别表示在10%、5%、1%的水平下显著，（）内为t值。

长江流域中上游地区分析：该区域早先因自然资源禀赋优势，而选择以资源密集型产业为主，低端制造业与劳动密集型工业常年主导，个别地区因粗放发展模式常年受到环境污染问题困扰，这也可能是其陷入"资源诅咒"的原因之一。21世纪初，随着国家发展战略的调整，长江流域中上游地区被纳为国家中部崛起和西部大开发的重点区域，获得了诸多国家政策扶持。十七大前后，长江中上游地区开始承接下游长三角地区的成熟产业转移，但某些地区尚未完善环境评价考核与产业甄别规制，存在科创人才配置不充分等诸多问题，所以高新技术产业起色不大。此外，沿江传统工业企业的基数大，长江下游产业转入的部分技术也日趋普及，因此出现了工业增加值对生态环境影响的弹性系数显著为-1.996；与此同时，长江中上游各省市经济基础相对薄弱，回归结果中的基础设施、人力资本对生态环境的正向系数不明显，贡献度疲软，部分归咎于经济欠发达地区的基础设施、教育、通信等社会各方面建设都亟待分享经济发展的红利，而经济发展反哺给生态环境建设的资源偏少；不可忽视的是，中游四省的FDI对生态环境影响弹性系数为-2.206，沃尔特和乌格罗（Walter & Ugelow）关于发展中国家的环境政策研究中所提出的"污染避难所"假说在该区域得到应验❶。初步判断，个别省份为了吸引外资入驻，在环保准入方面采用了相对宽松的门槛，部分国际投资、跨国公司于是将高污染产业和生产链转移到长江中上游欠发达地区❷，进而加大了投资所在地的环境压力。

（四）结果稳健性检验

为了检验研究结果的稳健性，本书使用三种方法检验前文研究结果。首先采用替换解释变量法，将科技创新作滞后一期处理（STI_{it-1}），发现以（$t-1$）期区域科技创新参与运算的结果中，相关系数的符号与显著性均无变化，指数略有下降，实证结果与前文基本保持一致；其次采用替换控制变量法，通过借鉴李海峥等的研究，将 J-F "终生收入法"替换前文的"教育指标法"，再次测度人力资本❸。结果显示，相关系数及显著性变化也不大。最后通过轮流带入控制变量进一步进行检验，发现大部分实证结果

❶ WALTER I, UGELOW J L. Environmental policies in developing countries ［J］. Ambio, 1979：102-109.

❷ 聂飞，刘海云. FDI、环境污染与经济增长的相关性研究——基于动态联立方程模型的实证检验 ［J］. 国际贸易问题，2015（2）：72-83.

❸ 李海峥，梁赟玲，等. 中国人力资本测度与指数构建 ［J］. 经济研究，2010，（8）：42-54.

是稳健的，除了个别控制变量在显著性上略有波动。综合检验结果，虽然改变了原有模型的部分参数设定，在全流域及其分区层面的某些变量弹性系数大小波动较小，但符号与显著性均变化不大，支持前文研究结论，说明实证结果稳健性较好。

四、本章小结

本章将上一章测算的科技创新与生态环境两系统的综合评价值带入基于 STIRPAT 的拓展形式模型，并结合汉森面板门槛回归模型，以经济发展水平作为门槛变量，探析长江经济带 11 省市生态环境与科技创新间的非均衡发展关系，随后结合关键影响因素，对区域间的发展差异及其缘由做了深入剖析。

研究表明：1998 年至 2016 年间，长江经济带科技创新对生态环境的影响不是简单的线性关系，而是存在阶段性经济门槛效应。以 PGDP 为门槛变量时，全流域科技创新对生态环境影响的三重门槛效应在 5% 水平下显著，门槛估计值分别为 4972.466 元、8364.799 元、22612.594 元，时间非均衡关系被验证。表明全流域的环境库兹涅茨曲线的拐点初显，科技创新驱动的经济发展已经对生态环境起到一定的正向拉动作用。但随着经济水平的不断发展，科技创新对生态环境的正向促进效能经历了由 0.559 到 0.759 的提升阶段，但当 PGDP 越过第二经济门槛 8365 元后，科技创新对生态环境的正向影响被削弱，弹性系数由 0.443 降低至 0.269，整体呈 S 形增长曲线特征。

研究进一步表明，科技创新对地方经济的促进作用明显，可有效缓解当地生态环境的压力。以科技创新驱动长江经济带各省市高质量发展的路径，不能以短期经济利益为中心驱使，而应该长期以生态环境为中心的社会责任驱动：一方面要在生产端以"效率导向"增加高科技产业占比，关注资源投入产出比是否经济，并以"绿色导向"完善产业环保甄别机制，避免一味追求科技创新发展速度而忽视发展质量，谨防高科技污染对生态环境的负面影响；另一方面要在生活端推进生态文明建设，提高社会民众的环保意识，大力宣传绿色低碳、文明健康的生活方式。同时要利用价格杠杆与税收等政策工具引导消费，从生活端倒逼市场与产业的绿色发展，构建环境友好型社会。

第五章　长江经济带生态环境与科技创新间空间非均衡影响关系评测

前一章验证了长江经济带科技创新对生态环境的影响存在阶段性经济门槛效应，时间非均衡发展关系被验证。但沿江各省市间的生态环境与科技创新是否存在空间自相关的集聚分布特征？两核心变量的变异系数有无随时间推移而逐步减小的趋势？在省际尺度上是否存在空间溢出效应？哪些因素是造成空间异质性特征的原因？本章就这些问题展开实证研究，首先运用探索性空间数据分析方法，检验核心变量的空间相关性，随后借助空间计量建模思想，从区域地理临界关系、空间球面距离与区域经济距离三个方面构建空间矩阵，并运用空间滞后模型、空间误差模型及空间杜宾模型，以长江经济带 11 省市 1998—2016 年为考察对象，着重对流域生态环境与科技创新间的空间非均衡发展关系及其影响因素展开深入测评。

一、计量研究方法

托布尔（Toble）的"地理学第一定律"（Tobler's First Law）中指出，任何事物间皆存在着相互关联，关联的强度由事物间的距离所决定。随着距离的拉近，事物间的关联度也会提升，反之则关联度降低。这一定律同样也适用于省域间的社会活动与经济行为。

长江经济带涵盖了 11 个独立的行政区，各省市间的资源禀赋及发展情境各异，因此在生态环境及科技创新方面的发展也必然会各有特点，在地理空间分布上的非均衡性和非随机性而产生了空间异质性；与此同时，随着《长江经济带发展规划纲要》及《国家创新驱动发展战略纲要》的颁布与实施，各行政区划之间诸如人、财、物等生产要素及社会活动的合作交流加剧，因此势必在经济、科技、环境等方面存在着一定程度的空间交互影响。随着流域地区间的空间效应日益显现，如果仅从传统计量经济学分析已经有悖其"研究样本相互独立"的前提假设，基于上述原因，本章在空间统计学与空间计量经济学的原理基础上构建空间计量回归模型，将空间结构与空间效应纳入长江经济带生态环境与科技创新间关系研究的分析框架。

空间效应是空间计量经济学有别于传统计量经济学的基本特征。大体可将空间效应分为空间依赖性（空间自相关性）和空间异质性（空间差异性）。

空间依赖性的定义。安瑟林等（Anselin et al.）人认为，空间依赖性（Spatial Dependence）体现了观测值与区位间的一致性，如果相邻地区间某变量的观测值都是很高或者很低，在空间分布上存在区域集聚现象时，则可以认为地区间在该变量层面存在正向空间自相关。如果相邻区域间的变量观测值高低分明，呈现相异的空间分布态势，则可以认为地区间在该变量层面存在负向空间自相关❶；叶阿忠等的研究认为，空间依赖性意味着地区某一现象或事物在空间分布上缺乏独立性，表现出一定的空间特征，由空间格局和空间距离共同决定现象或事物的空间依赖模式及依赖强度❷。

空间异质性的定义。关于空间异质性（Spatial Heterogeneity）的概念，安瑟林将之定义为地理空间中各区域的现象或事物均有别于其他区域现象或事物的特征❸。此外，空间溢出效应研究起源于赫希曼（Hirshman）的极化-涓滴学说，理查森（Richardson,）在此基础上将地区间的扩散（涓滴）作用称为正溢出效应，回流（极化）作用称为负溢出效应❹。

(一) 空间自相关检验

空间自相关检验是构建空间计量模型的基础和前提条件，本章基于探

---

❶ ANSELIN. L, VARGA. A, ACS. Z. Geographical Spillovers and University Research: A Spatial EconometricPerspective[J]. Growth & Change,2010,31(4):501–515.

❷ 叶阿忠, 吴继贵, 陈生明. 空间计量经济学 [M]. 厦门: 厦门大学出版社, 2015.

❸ ANSELIN. L. Spatial econometrics:methods and models[M]. Dordrecht:Kluwer,1988.

❹ RICHARDSON. H. W. Growth Pole Spillovers:the dynamics of backwash and spread[J]. Regional Studies,2007,41(1):S27–S35.

索性空间数据分析（Exploratory Spatial Data Analysis，ESDA）❶，首先采用全局 Moran's I 指数进行全局自相关检验，用以判断空间数据在整体分布上是否具备显著的集聚或离散特征；再利用局部 Moran's I 指数以表征局域空间相关性及其集聚特征；最后结合 Moran 散点图与局部 Moran's I 指数，绘制局部空间关联指标（Local Indicatior of Spatial Association，LISA）集聚图，对空间样本的集聚类型及显著性水平进行可视化呈现。

1. 全局空间相关及检验

全局空间自相关（Global Spatial Autocorreation）可以从整体上刻画各区域总体上的空间相关和差异情况，其检验一般采用全局 Moran's I 指数❷，以判断空间相邻区域是否存在空间正负相关性，抑或相互独立。全局 Moran's I 指数测算的表达式如式（5-1）所示：

$$\text{Moran's I} = \frac{\sum_{i=1}^{n}\sum_{j\neq i}^{n} w_{ij}(x_i - \bar{x})(x_j - \bar{x})}{S^2 \sum_{i=1}^{n}\sum_{j\neq i}^{n} w_{ij}} \tag{5-1}$$

式中，n 表示地区空间样本总数；x_i 和 x_j 分别表示地区 i 和 j 的观察值；$\bar{x}$ 表示空间样本平均值；$\sum_{i=1}^{n}\sum_{j\neq i}^{n} \omega_{ij}$ 表示所有空间权重之和；$S^2 = \frac{1}{n}\sum_{i=1}^{n}(x_i - \bar{x})^2$ 表示空间样本方差；w_{ij} 表示空间权重矩阵。Moran's I 取值范围在-1 至 1 之间，表征观测值与其空间滞后项间的相关系数，在相关系数显著的前提下，值大于 0 表示空间样本存在正相关性，即呈现高—高或低—低集聚（clustering）效应；值小于 0 表示空间样本存在负相关性，相邻地区的观测值有明

---

❶　ESDA 是一系列空间数据分析方法的集合，是空间计量经济学和空间统计学的基础研究领域，用可视化的方法来描述数据的空间分布规律，识别空间数据的异常值，检测某些现象的空间集聚效应，探讨数据的空间结构，以及揭示现象之间的空间交互作用机制。空间自相关分析中的全局 Moran's I（莫兰指数）和局部 Moran's I 两种分析工具是 ESDA 技术的核心内容。

❷　Moran's I 指数源自统计学中的 Pearson 相关系数，将互相关系数推广到自相关系数，时间序列的自相关系数推广到空间序列的自相关系数，最后采用加权函数代替滞后函数，将一维空间自相关系数推广到二维空间自相关系数，即可推得 Moran's I 指数，实质上为标准化的空间协方差。

显差异,即呈现高—低或低—高集聚效应;值为 0 则说明该变量存在独立分布的空间特征,不存在空间相关性。此外,Moran's I 指数的绝对值越大则空间相关度越大,绝对值越小则空间相关度越小[❶]。

对 Moran's I 指数进行假设检验时,需要依据统计学理论中的"去伪存真"原则判别,通常使用统计量 Z 值来检验 Moran's I 指数在正态分布前提下的显著性,利用 Moran's I 指数的均值和方差构造服从正态分布的 Z 值函数,如式(5-2)所示。

$$Z = \frac{\text{Moran's I} - E(I)}{\sqrt{\text{Var}(I)}} \tag{5-2}$$

其中,$E(I) = \dfrac{-1}{n-1}$ 为 Moran's I 期望值,$\text{Var}(I) = \dfrac{n^2 w_1 + n w_2 + 3 w_0^2}{w_0^2 (n^2-1)} - E^2(I)$,

$w_0 = \sum\limits_{i=1}^{n}\sum\limits_{j=1}^{n} w_{ij}$,$w_1 = \dfrac{1}{2}\sum\limits_{i=1}^{n}\sum\limits_{j=1}^{n} (w_{ij} + w_{ji})^2$,$w_2 = \sum\limits_{i=1}^{n} (w_{i\cdot} + w_{\cdot j})^2$。

$w_{i\cdot}$ 和 $w_{\cdot j}$ 表示空间权重矩阵第 i 行与第 j 列之和。原假设为空间单元的观测值与空间位置间无关联,并以相同的概率随机出现在空间的任何位置上,统计量 Z 值服从正态分布。若显著拒绝原假设,指数值均大于正态分布函数临界值,则表明存在空间相关性,根据 Moran's I 大小即可确定空间的分布形态。

2. 局域空间相关及检验

全局 Moran's I 仅能从长江经济带整体上反映生态环境与科技创新发展的空间分布,但无法描述出局部省市的空间样本集聚效应,地区间的差异很可能被平均化了。事实上,因为地区间的空间异质性客观存在,所以局部地区的空间分布可能呈现出与流域整体不一样的空间特征。因此,有必要再对局域空间相关性进行检验,评测局部省市的空间集聚效应,弥补全局空间自相关的短板。局部 Moran's I 指数的定义与全局 Moran's I 指数相似,具体如式(5-3)所示。

---

❶ 李婧,谭清美,白俊红. 中国区域创新生产的空间计量分析——基于静态与动态空间面板模型的实证研究 [J]. 管理世界,2010(7):43-55,65.

$$I_i(d) = z_i \sum_{j \neq i}^{n} \omega_{ij}' Z_j \qquad (5-3)$$

局部 Moran's I 指数为正，表示邻近空间具有相似类型的要素特征，负值则表示邻近空间的要素特征不同，指数绝对值越大表征邻近程度越大。通过统计量 Z 值可以检验局域 Moran's I 指数的显著性。其中，Moran 散点图和 LISA 集聚图是局域空间自相关的主要检验方法。

（1）Moran 散点图。Moran 散点图是描述区域空间分布不稳定性的可视化形式，其中的四个象限分别对应区域单元与其邻近区域间的四种空间联系类型：第一象限中的点表示具有高观测值的区域相互毗邻或包围，即高—高（High-High，简写为 H-H）集聚类型；第二象限中的点表示低观测值区域，被具有高观测值特征的邻近区域包围，即低—高（Low-High，L-H）空间联系形式；第三象限中的点表示低观测值被同样具有低观测值特征的邻近区域所包围，即低—低（Low-Low，L-L）空间集聚类型；第四象限中的点则表示高观测值被具有低观测值特征的邻近区域所包围，即高—低（High-Low，H-L）空间联系形式[1]。如果空间特征值落在第一、第三象限，表示区域发展具有空间正相关性；如果空间特征值落在第二、第四象限，则表示区域发展具备空间负相关性。

（2）LISA 集聚图。局域空间关联指标（Local indicators of spatial associ-ation，LISA）是由安瑟林所提出的，用以检验局部区域的某变量特征是否具有相关性[2]，与 Moran 散点图的区别在于，LISA 集聚图不仅能够解释具体的空间位置，而且可以识别统计量的显著性，进而甄别出对整体影响较大的空间单元。LISA 一般采用局部 Moran's I 来衡量，计算公式如式（5-4）所示。

$$I_i = \frac{(x_i - \bar{x})}{S_x^2} \sum_{j=1}^{n} w_{it}(x_j - \bar{x}) \qquad (5-4)$$

式中各指标含义与式（5-3）、式（5-4）相同，对 j 的累加不包括地区 i 本身，即（$j \neq i$），I_i 大于 0 时，表明空间样本在局部区域存在正关联性，

---

[1] 李婧，谭清美，白俊红. 中国区域创新生产的空间计量分析——基于静态与动态空间面板模型的实证研究 [J]. 管理世界，2010（7）：43-55，65.

[2] ANSELIN L. Local indicators of spatial association-LISA [J]. Geographical Analysis, 1995, 27(2):93-116.

反之则存在负关联性。当 LISA 显著的前提下，结合 Moran 散点图，能够绘制出 LISA 集聚地图，使各地区集聚效应的 Moran 散点图与 LISA 显著性同时呈现在地图上。

(二) 空间权重矩阵设置

空间权重矩阵 (Spatial Weight Matrix) 是与被解释变量的空间自回归过程相联系的矩阵，该矩阵的选择与设定是外生的，$N \times N$ 维的 W 包含了关于区域 i 和 j 之间相关空间连接的外生信息，只需要权值计算而无需通过模型估得，直接影响到空间计量模型的估计结果，是空间计量经济学的突出功能，也是与传统经济学的主要差异。

定义空间权重矩阵首先需要量化空间样本间的区位，按照"有意义、非负性、有限性"的原则定义样本间的"距离"。学术界常用的空间权重矩阵的设置方式大致可归为三类：第一类包括基于"邻近"概念的空间权重矩阵 (Contiguity Based Spatial Weights)，如一阶邻近矩阵、高阶邻近矩阵；第二类是基于"地理距离"的空间权重矩阵 (Distance Based Spatial Weights)，诸如球面距离、高速运输距离、地区质心距离或区域行政中心所在地间的距离等；第三类包含经济和社会因素的相对复杂的权重矩阵设定方法，诸如通过区域间人之资本流、信息流、地区生产总值、进出口贸易总额等测算及表征各地区变量间的空间权重距离。

1. 邻接空间权重矩阵

常用的 0-1 邻接空间权重矩阵中，若两个空间单元相邻，则权重 W 赋值为 1，若区域不相邻则赋值为 0，因此只有相邻区域间才可能存在空间集聚效应，而不相邻区域间则不存在空间关联性，邻接空间权重矩阵 $W_{i,j}^1$ 的标准定义如式 (5-5) 所示。

$$W_{i,j}^1 = \begin{cases} 0 & \text{地区 } i \text{ 与地区 } j \text{ 不相邻} \\ 1 & \text{地区 } i \text{ 与地区 } j \text{ 相邻} \end{cases} \qquad (5-5)$$

2. 地理空间权重矩阵

0-1 邻接空间矩阵忽略了空间样本间的实际地理距离而产生的强弱影响，地理距离空间权重则假定空间相互作用强度决定于区域间的地理距离远近，相距近的受空间效应影响较大，反之则影响较小。地理距离空间权重矩阵的标准定义如式（5-6）所示，其中 $W_{i,j}^2$ 为地理空间权重矩阵，d_{ij} 为区域间的最短可达高速距离。

$$W_{i,j}^2 = \begin{cases} 0 & (i=j) \\ 1/d_{ij} & (i \neq j) \end{cases} \tag{5-6}$$

3. 经济空间权重矩阵

随着空间计量经济学的发展，学者们认识到将空间相关矩阵元素简单设定为 0-1 或直接带入物理距离的做法过于简单，不能很好地模拟现实的区域经济发展情况。事实上，地区间的空间效应除了受地理距离影响，还受经济发展水平的影响，于是有学者引入了更加复杂的空间相关矩阵形式，将国内生产总值（GDP）或人均 GDP 作为核心参数，将其差额作为经济距离，表征空间权重矩阵中的经济因素。如林光平等、沈能的研究中，先取 i、j 省份间的人均 GDP 之差，再将差值取绝对值后的倒数定义为空间加权矩阵的元素，其表达的经济含义为：发展水平相当的两个地区间的相互影响可能会比较稳定或小，而发展水平差异较大的地区间影响会较大，高水平地区可能与低水平地区间存在更为频繁的贸易互补，技术性转移等[1][2]。因此，地区间经济联系大的赋以更大的权重值，反之则赋以较小的权重值。具体定义如式（5-7）所示。

$$W_{i,j}^3 = \begin{cases} 0 & (i=j) \\ \dfrac{1}{(|PGDP_i - PGDP_j|)} & (i \neq j) \end{cases} \tag{5-7}$$

式中，$W_{i,j}^3$ 为经济距离空间权重矩阵，$1/(|PGDP_i - PGDP_j|)$ 为省市 i 对省市 j 的经济权重。为使空间权重矩阵设置更符合社会经济发展规律，兼顾省市间的经济发展空间异质性与物理距离，本章节构建的"经济-地理复合空间权重矩阵"借鉴 J·伯根（Tinbergen）提出的引力模型与郭文

---

[1] 林光平，龙志和，吴梅. 我国地区经济收敛的空间计量实证分析：1978—2002 年 [J]. 经济学（季刊），2005（S1）：67-82.

[2] 沈能. 能源投入、污染排放与我国能源经济效率的区域空间分布研究 [J]. 财贸经济，2010（1）：107-113.

（2016）的相似研究❶❷，设定的矩阵元素定义如式（5-8）所示。

$$W_{i,j}^4 = \begin{cases} 0 & (i=j) \\ \dfrac{PGDP_i \times PGDP_j}{d_{ij}^2} & (i \neq j) \end{cases} \qquad (5-8)$$

式中，$W_{i,j}^4$ 为经济-地理空间权重矩阵，其他变量含义与前文一致。此外，在构建空间相关矩阵时，一般需要对矩阵进行标准化处理，即将空间矩阵中的每一行元素除以该行的总和，这样每行的总和等于 1，其目的是将所有相邻的空间因素影响之和标准化为 1，将影响绝对值控制在 1 以内。

（三）空间计量模型类型

空间计量经济学是计量经济学的一个分支，由以荷兰学者帕克林克（Paclinck）为代表的学者于 1979 年首次提出的❸。随着空间效应相关理论框架的不断完善，诸多空间计量模型也应运而生，被广泛应用于社会科学的诸多领域。目前，在空间计量模型的诸多类型中，最经典的两个模型当数空间滞后模型与空间误差模型，主要用于分析如何在横截面数据和面板数据的回归模型中处理空间相互作用（空间自相关）和空间结构（空间不均匀性）。

1. 空间滞后模型

空间滞后模型（Spatial Lag model，SLM）是基于时间序列自回归模型，也被称为空间自回归模型（Spatial Autoregressive Model，SAR），研究核心变量是否存在空间交互作用，即空间溢出或扩散现象，反映核心变量不仅受本地外生因素的影响，还受到与其相邻区域的影响。固定效应空间滞后模型的表达式（5-9）所示。

---

❶ TINBERGEN. J. Shaping the world economy：suggestions for an international economic policy[M]. New York：Twentieth Century Fund,1962.

❷ 郭文. 基于环境规制、空间经济学视角的中国区域环境效率研究 [D]. 南京：南京航空航天大学，2016.

❸ PACLINCK, J. , KLAASSEN, L. Spatial Econometrics [M]. Saxon House, Farnborough. 1979.

$$\begin{cases} y_{it} = \rho \sum_{i=1}^{N} wy_{it} + \beta x_{it} + \varepsilon_{it} + \delta_i \\ i = 1, 2, \cdots, N; t = 1, 2, \cdots, T \end{cases} \quad (5-9)$$

式中，y_{it} 表示被解释变量；wy_{it} 表示空间滞后被解释变量；i 表示考察对象；t 表示考察期；ρ 表示待估空间回归系数；w 表示 $n \times n$ 维的空间权重矩阵；β 表示各解释变量的待估系数；x_{it} 表示各解释变量；ε_{it} 表示与时间、个体均无关的随机误差项；δ_i 表示与时间无关与个体有关的随机误差扰动项，ε_{it} 与 δ_i 均满足期望为 0、方差为 σ^2 的独立同分布。若存在空间滞后因变量，则 $\sum_{i=1}^{N} w$ 将变成 $I_T \otimes w$，其中 I_T 为 T 阶单位权重矩阵，$\otimes$ 为克罗内克积。

2. 空间误差模型

空间误差模型（Spatial error model，SEM）因其具有时间序列中的序列相关问题，所以也被称为空间自相关模型（Spatial Autocorrelation model，SAC）。当具有空间关联性区域，由于被解释变量存在误差，研究对象的空间效应存在于不可观测的随机误差项中时，会对本地区属性值产生一定程度的影响，此时适用于 SEM 模型。固定效应空间误差模型表达式（5-10）所示。

$$\begin{cases} y_{it} = \beta x_{it} + \delta_i + \eta_{it} \\ \eta_{it} = \lambda \sum w\eta_{it} + \varepsilon_{it} \\ i = 1, 2, \cdots, N; t = 1, 2, \cdots, T \end{cases} \quad (5-10)$$

式中，η 表示随机误差向量；λ 表示 $n \times 1$ 的为被解释变量向量的空间误差系数；ε 表示随机误差向量，具有服从正态分布的特征，函数表达式中其他参数含义与式（5-9）相同。

总体说来，如果要考察变量之间由于空间交互作用而产生的相关性，则适合利用空间滞后模型估计考察变量之间的影响关系；若考察变量之间由于干扰性误差而产生空间相关性，则更适合利用空间误差模型描述考察变量之间的关系[1]。但这两种模型虽能反映地区间的空间依赖效应，但二者皆无法同时考虑模型中解释变量和被解释变量的空间相关性，这时就有必

---

[1] 胡晓琳. 中国环境全要素生产率测算、收敛及其影响研究 [D]. 南昌：江西财经大学，2016.

要引入空间杜宾模型。

3. 空间杜宾模型

勒萨热和佩斯（Le Sage & Pace）在研究中指出，如假设被解释变量不仅受自身解释变量的影响，有时还会受到其他地区解释变量滞后项和被解释变量滞后项的作用，这时空间杜宾模型（Spatial Durbin model，SDM）就可以很好地捕捉不同来源地所产生的外部性和溢出效应[1]。此外，埃洛斯特（Elhorst）提出基于杜宾模型可在数据回归估计过程中得到系数的无偏估计，同时在模型设置时，未预先施加任何限制干扰潜在空间溢出效应的规模，使模型估计结果及其对溢出效应的估计更具一般性[2]，模型表达式如式（5-11）所示，式中参数含义与式（5-9）、（5-10）相同。

$$\begin{cases} y_{it} = \rho w y_{it} + \beta x_{it} + \varphi w x_{it} + \varepsilon_{it} \\ i = 1, 2, \cdots, N; t = 1, 2, \cdots, T \end{cases} \qquad (5-11)$$

由于空间杜宾模型中存在被解释变量的空间滞后项，导致模型估计系数无法直接反映解释变量对被解释变量的空间溢出效应，因此勒萨热等对空间杜宾模型参数的释义采用了空间回归"偏导矩阵"法（Spatial Regression Model Partial Derivatives），提出了"溢出效应"概念，进而将解释变量对被解释变量的空间效应分解为总效应、直接效应和间接效应[3]。总效应是指解释变量对其他地区造成的平均影响，直接效应是指解释变量对本地造成的平均影响，间接效应则是指解释变量对其他地区造成的平均影响。将式（5-11）改写成式（5-12）。

$$(I_n - \rho w) y_{it} = \beta x_{it} + \varphi w x_{it} + \varepsilon_{it} \qquad (5-12)$$

在式（5-12）两边同时除以（$I_n - \rho w$），记为

$$y_{it} = \sum_{g=1}^{m} S_g(w) x_g + V(w) \varepsilon_{it} \qquad (5-13)$$

---

❶ LE SAGE. J, PACE. R. K. Introduction to spatial econometrics [M]. New York: CRC Press, 2009: 27-41.

❷ ELHORST. J. P, FISCHER. M. M, GETIS. A. Handbook of applied spatial analysis [J]. Methods, 2010.

❸ LE SAGE. J, PACE. R. K. Introduction to spatial econometrics [M]. New York: CRC Press, 2009: 27-41.

式 (5-13) 中，$S_g(\boldsymbol{w}) = V(\boldsymbol{w})(I_n\beta_g + \varphi_g\boldsymbol{w})$，$V(\boldsymbol{w}) = (I_n - \rho\boldsymbol{w})^{-1}$，将式 (5-13) 展开为

$$
\begin{bmatrix} y_1 \\ y_2 \\ \vdots \\ y_n \end{bmatrix} = \sum_{g=1}^{m} \begin{bmatrix} S_g(\boldsymbol{w})_{11} & S_g(\boldsymbol{w})_{12} & \cdots & S_g(\boldsymbol{w})_{1n} \\ S_g(\boldsymbol{w})_{21} & S_g(\boldsymbol{w})_{22} & \cdots & S_g(\boldsymbol{w})_{2n} \\ \vdots & \vdots & \vdots & \vdots \\ S_g(\boldsymbol{w})_{n1} & S_g(\boldsymbol{w})_{n2} & \cdots & S_g(\boldsymbol{w})_{nn} \end{bmatrix} \begin{bmatrix} x_{1g} \\ x_{2g} \\ \vdots \\ x_{ng} \end{bmatrix} + V(\boldsymbol{w})\varepsilon_{it}
$$

$$(5-14)$$

$$
y_{it} = \sum_{g=1}^{m} [S_g(\boldsymbol{w})_{i1}x_{1g} + \cdots + S_g(\boldsymbol{w})_{in}x_{ng}] + V(\boldsymbol{w})_i \varepsilon_{it} \qquad (5-15)
$$

式中，x_{ig} 表示第 i 省份的第 g 个解释变量的取值；$S_g(\boldsymbol{w})_{in}$ 表示空间权重矩阵 $S_g(\boldsymbol{w})$ 第 i 行第 n 列的值；$V(\boldsymbol{w})_i$ 表示空间权重矩阵 $V(\boldsymbol{w})$ 第 i 行的值。根据式 (5-14) 和式 (5-15) 可得

$$
\frac{\partial y_{it}}{\partial x_{ig}} = S_g(\boldsymbol{w})_{ii} \qquad (5-16)
$$

式 (5-16) 表示地区 i 的解释变量对当地被解释变量 y 造成的平均影响，也称直接效应，直接效应中 $S_g(\boldsymbol{w})$ 对角线元素的平均值估计式表示如下：

$$
\overline{V}(g)_{直接效应} = n^{-1}\mathrm{tg}[S_g(\boldsymbol{w})] \qquad (5-17)
$$

同理，由式 5-14 和式 5-15 可得

$$
\frac{\partial y_{it}}{\partial x_{ig}} = S_g(\boldsymbol{w})_{ij} \qquad (5-18)
$$

式 (5-18) 表示地区 i 的解释变量对地区 j 的被解释变量 y 的平均影响，也称为间接效应，间接效应中 $S_g(\boldsymbol{w})$ 非对角线元素的平均值估计式表示如下：

$$
\overline{V}(g)_{间接效应} = \overline{V}(g)_{总效应} - \overline{V}(g)_{直接效应} \qquad (5-19)
$$

总效应为空间权重矩阵 $S_g(\boldsymbol{w})$ 中所有元素的平均值，表达式如下：

$$
\overline{V}(g)_{总效应} = n^{-1}M_n^{-1}S_g(\boldsymbol{w})M_n \qquad (5-20)
$$

式中，$M_n = (1\cdots1)_{1 \times n}^T$。

1971 年埃利奇和霍尔登提出了 IPAT 模型，然而该模型无法进行假设检验，自变量对因变量的弹性系数恒等于 1，导致研究结论往往与现实情况相悖。为了弥补 IPAT 模型的缺陷，本章借鉴迪茨和罗莎的研究成果，在引入

随机因素的 STIRPAT 模型的基础上，结合前文的文献梳理与作用机制构建，添加了影响生态环境的其他关键因素，对传统 STIRPAT 模型进行了一定程度的拓展与变形，并选择比尔等改进的可以解决面板数据的空间杜宾模型进行估计[1]，最终构建的计量模型如式（5-21）所示。

$$\ln y_{it} = c + \rho \sum_{j=1}^{N} w_{ij}\ln y_{it} + \alpha \ln x_{it} + \sum_{j=1}^{N} w_{ij}\ln x_{it}\gamma + \lambda_t + \mu_i + \varepsilon_{it}$$

$$(5-21)$$

式中，y_{it} 表示被解释变量（生态环境）；x_{it} 表示解释变量，包括人口、经济和技术等影响因素；α 表示自变量系数，c 表示常数项；ρ 表示因变量空间自回归系数；γ 表示自变量空间滞后系数；μ_i 表示空间特质效应；λ_t 表示时间特质效应；ε_{it} 表示残差项，w_{ij} 表示 11×11 的空间权重矩阵中，第 i 行第 j 列的数值，$w_{ij}x_{it}$ 表示各个空间要素之间的关联性和互相影响程度。此外，根据埃洛斯特关于空间计量模型的研究理论[2]，若 ρ 显著为 0，则模型可简化为空间误差模型（SEM），若 γ 显著为 0，则可转换为空间滞后模型（SLM）[3]。

（四）模型类型选择原则

囿于面板数据本身的属性特征，所以基于面板数据的空间计量模型既要比照与传统普通最小二乘法（Ordinary Least Square，OLS）的区别，也要在诸如空间滞后模型（SLM）、空间误差模型（SEM）、空间杜宾模型（SDM）等经典空间计量经济模型间进行择优选择，着重考量核心变量的固定效应、随机效应、虑及固定效应中的时间固定效应、个体固定效应以及

[1] BEER C, RIEDL A. Modelling spatial externalities in panel data The Spatial Durbin model revisited[J]. Regional Science, 2012, 91(2): 299-318.

[2] 在选用空间计量模型进行回归分析时，如果 Wald 检验和 LR 检验的结果皆显著，那么就可以选择空间杜宾模型 SDM 参与分析，如果 Wald 检验和 LR 检验的结果中有一个不显著或者皆不显著，那么根据相关准则原理，可以将 SDM 模型简化为空间误差模型 SEM 和空间滞后模型 SLM。

[3] 汪发元, 郑军, 周中林, 等. 科技创新、金融发展对区域出口贸易技术水平的影响—基于长江经济带 2001-2016 年数据的时空模型 [J]. 科技进步与对策, 2018, 35(18): 66-73.

时间、个体双重固定效应等。因此，在选择各类空间面板计量模型前，需要对备选模型进行假设检验，通常采用拉格朗日乘数（LM）检验与豪斯曼（Hausman）检验。

因事先无法通过先验经验判别检验假设的真伪，因此通常先构建一种符合客观实际的判别准则以决定事后选择哪类空间计量模型。根据安瑟林等提出的判别步骤❶，首先利用传统 OLS 模型检验空间自相关性，对比分析 LM 统计量中的 LM-lag 和 LM-err 系数的显著性。如果均不显著，则无需通过空间计量模型实证分析；若 LM-lag 显著，则采用空间滞后模型（SLM）；若 LM-err 显著，则采用空间误差模型（SEM）；若 LM-lag 与 LM-err 均显著，需要再对比 Robust LM-lag 与 Robust LM-err 的显著性。若 Robust LM-lag 显著，且 Robust LM-err 不显著，或 Robust LM-lag 较 Robust LM-err 更显著，则适合选择空间滞后模型。若 Robust LM-err 显著，且 Robust LM-lag 不显著，抑或 Robust LM-err 较 Robust LM-lag 更显著，则适合选择空间误差模型。具体选择步骤如图 5-1 所示。

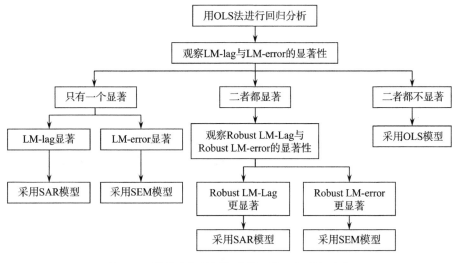

图 5-1　最优空间计量经济模型的一般选择流程

---

❶　ANSELIN. L, BERA. A. K, FLORAX. R, et al. Simple diagnostic tests for spatial dependence[J]. Regional science and urban economics, 1996, 26(1): 77-104.

因为空间杜宾模型是空间滞后和空间误差模型的一般形式，所以基于上述选择流程，也可以在空间自相关性存在后，进一步通过 Wald 统计量和 LR 统计量检验空间杜宾模型可否简化为空间滞后模型或空间误差模型。Wald 统计量和 LR 统计量均服从自由度为 K 的 chi-square distribution 卡方分布，若原假设中的解释变量系数、滞后项系数与误差项系数均显著不为 0，则应选择空间杜宾模型；若其中一个系数显著为 0 或 LM 检验显著性更高，则可以简化为空间滞后模型或空间误差模型；如 LM 统计量和 Wald 或 LR 统计量指向的模型不一致，亦可选择空间杜宾模型。

1. LM 检验

空间面板滞后模型和空间面板误差模型中 LM 检验的估计公式如下：

$$LM(lag) = \frac{[e^{T}(I_T \otimes w)Y\hat{\sigma}^{-2}]^2}{Q} \tag{5-22}$$

$$LM(err) = \frac{[e^{T}(I_T \otimes w)e\hat{\sigma}^{-2}]^2}{TT_w} \tag{5-23}$$

公式（5-22）和公式（5-23）中的 I_T 为 T 阶单位矩阵，e 为不具有个体和时间效应的混合估计的残差向量，Q 和 T_w 表达式如下：

$$Q = \frac{1}{\hat{\sigma}^2}\{((I_T \otimes w)\hat{\beta}X)^{T}[I_{NT} - X(X^{T}X)^{-1}X^{T}](I_T \otimes w)\hat{\beta}XTT_w\hat{\sigma}^2\}$$

$$\tag{5-24}$$

$$T_w = trace(ww + ww^{T}) \tag{5-25}$$

稳健 LM 检验的估计表达式（5-26）、（5-27）如下所示：

$$Robust - LM(lag) = \frac{[e^{T}(I_T \otimes w)Y\hat{\sigma}^{-2} - e^{T}(I_T \otimes w)e\hat{\sigma}^{-2}]^2}{Q - TT_w} \tag{5-26}$$

$$Robust - LM(err) = \frac{\left[e^{T}(I_T \otimes w)e\hat{\sigma}^{-2} - \frac{TT}{Q}e^{T}(I_T \otimes w)Y\hat{\sigma}^{-2}\right]^2}{TT_w\left[1 - \frac{TT}{Q}\right]^{-1}}$$

$$\tag{5-27}$$

2. Hausman 检验

在选定空间面板模型的类型后，还需要选择面板数据的"随机效应"与"固定效应"进行选择。本章节采用"随机效应模型"分析，将 Hausman 检验的原假设设定为 H_0，如果 Hausman 检验后的统计量在 5% 的水平下显著，则应该选择随机效应模型参与分析，具体表达式（5-28）所示：

$$\begin{cases} H_0: h = 0 \\ h = d^{\mathrm{T}} \left[\mathrm{var}(d) \right]^{-1} d \\ d = \hat{\beta}_{FE} - \hat{\beta}_{RE} \\ \mathrm{var}(d) = \hat{\sigma}_{RE}^2 (X^{\cdot \mathrm{T}} X^{\cdot})^{-1} - \hat{\sigma}_{FE}^2 (X^{*\mathrm{T}} X^{*})^{-1} \end{cases} \quad (5-28)$$

若拒绝原假设，则采用固定效应进行模型估计。除此以外，还可以利用"固定效应模型"分析，进行 LR 检验，如果检验结果中的统计量可以在 5% 的水平下显著，则应该选择固定效应模型参与分析。

（五）本章实证研究步骤

本章研究的目的是检验长江经济带各省市生态环境与科技创新间的"空间"非均衡影响关系，验证两核心变量在考察期内是否具有显著的空间相关特征，是否存在空间集聚或空间溢出效应。因此，根据研究目的，选择了上述相匹配的研究方法，后续研究的实证步骤与分析逻辑框架具体如图 5-2 所示。

二、数据来源及说明

本章的研究数据和上一章节基本一致，在保证原始数据可获得性及连续性的基础上，选取 1998—2016 年长江经济带 11 省市的面板数据参与实证分析。数据大体源于考察期内的《中国统计年鉴》《中国科技统计年鉴》《中国环境统计年鉴》《中国人口和就业统计年鉴》及各省市的年度统计年鉴、环境统计公报，对因特殊原因而缺失的数据采用插值法、灰色预测法补齐。

其中，两个核心变量分别为生态环境（ECO）与科技创新（STI）。虽然既存研究中都普遍选择单个参数指标作为代理变量，来表达目标构念的

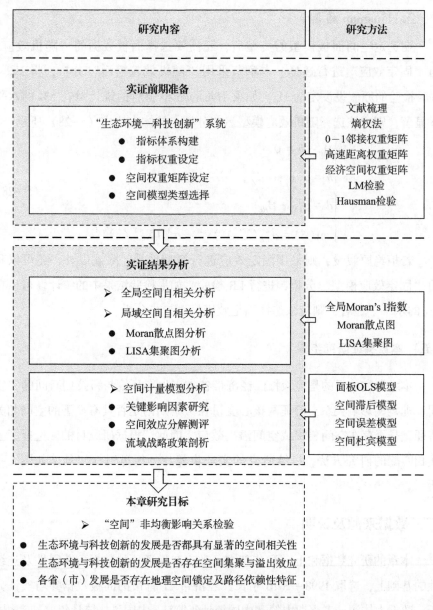

图5-2 实证研究逻辑思路图

发展状态,但是本书认为,单一指标仅是反映构念的一个有用代理,并不能完全反映目标构念的状态,忽略了其他相关指标的累积解释贡献度。因此,本部分核心变量的测算仍参照前章节的做法,通过构建指标体系,推算出"生态环境"与"科技创新"的综合评价值，反映区域科技创新与生态环境的整体发展水平。

鉴于长江经济带上、中、下游各省市间存在明显的经济发展差异，因此在全流域分析模型及各区分析模型的构建时引入控制变量，以提升地区间的可比性。控制变量具体包括宏观及微观指标，都以代理变量呈现，具体包括经济发展水平（PGDP）、资本存量（CAPS）、工业结构占比（INS2）、外商直接投资（FDI）、对外开放度（OPEN）、人力资本（HUMC）、居民消费水平（HOUC）。具体研究变量释义与上一章节相同，在本章节不再赘述。

另外，实证部分的空间权重矩阵分别使用了邻接0-1权重矩阵、省市间高速距离反距离权重矩阵❶，以及经济—地理距离权重矩阵三种矩阵类型，但结合各类矩阵的模型估计系数、显著性及其经济学释义，最终选择高速距离反距离权重矩阵参与分析。具体权重矩阵见附录所示。

三、长江经济带实证结果与分析

根据上文陈述的研究方法，本节使用STATA15.0与Geoda两种软件参与实证分析，测评长江经济带11省市在考察期内科技创新与生态环境的空间非均衡发展关系及其影响因素，具体实证结果与分析如下。

（一）全局空间自相关分析

采用ESDA中的全局Moran's I指数，检验生态环境与科技创新的空间自相关性，反映其在长江经济带的空间依赖程度，结果如表5-1所示。

---

❶ 反距离权重（Inverse distance weighting，IDW），假设彼此距离较近的事物要比彼此距离较远的事物更相似，即每个测量点都有一种局部影响，而这种影响会随着距离的增大而减小。当为任何未测量的位置预测值时，反距离权重法会采用预测位置周围的测量值，与距离预测位置较远的测量值相比，距离预测位置最近的测量值对预测值的影响更大。由于这种方法为距离预测位置最近的点分配的权重较大，而权重却作为距离的函数而减小，因此称之为反距离权重法。

表 5-1　1998—2016 年长江经济带科技创新与生态环境全局 Moran's I

年　份	科技创新			生态环境		
	Moran's I	Z 值	p 值	Moran's I	Z 值	p 值
1998	0.079	1.918	0.028	0.031	1.548	0.061
1999	0.094	2.098	0.018	0.084	1.943	0.026
2000	0.107	2.218	0.013	0.085	1.912	0.028
2001	0.100	2.151	0.016	0.067	1.777	0.038
2002	0.138	2.556	0.005	0.069	1.842	0.033
2003	0.173	2.932	0.002	0.098	2.227	0.013
2004	0.142	2.614	0.004	0.035	1.588	0.056
2005	0.174	2.903	0.002	0.079	2.322	0.010
2006	0.192	3.088	0.001	0.111	2.432	0.008
2007	0.158	2.786	0.003	0.051	1.914	0.028
2008	0.145	2.667	0.004	0.120	2.866	0.002
2009	0.158	2.810	0.002	0.136	2.466	0.007
2010	0.114	2.384	0.009	0.076	1.980	0.024
2011	0.125	2.755	0.003	0.061	2.341	0.010
2012	0.113	2.647	0.004	0.161	3.187	0.001
2013	0.129	2.805	0.003	0.187	3.231	0.001
2014	0.131	2.778	0.004	0.226	3.458	0.000
2015	0.154	2.909	0.002	0.208	3.388	0.000
2016	0.180	3.090	0.001	0.248	3.606	0.000

　　1998—2016 年间，科技创新与生态环境的全局 Moran's I 指数在 0.031 至 0.248 之间波动，均达到 10% 的显著性水平，说明长江经济带 11 省市的科技创新与生态环境两项指标都存在显著的空间正相关性，存在"高—高"集聚与"低—低"集聚的现象，即科技创新（或生态环境）水平高的省市趋向于与其他科技创新（或生态环境）水平高的省市临近，而科技创新（或生态环境）水平低的省市亦存在与其他低水平发展的省市临界。因此，在研究长江经济带生态环境和科技创新发展时，有必要对沿江各省市的空间集聚效应与空间溢出效应做进一步分析。

　　考察期内流域生态环境与科技创新的全局 Moran's I 指数运行趋势如图 5-3 所示，科技创新全局 Moran's I 指数由 0.079 上升至 0.180，生态环境的全局 Moran's I 指数由 0.031 上升至 0.248。总体上看，11 省市间科技创新与生态环境两项指标的空间集聚强度波动上升趋势明显：科技创新的 Moran's I 指数在 1998 年至 2003 年间增长明显，考察期内的极值（0.192）出现在 2006 年，随后至 2010 年间有明显的波动下降趋势，而在最近几年一直呈提升态势；生态环境的 Moran's I 指数先期一直在 0.1 左右浮动，但从 2011 年开始不断上升，极值（0.248）出现在 2016 年。初步判断，长江经济带的沿线中心省市与周边地区间的生产要素互动加剧，区域一体化进程也促进了省际间的合作与分工，造成空间集聚程度的加强。换而言之，沿岸省市的科技创新与生态环境的发展，不但与本区域发展有关，也开始逐渐与邻近省份诸如产业、技术、资源、环境等因素产生互动影响。

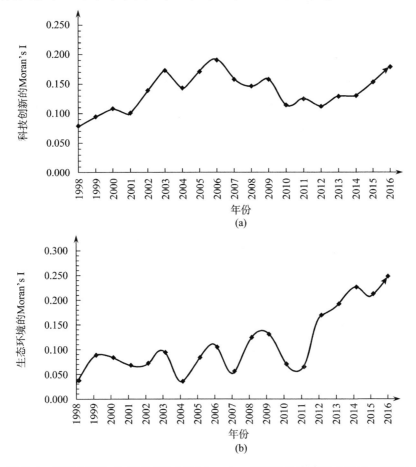

图 5-3　科技创新与生态环境的全局 Moran's I 指数演化趋势图（1998—2016）

（二）局域空间自相关分析

生态环境与科技创新的全局 Moran's I 指数仅能说明长江经济带整体存在空间正相关关系，但不能呈现局部地区间的具体情况：个别省份间不仅可能存在高观测值"优势集聚"的现象，也有可能出现"劣势抱团"的情形，抑或个别省份间偏离了正相关性，呈现出"低—高""高—低"集聚的态势，因而亦有必要检验地区间的局域自相关性。所以，本节根据考察期首尾年份的 Moran 散点图和 LISA 集聚图，进一步判断各省市的局域空间相关性。

1. Moran 散点图分析

Moran 散点图是对空间滞后因子 z 和 Wz 进行了可视化后的二维图示。其中 $z_i = x_i - \bar{x}$ 是空间滞后因子，W 是空间权重矩阵，Wz 是对观测值的空间加权。在图中的 W（z，Wz）为坐标点，横轴表征各地区观测值的离差 Z，纵轴表征空间滞后值 Wz。散点图可以直观显示地区间某指标的空间关联类型，按照地区指标变量在散点图中的所属象限及坐标，判别地区变量的空间集聚集团。

生态环境与科技创新的 Moran 散点图分别如图 5-4、图 5-5 所示，1998年各省市生态环境与科技创新的莫兰指数相对分散，局部空间集聚特征并不明显。而 2016 年绝大多数省市的数值基本已经集聚在第一与第三象限，趋势线的斜率增大，表明当前长江经济带生态环境与科技创新的发展存在空间集聚效应，呈现高值集聚和低值集聚特征。一方面说明随着时间的推移，流域发展的空间集聚程度增强；另一方面也反映出局部地区间的差距扩大，存在两极分化现象。

具体分析生态环境散点图。一方面，江浙皖三地始终属于"高—高"集聚状态，上游川渝云贵四地停留在"低—低"集聚的状态且位置变化不大，江西也一直被较高观测值的邻近区域包围；另一方面，上海由受周边地区的带动，状态跃迁至"高—高"集聚象限，而中游两湖地区则陷入"低—低"集聚状态。

具体分析科技创新散点图。在考察期的首尾年度，位于 H—H 象限中的始终是江浙沪三地，并未检测出空间集群结构位移；L—H 象限的赣皖两省没有缩小与长三角的差距，始终被具有高观测值特征的邻近江浙沪三地所包围；原本处于 H—L 象限的四川也失去了其科创极化区的地位，跃迁至 L—L 象限，L—L 象限的范围也被进一步扩大。

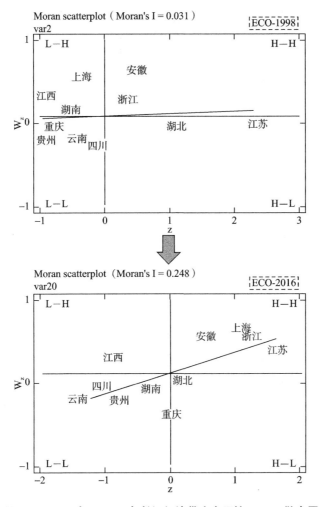

图 5-4　1998 年、2016 年长江经济带生态环境 *Moran* 散点图

2. Moran 散点时空跃迁分析

由于 Moran's I 散点图仅可以判断单个省市与相邻省市间的空间集聚类型，无法对局部相关性进行显著性检验，需要进一步分析局域 LISA 统计值

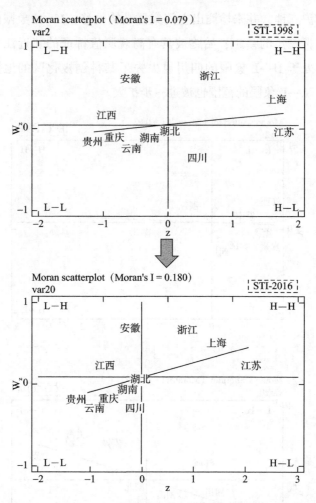

图5-5　1998年、2016年长江经济带科技创新 *Moran* 散点图

及其显著性水平。考察期始末的生态环境与科技创新 LISA 集聚类型，具体分为 H—H、H—L、L—H、L—L 及不显著五种集聚类型。

　　计算结果与上节散点图结果相符。目前，长江下游地区具有显著的"高—高"优势集聚特征，说明长三角地区不但自身生态环境与科技创新的发展水平较高，而且与周边邻接省市间的交流合作也很紧密，促成周围地区生态环境与科技创新的发展也呈现出较高水平，在一定程度上可以认为长三角地区的发展具有较强的正向辐射作用，是长江经济带的"扩散中心"；而长江中上游地区具有显著的"低—低"劣势集聚特征，说明长江中、上游各省市及其与之相邻地区的生态环境与科技创新，相对于长三角地区的发展水平较低，邻接省市间的负向影响较明显，在一定程度上抑制了该地区的发展，也可以认为该区域是流域发展的"低洼中心"。皖赣两省的"高—低"集聚特征明显，表明自身较高的发展水平并不能促进邻接区域的发展，反而对邻接省市发展有抑制作用，因此认为皖赣两省是流域生态环境与科技创新发展的"极化中心"。

从表 5-2 所示的莫兰散点时空跃迁层面分析，考察期内流域生态环境与科技创新的发展皆呈现"东高西低"的空间集聚特征，这也验证了上一节全流域的发展呈显著空间正相关的结论；从考察期首尾年各象限所包含的省市来看，只有少数省份存在象限跃迁现象，地区生态环境与科技创新的发展存在地理空间锁定现象和路径依赖特征。由此可见，地区间的差异扩大所引发的极化效应，进一步加剧了长江流域上、中、下游各省市间的空间非均衡发展态势。

表 5-2　1998 年、2016 年长江经济带生态环境与科技创新的 Moran 散点时空跃迁

变量	年份	第一象限	第二象限	第三象限	第四象限
		（高—高）	（低—高）	（低—低）	（高—低）
ECO	1998	江苏、浙江、安徽	湖北、湖南	四川、重庆、贵州、云南	上海、江西
	2016	上海、江苏、浙江、安徽	—	湖北、湖南、四川、重庆、贵州、云南	江西
STI	1998	上海、江苏、浙江	四川	湖北、湖南、重庆、贵州、云南	安徽、江西
	2016	上海、江苏、浙江	—	湖北、湖南、四川、重庆、贵州、云南	安徽、江西

（三）空间计量模型分析

上文已对相关参数取自然对数以消除时间序列中的异方差。此外，为了避免空间计量分析时可能出现的"伪回归"情况，本章已经对所有变量的数据平稳性进行了单位根 ADF 检验，具体见附录。虽然部分变量的水平值在截距项或趋势项有不显著的情况，但所有变量的一阶差分在 1%、5%

的显著性水平上都拒绝存在单位根的原假设，均为一阶单整的 I（1）型，平稳性检验通过；其次，将 Pedroni 检验、Kao 检验和 Johansen 检验 3 种面板数据模型的协整检验方法相结合，综合判断变量间是否具有协整关系，具体方法介绍见下一章（二）部分，协整检验结果如表 5-1、表 5-2 所示，相关统计量与最大特征值均在 1% 显著性水平下拒绝原假设，变量间存在协整关系，各变量间存在长期的动态均衡关系，可进行后续回归分析。

采用普通面板数据 OLS 模型估算流域生态环境的空间特征，回归残差的空间自相关性检验结果如表 5-3 所示，Moran's I 指数为 0.096，通过了 1% 水平下的显著性检验，因此拒绝不存在空间效应的原假设，表明长江经济带生态环境的发展存在显著的空间依赖特征，这也验证了从空间溢出视角，探讨科技创新对生态环境非均衡影响的必要性；其次，拉格朗日乘数（LM）检验显示，LM-lag、LM-error 均通过了 1% 的显著水平检验，需要进一步通过 Wald 统计量和 LR 统计量检验空间杜宾模型可否简化为空间滞后模型或空间误差模型；Hausman 检验显示，Chi-Sq. Statistic 为 5.69，且通过 1% 的显著性水平检验，因此构建固定效应模型，拒绝随机效应模型。事实上，固定效应模型可以考虑不同省市间的发展情境差异对生态环境的影响，而随机效应模型则对省域异质性有所忽略，因而选择固定效应模型参与实证分析更符合客观现实状况。

表 5-3 耦合协调度等级划分

检 验	Moran's	LM-lag	Robust LM-lag	LM-Error	Robust LM-Error
统计量	0.096***	32.940***	39.607***	5.102***	6.765***
概率值	0.000	0.000	0.000	0.000	0.000

注：***表示在 1% 的水平下显著。

为了清晰地比照传统 OLS 模型、空间滞后模型、空间误差模型及空间杜宾模型间的回归结果差异，表 5-4 同时给出了四种方法的估算结果。其中空间杜宾模型 1-3 分别对应固定效应中的时间固定效应、空间固定效应，以及时间与空间双固定效应。具体分析实证结果：首先，SDM 模型的 Wald Test、LR Test 皆在 1% 水平下显著，不可退化为 SLM 或者 SEM，考察 λ/ρ、

Log Likelihood 的显著性水平，并根据拟合度 R^2 以及对数似然值 Log likeli-hood 值越大拟合效果越好的原则，发现空间杜宾模型也均优于空间误差模型与空间滞后模型；其次，引入空间变量后的回归模型拟合度大都明显高于传统 OLS 回归模型，部分解释变量的估计系数及显著性也有所提升，表明倘若忽略空间因素所造成的影响，各解释变量对生态环境的影响作用会被低估，空间面板计量模型的估计结果可能更符合客观实际；最后，结合各自变量估计系数及其经济学释义，选择时间固定效应下的空间杜宾模型结果进行分析。

表 5-4　空间计量模型估计结果

变　量	OLS 模型	SLM 模型	SEM 模型	SDM 模型-1	SDM 模型-2	SDM 模型-3
STI	0.347 ***	0.322 ***	0.352 ***	0.625 ***	0.259 ***	0.267 ***
	(6.47)	(8.53)	(8.61)	(10.98)	(2.80)	(2.60)
PGDP	0.000	0.000 **	0.000 *	0.000	0.000 ***	0.000 ***
	(1.59)	(2.37)	(1.68)	(0.80)	(5.71)	(4.29)
INS2	0.361 **	0.276 ***	0.289 ***	-0.511 ***	0.087	0.266 *
	(2.48)	(2.71)	(2.61)	(-3.09)	(0.67)	(1.90)
CAPS	0.000 *	0.000	0.000 **	0.000 ***	0.000	0.000
	(1.83)	(1.59)	(2.22)	(4.70)	(-0.31)	(-0.78)
OPEN	-0.120 ***	-0.122 ***	-0.120 ***	-0.046 *	0.080 ***	0.048 *
	(-4.43)	(-5.82)	(-5.24)	(-1.88)	(2.92)	(1.94)
FDI	1.360 **	0.598	1.346 **	1.416 ***	1.149 **	1.424 ***
	(2.23)	(1.16)	(2.46)	(2.80)	(2.14)	(3.22)
HUMC	-0.0199	-0.0158	-0.0176	-0.027 **	0.036 **	0.024
	(-1.42)	(-1.52)	(-1.52)	(-2.16)	(2.27)	(1.40)
HOUC	0.000	0.000 *	0.000	-0.000	-0.000 ***	-0.000 **
	(-0.99)	(-1.67)	(-1.13)	(-1.57)	(-3.19)	(-2.26)
rho	—	16.686 ***	—	0.589 ***	0.298 **	1.108 ***
		(6.25)		(3.17)	(2.09)	(6.24)
Lambda	—	—	0.965 ***	—	—	—
			(47.71)			

变量	OLS 模型	SLM 模型	SEM 模型	SDM 模型-1	SDM 模型-2	SDM 模型-3
Log（-L）	—	268.533	252.095	417.042	366.401	400.405
R^2	0.653	0.619	0.669	0.970	0.936	0.927
效应类型	固定效应	固定效应	固定效应	时间固定	空间固定	时空固定

注：*、**、***分别表示在10%、5%、1%水平下显著，OLS模型括号内为 t 值，其余模型括号内为 Z 值。

1. 影响因素分析

正向影响因素方面，科技创新对生态环境的促进系数为0.625。据权威统计数据显示，全流域考察期首尾年间的 R&D 强度从0.482%上升至1.823%，废水排放总量降低至原来的56.149%，工业固体废物产生量减少至原来的32.840%。由此可见，在国家政策的引导下，考察期内流域的科技创新与生态环境的水平均有一定程度的提高，产业的提质增效的同时，缓解了生态环境的压力；FDI 的拉动系数为1.416，初步判断，流域整体在利用外商直接投资方面已经从盲目全盘接纳转为选择性甄别招商，从进口商品弥补国内市场需求转为出口商品拓展国际市场供给。随着长江经济带战略在沿江省市的深入，这种转变不仅可以缓解地区发展的资金流通压力，而且可以通过外企的先进技术和管理理念提升产业发展效率，间接缓解投资地的生态环境压力；资本存量对生态环境的正向影响系数，低于科技创新与 FDI 的影响系数，一方面近些年流域各地大规模的基础设施建设对生态环境修复方面的成效明显，另一方面也说明流域生态文明建设正由固定资本依赖转向效率更高层次的技术与管理依赖。

负向影响因素方面，流域整体工业占比的粗放式增加与生态环境间存在负相关，弹性系数为-0.511，虽然诸如长三角地区的工业发展已经初步完成了技术密集型和知识密集型产业结构调整，但流域大部分地区的低端制造业基数较大，资源环境依赖型、劳动密集型、资本密集型等传统产业占比较高，向高技术产业、装备制造业转型升级的步伐滞后；流域的对外开放度对生态环境产生了负面影响，弹性系数为-0.076，揭示出沿江部分省市在出口贸易过程中的传统资源类产品比重较大，很可能因诸如矿产、

塑胶、化工等制品的生产而污染了周边的环境；人力资本的弹性系数为
-0.027，这也与前文的结论相似，反映出居民受教育水平的增高虽然一定
程度上增强了环保意识，但尚未抵消由其所刺激而增加的消费品废弃物的
间接污染。

　　鉴于各影响因素的弹性系数及显著性较上章节对"阶段性非均衡关系"
研究中的数值相差不大，因此本章对各解释变量弹性系数的释义及其成因不
再赘述，下文主要从空间角度分析各解释变量的空间溢出效应及其成因。

2. 效应分解分析

　　从上表 4 中空间层面的 ρ 值可以判断，邻近地区生态环境的发展每提升
1%，会带动本地生态环境 0.589% 的发展，这种空间溢出效应反映出长江
经济带生态环境发展具备一定程度的集聚特征。根据 SDM 的理论，如果解
释变量空间滞后项系数显著不为零，则要对其进行空间效应分解，再进行
研究❶，因为 SDM 模型存在自变量的空间滞后项，因此前文的估计系数并
不能直接反映解释变量对被解释变量的边际效应，仅反映出其在影响关系
及显著性上是有效的。进一步将解释变量的影响效应分解，一部分为本地
解释变量对解释变量影响的"直接效应"，另一部分是与本地区解释变量对
邻近地区被解释变量影响的"间接效应"，即溢出效应。具体效应分解结果
如表 5-5 所示。

表 5-5　SDM 模型的直接效应和间接效应

变　量	直接效应		间接效应		总效应	
	Coef.	z	Coef.	z	Coef	z
STI	0.601***	(11.23)	0.299	(1.57)	0.900***	(4.20)
PGDP	0.000*	(1.10)	0.000	(-0.46)	0.000	(-0.16)
INS2	-0.160*	(-0.98)	-3.744***	(-5.51)	-3.904***	(-5.01)
CAPS	0.000***	(3.94)	0.000***	(4.16)	0.000***	(4.47)
OPEN	-0.035	(-1.39)	-0.125*	(-1.77)	-0.160**	(-2.19)

---

　　❶　LE SAGE. J, PACE. R. K. Introduction to spatial econometrics [M]. New York：CRC Press，2009：27-41.

续表

变量	直接效应		间接效应		总效应	
	Coef.	z	Coef.	z	Coef	z
FDI	1.714***	(3.40)	-1.475*	(-1.46)	0.239	(0.29)
HUMC	-0.037***	(-3.32)	0.107	(2.35)	0.070	(1.48)
HOUC	-0.000	(-1.43)	-0.000	(-1.43)	-0.000	(-1.48)

注：*、**、***分别表示在10%、5%、1%的水平下显著。

（1）科技创新（STI）对本地生态环境的影响明显，在1%的显著性水平下的直接效应为0.601，空间溢出效应虽然为0.299，但并不显著，表明科技创新对生态环境的影响目前主要限于本省份，而对其他相邻省市生态环境发展的空间溢出效应还不够。初步判断各省市间在科技创新方面的交流与协同不够，技术创新与合作尚未超越对市场范式之追逐私人利益最大化的偏好和工具理性的路径依赖，仍处于各自为战的阶段。

（2）经济水平（PGDP）对当地生态环境的正向直接效应在10%的水平下显著，对邻近省市的负向影响不明显，空间溢出效应不显著。表明各省市的经济发展仅服务于当地生态环境建设，"各扫自家门前雪"，甚至存在以牺牲邻近地区生态环境为代价的现象，进一步表明既存的诸侯经济格局与互设藩篱的行政体制或已成为流域可持续发展的掣肘。

（3）工业结构（INS2）与对外开放度（OPEN）都存在直接效应不显著而间接效应显著的情况，其中工业结构的影响系数分别为-3.744，并通过了1%显著性水平的检验，对外开放度则在10%的显著性水平下为-0.125。这验证了前文的释义：流域某些省市囿于粗放型工业基数大，尤其是沿江高污染、高能耗、高排放的低端制造业众多，而对外贸易中的资源依赖型产品占比又较高，所以粗放发展模式导致区域经济效益的获取效率低而环境牺牲大，难逃"资源诅咒"的陷阱。与此同时，生态环境修复过程中的"邻避主义"盛行，生产污染物沿江排放，负外部效果由邻近省市承担，加之行政体制僵化、联防联治的覆盖范围较窄，造成流域省市间的生态环境联动阻碍重重。

（4）资本存量（CAPS）对生态环境的正向影响在直接效应与间接效应

上皆有体现，虽然影响数值较小，但都通过了1%水平的显著性检验。主要归因为近二十年间各省市在基建设施投资方面的支持力度都很大，诸如废气、污水、垃圾等环保处理设施的建设，"三废"综合利用与治理项目的持续投资等，都对本地生态环境的改善起到了积极作用，对邻近地区的生态环境发展也起到一定的示范作用。

（5）外商直接投资（FDI）在1%的显著性水平下，能对生态环境产生弹性系数为1.714的正向贡献，而对邻近省市的削弱数值为-1.475，且在10%的显著性水平下明显。一方面可能与经济集聚与极化效应有关。经济发达地区对生产要素的需求旺盛，会对周边欠发达地区的要素产生虹吸现象，造成邻近地区的FDI对生态环境的影响削弱，导致生态环境的发展水平在地理空间上的分化；另一方面部分地区可能存在"污染天堂假说"，因为外商直接投资形成了跨区域的污染密集型产业链条，污染溢出影响了隔壁省市的生态环境。

（6）人力资本（HUMC）对本地生态环境的削弱作用在1%的显著性水平下为-0.037，而对邻近省市的空间溢出效应则不显著。说明即便人才流动性较强，但人力资本对生态环境的影响目前还仅限于本地区，居民受教育程度的提高并未因环保意识的丰富而对本地生态环境建设有积极贡献，反倒是因为刺激了在当地的消费，而间接增加了本地废弃物的处理压力。

3. 战略政策分析

深究长江经济带生态环境与科技创新的空间发展及演变趋势，其空间格局产生与变迁原因不仅与上述解释变量有关，受到资源要素及市场经济的影响，另有学者强调，国家对区域发展战略的调整也对流域空间格局及其分异特征影响深刻❶。

具体而言，针对长江流域在20世纪发展初期的战略意图，最完整的表述是在1992年10月，党的十四大报告提出的"以上海浦东开发为龙头，进一步开放长江沿岸城市，尽快把上海建成国际经济、金融、贸易中心城市之一，

---

❶ 冯兴华，钟业喜，李建新，等. 长江流域区域经济差异及其成因分析 [J]. 世界地理研究，2015，24（3）：100-109.

带动长江三角洲和整个长江流域地区经济的新飞跃"。时至今日,经济发达的长三角地区生态环境与科技创新的空间集聚度高,要素资源互动加速,区域一体化成效显著,区域间已形成了强韧的"空间软联结"。随着 2018 年 6 月《长三角地区一体化发展三年行动计划》的编制,未来该区域将朝着生态宜居地、科技创新地、世界级产业集群地的目标发展。但不可否认的是,长三角地区对中上游省市的带动辐射作用有限,王合生、段学军很早就指出,长江下游长三角地区外向型经济的飞速发展使得流域发展不平衡现象加剧❶。本章实证数据与向云波等的研究结论吻合❷,发现随着长江经济带空间距离的增加,长江上下游间的经济联系由东向西衰减,长江中上游省市与长三角地区的联系度较弱,未能实现下游率先发展而后辐射长江中上游的先期目标,因此还有必要进一步加强长三角与长江经济带的经济联系,强化空间导向,将长三角高质量发展与流域一体化进程共同推进。

长江中上游省市属于多山内陆,特殊的地理条件造成对外开放度不高,该区域前期的干支流基本处于自然状态,航运潜力亟待开发,所以邻近地区间的空间互动也主要限于以长江为纽带的水上运输。21 世纪初,长江沿线 9 地签订过《长江经济带合作协议》,但因各省市间行政壁垒等因素,使得流域航运和经济的割裂状况并未有多大改善。但国家针对日益明显的区域经济不平衡现象,先后实施了西部大开发战略与中部崛起计划,加之随后"主体功能区"的提出,使得长江经济带一半以上的省市被覆盖其中。随着以长江干流为主轴的东西向立体交通走廊的建设,初步形成了以交通互联互通为代表的基础设施"空间硬连接",加速了各地资源要素互补及产业西移而形成的实体经济流动,促进了长江中上游地区的经济发展,一定程度上也提升了空间相关度,流域中西部空间极化现象也开始显现。但结合本章节局域自相关的实证数据也发现,长江中上游地区的生态环境与科技创新虽然存在显著的空间依赖性,但空间溢出效应值并不高。考察期内

---

❶ 王合生, 段学军. 长江流域外向型经济发展研究 [J]. 地理学与国土研究, 1999, (2): 37-40, 45.

❷ 向云波, 彭秀芬, 徐长乐. 上海与长江经济带经济联系研究 [J]. 长江流域资源与环境, 2009, 18 (6): 508-514.

个别区域在某些年度的空间自相关为负数，这与朱道才等的研究吻合❶，表明长江中上游地区出现了邻近发达地区发展对本地产生了资源虹吸现象，或者本地发展对周边欠发达地区的资源吸附力较强。究其成因，长江中上游地区间既存的诸侯经济格局与互设藩篱的行政体制，导致各省市间在生态环境方面缺乏协同治理的契约精神；与此同时，产业功能分工不明确，承接长江下游发达地区的技术与产业转移层次较低，地区间优势资源的共享与流动不畅又滋生了同质化、粗放式发展问题。最终造成省市间生态环境协同治理差、科技创新合作交流少，出现了生态环境治理"邻避主义"盛行、科技创新成果"西部开花、东部结果"的现象，空间溢出效应失衡，区域一体化进程仍滞后于长三角地区。

综上所述，长江经济带的生态环境与科技创新的空间集聚特征明显，但两极分化趋势加大，呈现出显著的空间发展不均衡态势：从空间集聚区块现状分析，本节实证结果支持段学军等，陆玉麒、董平的观点，全流域由最初的空间发展极化区，转为现有的以上海为中心的长江三角洲城市群，以武汉为中心的长江中游城市群，以重庆、成都为核心的长江上游城市群❷❸；从空间集聚时间趋势分析，虽然全流域的空间发展碎片化还将存在，但基本已完成由点到块的拓展，白永亮、郭珊指出，流域将逐步会从核心边缘模式演变为多中心发展模式❹。这基本与 2016 年《长江经济带发展规划纲要》所确立的"一轴、两翼、三极、多点"发展新格局相仿，但如果要在生态环境与科技创新方面进一步形成"带状网络型空间结构"，还需要在新时期继续推动现有空间板块间融合互动，充分发挥长江经济带横跨东、中、西三大经济板块的区位优势，以"共抓大保护、不搞大开发"为导向，

---

❶　朱道才，任以胜，徐慧敏，等. 长江经济带空间溢出效应时空分异 [J]. 经济地理，2016，36（6）：26-33.

❷　段学军，张予，于露. 长江沿江国家战略发展区功能识别与培育 [J]. 长江流域资源与环境，2011，20（7）：783-789.

❸　陆玉麒，董平. 新时期推进长江经济带发展的三大新思路 [J]. 地理研究，2017，36（4）：605-615.

❹　白永亮，郭珊. 长江经济带经济实力时空差异：沿线城市比较 [J]. 改革，2015（1）：99-108.

以"生态优先、绿色发展"为引领，推进沿江各省市对生态环境的协同治理，促进各地区间对科技创新的合作交流，努力实现长江上、中、下游地区的协调发展和沿江地区的高质量发展。

四、本章小结

本章在上一章生态环境与科技创新间时间阶段性非均衡影响研究基础上，再次从空间角度，借助空间计量经济建模，评测生态环境与科技创新在长江经济带各省市间的空间自相关效应，检验两者间的空间非均衡影响关系。并结合其他解释变量，剖析两核心变量空间异质性的成因。

研究表明：1998 年至 2016 年间长江经济带科技创新全局 Moran's I 指数由 0.079 上升至 0.180，生态环境全局 Moran's I 指数由 0.031 上升至 0.248，空间集聚强度波动上升趋势明显，且均达到 10% 的显著水平。说明长江经济带的科技创新与生态环境两项指标都具有显著的空间正相关特征，存在高—高集聚与低—低集聚的空间依赖性现象。

此外，考察期内长江经济带多数省市在生态环境与科技创新发展方面的地理空间锁定及路径依赖性特征明显：一方面，沿江各省市生态环境与科技创新的发展，不仅受限于本地发展情境，也逐渐与邻近省份及其相关影响因素产生互动关联。其中，生态环境的发展存在空间溢出效应，邻近地区生态环境的发展每提升 1%，会带动本地生态环境 0.589% 的发展。科技创新对本地生态环境的影响明显，在 1% 的显著性水平下的直接效应为 0.601，空间溢出效应虽然为 0.299，但并不显著，表明科技创新对生态环境的影响目前主要限于本省份，而对其他相邻省市生态环境发展的空间溢出效应还不够；另一方面，区域生态环境与科技创新的发展存在空间分布极化趋势。长江经济带下游与中上游地区间的两极分化严重，呈"东高西低"的空间分异特征；最终，空间非均衡关系被验证，长江中上游各省市间空间溢出效应失衡，生态环境协同治理差，科技创新合作交流少，技术创新与合作尚未超越对市场范式之追逐私人利益最大化的偏好和工具理性的路径依赖，仍处于各自为战的阶段，造成生态环境治理"邻避主义"盛行，出现了科技创新成果"西部开花、东部结果"的情况，区域一体化进程仍滞后于长江下游长三角地区。

　　研究进一步指出，以科技创新驱动长江经济带提质增效发展，是实现"生态优先、绿色发展"的关键路径，也是高质量发展的核心。要想形成全流域"带状网络型空间结构"，还需要在新时期继续推动现有空间板块间的融合互动：各省市不仅要依靠黄金水道这一物理空间纽带，处理好东、中、西省市间的大跨度横向协调，获取邻近区域的知识与技术溢出效能，更应该思考如何利用互联网、飞地经济等虚拟空间链接，致力于科技创新内生动力的开发，立足结合本地区发展情境，促进微宏观多层面纵向协同，完善产业甄别机制，激发传统企业的创新投资动力，挖掘生态文明建设对微观民众的创新协同动能。

第六章

长江经济带生态环境与科技创新间
双向非均衡互动关系测评

第四章、第五章研究了生态环境与科技创新之间的时空非均衡影响关系，属于两核心变量间的单向关系研究。本章则研究生态环境与科技创新间的双向长短期互动作用，亦可以理解为静态关系与动态关系的区别。科技创新发展初期囿于经济为中心的发展理念，可能会负向影响生态环境，随着科技创新发展的深入，环境规制的日益严苛，科技创新通过产业提质增效减少了对生态环境的负担，而优越的生态环境不仅提升了科技创新的质量，也会吸引更多的科创资源。由此可见，核心变量上一阶段的运行情况，势必会对下一阶段的发展产生影响。本章在 PVAR 模型基础上，进行系统 GMM 分析，脉冲响应函数分析及方差分解分析，评测流域生态环境与科技创新间的双向互动关系，深究长江上、中、下游地区动态响应的区域异质性，捕捉核心变量间在长江经济带不同区域的长短期效应，分析其间的响应机理及影响因素。

一、计量研究方法

（一）面板向量自回归模型

向量自回归模型（Vector Autoregressive Model，VAR）是由西姆斯（Sims）提出的一种非结构化、动态联立方程模型，它将系统中每个内生变量作为系统中所有内生变量的滞后项，通过正交化脉冲响应函数，测评一个内生变量的冲击对其他内生变量的影响程度❶。传统联立方程囿于经济基础理论的要求而需要进行诸如内生变量的划分、估计及推断，但 VAR 模型则减少了经济基础理论的约束，可以克服传统联立方程构建前提的诸多不便。但值得注意的是，VAR 模型限制了研究变量的数据量与数据形式❷：一方面 VAR 模型并不支持面板数据，小样本量会影响 VAR 模型的估计结果稳健性，甚至无法估计；另一方面，面板数据的截面个体存在异质性问题，VAR 模型的时间序列估计并未虑及此点。

霍尔茨·埃金、纽伊和罗森（Holtz-Eakin、Newey、Rosen）将面板数据估计与向量自回归（VAR）模型有机结合，提出了面板向量自回归模型（Panel Vector Auto-Regression，PVAR）❸，后期麦考斯基、高（McCoskey、Kao）、韦斯特隆德（Westerlund）等学者对此模型及其检验方法进行改进，使得 PVAR 成为当前兼具面板与时间序列数据分析的常用模型❹。

PVAR 模型与 VAR 模型的函数形式类似，将研究的多个变量皆视为内生变量，将各变量及其滞后项都作为解释变量，来分析变量间的互动关系，有效解决了因变量内生性而带来的估计偏差问题❺。除了具备 VAR 模型的优点外，PVAR 可以引入个体效应和时间效因变量，可以捕捉个体差异和不同截面受到的共同冲击，能够较清晰地描述样本单元个体差异性对模型参数的影响。同时，PVAR 模型支持面板数据分析，放松了对时间序列平稳性的假设，放宽了对时间序列数据长度的限制要求。当 T 为时间序列长度、m 为滞后阶数时，只要 $T \geq m+3$ 就可以对方程的参数进行估计；若 $T \geq 2m+2$，

---

❶ SIMS. C. A. Macroeconomics and reality[J]. Econometrica：Journal of the Econometric Society，1980，48(1)：1-48.

❷ 连玉君，程建. 投资—现金流敏感性：融资约束还是代理成本？[J]. 财经研究，2007 (2)：37-46.

❸ HOLTZ-EAKIN. D, NEWEY. W, ROSEN. H. S. Estimating vector autoregressions with panel data[J]. Econometrica：Journal of the Econometric Society，1988，56(6)：1371-1395.

❹ MCCOSKEY. S, KAO. C. Testing the stability of a production function with urbanization as a shift factor[J]. Oxford Bulletin of Economics and Statistics，1999，61(S1)：671-690.

❺ WESTERLUND. J. New simple tests for panel cointegration[J]. Econometric Reviews，2005，24(3)：297-316.

就可以在稳态下得到滞后项参数❶，可以更加精确地对向量自回归进行估计检验。本书的时间跨度为 19 年，在随后（三）中所测算的最优滞后阶数为1，因此符合上述限制要求。

基于前几章节的分析得知，生态环境与科技创新间存在较为复杂的逻辑关系，不宜直接将它们单独作为自变量来分析，而 PVAR 模型正好为本章节研究提供了灵活的分析框架。因此，本章采用基于 PVAR 模型，分析生态环境与科技创新间的动态互动效应。

考虑到长江经济带沿岸 11 省市的省级面板数据可能存在的个体效应，虑及模型估计方法的可操作性，在前文构建的 STIRPAT 拓展模型基础上，同时参考孙正、王玺的研究做法❷❸，构建的加入变量滞后项 PVAR 模型函数表达式如下：

$$\ln y_{it} = \alpha_i + \eta_t + \beta_0 + \sum_{j=1}^{p} \beta_j \ln y_{i,\ t-j} + \sum_{j=1}^{p} \varphi_j \ln x_{i,\ t-j} + \varepsilon_{it} \quad (6-1)$$

其中 y_{it} 是包含了 2 个核心内生变量的列向量（ECO、STI），i 表示流域各省市；t 表示样本考察时期；$y_{i,t-j}$ 则表示 y_{it} 的 j 阶滞后项。鉴于长江经济带上、中、下游省市间存在明显的经济发展差异，因此在全流域分析模型及各区分析模型的构建时引入控制变量，以提升地区间的可比性，因此设定 x_{it} 表示控制变量集，也表示各省份在第 t 年的严格外生变量向量；p 表示滞后阶数；β_0 表示截距项向量；β_j、φ_j 表示滞后期不同变量的待估计系数矩阵；α_i 表示地区效应列向量，表示以固定效应形式反映的截面个体差异，用以表征流域各省市科技创新与生态环境的动态关系可能存在区域异质性；η_t 为时间效应列向量，解释系统变量的时间趋势；ε_{it} 是"白噪声"扰动误差项。

目前，学界使用 PVAR 模型的应用研究主要分为三个步骤：首先借助

---

❶　王玺，何帅. 结构性减税政策对居民消费的影响——基于 PVAR 模型的分析[J]. 中国软科学，2016（3）：141–150.

❷　王玺，何帅. 结构性减税政策对居民消费的影响——基于 PVAR 模型的分析[J]. 中国软科学，2016（3）：141–150.

❸　孙正，张志超. 流转税改革是否优化了国民收入分配格局？——基于"营改增"视角的 PVAR 模型分析[J]. 数量经济技术经济研究，2015，32（7）：74–89.

广义矩估计（GMM）法，估计模型变量间的回归拟合系数；其次，通过蒙特卡洛（Monte-Carlo）模拟，生成脉冲响应函数（Impulse Response Function，IRF），研究扰动项的影响如何传导至各变量；最后，通过方差分解进一步衡量各变量间相互冲击作用的贡献程度，量化比较变量间影响作用的相对重要性[1]。

（二）系统 GMM

广义矩估计（Generalized method of moments，GMM）是矩估计方法的一般化，是基于模型实际参数满足一定矩条件而形成的一种参数估计方法。GMM 的基本原理是选择最小距离估计量，换而言之，选择参数估计量的标准 $\hat{\theta}$ 使样本矩之间加权距离最小[2]。学界对 GMM 估计量 $\hat{\theta}_{GMM}$ 的定义如式（6-2）所示。

$$\hat{\theta}_{GMM} = \mathrm{argmin}\vec{m}'W^{-1}\vec{m}, \qquad W = Asy.\,Vr(\vec{m}) \tag{6-2}$$

式中，$\vec{m}$ 是 L 维样本的矩向量，其第 1 个元素 $\vec{m}_1$ 是第一个样本矩，W 是加权矩阵。任何对称正定阵 A 都能得到 θ 的一致估计。然而，要求得 θ 的有效估计的前提必要条件是 A 必须等于样本矩 $\vec{m}$ 的协方差的逆。此时 GMM 的协方差矩阵函数如式（6-3）所示。

$$\sum = (G'AG)^{-1} \tag{6-3}$$

式中，$G = \partial\vec{m}/\partial\theta$ 是 L 行 K 列的导数矩阵。广义矩估计是一个大样本估计。只有以此为前提，通过 GMM 估计才能获得较理想的统计特征，它是一致且呈现渐进正态分布特征，具体推导函数如式（6-4）所示。

$$\hat{\theta}_{GMM} \xrightarrow{Asy} N(\theta,\ \sum), \qquad \sum = G'W^{-1}G^{-1} \tag{6-4}$$

式中，G 是导数矩阵，第 j 行元素为：$G^j = \partial\vec{m}_j/\partial\theta'$。

随着计量经济学的逐步发展，动态面板数据被广泛使用，而以面板数

---

[1] 李茜，胡昊，罗海江，林兰钰，史宇，张殷俊，周磊. 我国经济增长与环境污染双向作用关系研究——基于 PVAR 模型的区域差异分析 [J]. 环境科学学报，2015，35（6）：1875-1886.

[2] BAUM. C. F, SCHAFFER. M. E, STILLMAN. S. Instrumental variables and GMM：Estimation and testing[J]. Stata journal,2003,3(1):1-31.

据形式作为计量模型的解释变量时，往往都包含相关研究变量的滞后项，很可能导致变量的内生性（Endogenity）问题，随机扰动项带来的估计系数有偏（Biased）。而传统 OLS、变截距固定效应等模型的原假设仅是简单地将自变量与误差项的协方差设为零且不存在异方差，并不具备合理解决变量的内生性和异方差问题的功能[1]。

针对上述情况，学界惯用的方法就是引入工具变量[2]，阿雷亚诺和邦德（Arellano & Bond）认为，由于假定模型的残差项是零均值和当期无关的，因此残差项的一阶差分 $\Delta\mu_{it}$ 和所有的 Y_{it}、X_{it}（$t-2$ 时刻及以前）都不相关[3]。这意味着可以采用所有这些值作为 $\Delta Y_{i,t-1}$ 的工具变量，再利用广义矩估计得到相应一致的估计量。具体来说，如果观测值在横截面之间是独立的，可以采用差分广义矩估计（DIF GMM）。此后，学界在 GMM 的理论基础上，将一阶差分方程和水平方程整合进传统广义矩估计模型中，设定了相对完善且合理的矩条件，构建了系统广义矩估计法（System GMM）。

系统 GMM 的最大特点是能够在传统 GMM 的基础上，在估计时先对模型进行差分处理，从而使模型中外生变量的滞后项作为相应的工具变量，有效控制了模型变量间可能存在的内生性和异方差问题，提高了估算结果的准确性。后期学者们通过蒙特卡洛模拟发现，在有限样本下，系统广义矩估计比差分广义矩估计的偏差更小，效率也更高[4]。也正是因为其与工具变量法搭配更便利，所以系统 GMM 在分析面板数据时被广泛应用。

而本文在数据处理时发现，自变量之间可能会存在内生性问题，如生态环境与科技创新的发展可能同时被区域经济发展水平所决定；另外，不仅以自变量的滞后项作为工具变量，误差项也可能存在序列相关性，而非

---

[1]　金巍，章恒全，张洪波，等. 城镇化进程中人口结构变动对用水量的影响 [J]. 资源科学，2018，40（4）：784-796.

[2]　如果引入的是一组工具变量，出现工具变量个数大于解释变量个数时，就需要考虑使用广义矩估计量检验是否出现了过度识别问题，如使用汉森 J 检验等方式。

[3]　ARELLANO. M. ，BOND. S. R. Some Tests of Specification for Panel Data：Monte Carlo Evidence and An Application to Employment Equa-tions[J]. Review of Economic Studies，1991（58），277-297.

[4]　ARELLANO. M，BOVER. O. Another look at the instrumental variable estimation of error-components models[J]. Journal of econometrics，1995，68（1）：29-51.

独立同分布，从而导致最终估计结果产生有偏性和不一致性。基于上述原因，为避免由于内生性对参数估计所造成的偏误，本书最终采用系统 GMM 法参与相关分析。

(三) 脉冲响应函数

脉冲响应函数 (Impulse Response Function, IRF) 可以反映内生变量对于误差大小变化的响应水平，测算来自随机扰动项当期的一个标准差冲击 (Shock) 之后，对所考察的内生变量当期及未来值的影响趋势。换而言之，脉冲响应函数可以直观描绘当某一变量从基期起发生单位变化时，对其他变量产生的影响程度，准确反映变量间影响的时滞关系与互动程度，有效预测目标变量的未来发展趋势[1]。

IRF 首先要定义向量移动平均过程 (Vector Moving Average)，即 n 维"无穷阶向量移动平均过程"，VMA(∞)，q 阶移动平均过程则为 MA(q)，如式 (6-5) 所示：

$$Y_t = \mu + \varepsilon_t + \theta_1 \varepsilon_{t-1} + \theta_2 \varepsilon_{t-1} + \cdots + \theta_q \varepsilon_{t-q} \tag{6-5}$$

无穷阶移动平均过程为 MA (∞)

$$Y_t = \mu + \varepsilon_t + \theta_1 \varepsilon_{t-1} + \theta_2 \varepsilon_{t-1} + \cdots + \theta_q \varepsilon_{t-q} + \cdots \tag{6-6}$$

无穷阶 (∞) 向量移动平均过程则为 VMA (∞):

$$Y_t = \alpha + \psi_0 \varepsilon_t + \psi_1 \varepsilon_{t-1} + \psi_2 \varepsilon_{t-1} + \cdots = \alpha + \sum_{j=0}^{\infty} \psi_j \varepsilon_{t-j} \tag{6-7}$$

式中，$\psi_0 = I_n$，ψ_j 皆为 n 维方阵，设定"多维滤波"为滞后矩阵多项式

$$\psi(L) = \psi_0 + \psi_1 L + \psi_2 L^2 + \cdots \tag{6-8}$$

因此，可以将 VMA (∞) 写成 $Y_t = \alpha + \psi_0 (L) \varepsilon_t$，使用滞后算子，可以将 VAR 系数矩阵式 $Y_t = \Gamma_0 + \Gamma_1 Y_{t-1} + \cdots \Gamma_p Y_{t-p} + \varepsilon_t$ 改写为

$$Y_t - \Gamma_1 Y_{t-1} - \Gamma_2 Y_{t-2} - \cdots - \Gamma_p Y_{t-p} = \Gamma_0 + \varepsilon_t \tag{6-9}$$

$$(I - \Gamma_1 L - \Gamma_2 L^2 - \cdots - \Gamma_p L^p) Y_t = \Gamma_0 + \varepsilon_t \tag{6-10}$$

---

[1] 孙敬水. 计量经济学学习指导与 Eviews 应用指南 [M]. 北京：清华大学出版社. 2010.

令 $\boldsymbol{\Gamma}(L) = I - \boldsymbol{\Gamma}_1 L - \boldsymbol{\Gamma}_2 L^2 - \cdots - \boldsymbol{\Gamma}_p L^p$，则有：

$$\boldsymbol{\Gamma}(L) Y_t = \boldsymbol{\Gamma}_0 + \varepsilon_t \qquad (6\text{-}11)$$

式（6-11）两边同时左乘 $\boldsymbol{\Gamma}(L)^{-1}$，便得到：

$$Y_t = \boldsymbol{\Gamma}(L)^{-1} \boldsymbol{\Gamma}_0 + \boldsymbol{\Gamma}(L)^{-1} \varepsilon_t \qquad (6\text{-}12)$$

记 $\boldsymbol{\Gamma}(L)^{-1} \equiv \psi(L) + \psi_1 L + \psi_2 L^2 + \cdots$，$\boldsymbol{\Gamma}(L)^{-1} \boldsymbol{\Gamma}_0 \equiv \alpha$，得到 VAR 模型的 VMA 表示法

$$Y_t = \alpha + \psi_0 \varepsilon_t + \psi_1 \varepsilon_{t-1} + \psi_2 \varepsilon_{t-2} + \cdots = \alpha + \sum_{i=0}^{\infty} \psi_i \varepsilon_{t-i} \qquad (6\text{-}13)$$

其中 $\psi_0 = I_0$，而其余的 ψ_i 可以通过递推公式 $\psi_i = \sum_{j=1}^{\infty} \psi_{i-j} \boldsymbol{\Gamma}_j$ 来确定，根据向量微分法可知：

$$\frac{\partial \boldsymbol{Y}_{t+s}}{\partial \boldsymbol{\varepsilon}_t^{'}} = \psi_s \qquad (6\text{-}14)$$

其中，$\partial \boldsymbol{Y}_{t+s} / \partial \boldsymbol{\varepsilon}_t^{'}$ 为 n 维列向量 $\boldsymbol{Y}_{t+s}$ 对 n 维行向量 $\boldsymbol{\varepsilon}_t^{'}$ 求偏导数，矩阵 ψ_s 是一维情形下相隔 s 期的动态乘子向多维的推广，其第 i 行第 j 列元素等于 $\partial Y_{i,t+s} / \partial \varepsilon_{jt}$，表示当第 j 个变量第 t 期的扰动项 ε_{jt} 增加一个单位时，对第 i 个变量在第 $t+s$ 期的取值 $\boldsymbol{Y}_{i,t+s}$ 的影响。将 $\partial Y_{i,t+s} / \partial \varepsilon_{jt}$ 视为时间间隔 s 的函数，就是脉冲响应函数，有时会考察累积脉冲响应函数，则经过 k 期后的累积效应函数如式（6-15）所示：

$$\sum_{s=0}^{k} \frac{\partial \boldsymbol{Y}_{t+s}}{\partial \boldsymbol{\varepsilon}_t^{'}} = \sum_{s=0}^{k} \psi_s \qquad (6\text{-}15)$$

（四）方差分解

PVAR 模型的用途之一就是预测，而方差分解（Variance Decomposition）是在脉冲响应函数分析基础上，通过将任意一个内生变量的均方误差（Mean Square Error，MSE）变异数，分解成系统中各变量一个正交单位的随机冲击，并预测其所作的贡献比例，评估某一变量的冲击对其他变量的影响程度，比较不同内生变量冲击的相对重要性。事实上，方差分解就是

"数值化"了的脉冲响应[❶]。

定义系数矩阵分别为 $\boldsymbol{\Gamma}_0$, $\boldsymbol{\Gamma}_1$, $\cdots$, $\boldsymbol{\Gamma}_p$, 可以得到式 6-16。

$$Y_t = \boldsymbol{\Gamma}_0 + \boldsymbol{\Gamma}_1 Y_{t-1} + \cdots + \boldsymbol{\Gamma}_p Y_{t-p} + \varepsilon_t \tag{6-16}$$

在得到参数估计后, 可以进行向前一期的预测:

$$\hat{Y}_{t+1} = \hat{\boldsymbol{\Gamma}}_0 + \hat{\boldsymbol{\Gamma}}_1 Y_t + \cdots + \boldsymbol{\Gamma}_p Y_{t-p+1}$$

以此类推, 向前二期的预测则为:

$$\hat{Y}_{t+2} = \hat{\boldsymbol{\Gamma}}_0 + \hat{\boldsymbol{\Gamma}}_1 Y_{t+1} + \hat{\boldsymbol{\Gamma}}_2 Y_t \cdots + \boldsymbol{\Gamma}_p Y_{t-p+2}$$

类似可以预测向前 h 期的预测 $\hat{Y}_{t+h}$, 利用 VAR 模型的向量移动平均过程表示法, 可以将向前 h 期的预测误差写成式 (6-17)。

$$Y_{t+h} - \hat{Y}_{t+h} = \psi_0 \varepsilon_{t+h} + \psi_1 \varepsilon_{t+h-1} + \cdots + \psi_{h-1} \varepsilon_{t+1} + \cdots = \sum_{i=0}^{h-1} \psi_i \varepsilon_{t+h-i} \tag{6-17}$$

由于 ε_{t+h-i} 的各分量存在同期相关, 故利用乔利斯基分解法 (Cholesky decomposition method), 亦称平方根法, 将上式写为式 (6-18) 所示。

$$Y_{t+h} - \hat{Y}_{t+h} = \sum_{i=0}^{h-1} \psi_i \varepsilon_{t+h-i} = \sum_{i=0}^{h-1} \underbrace{\psi_i P P^{-1} \varepsilon_{t+h-i}} = \sum_{i=0}^{h-1} \Phi_i V_{t+h-i} \tag{6-18}$$

其中, v_{t+h-i} 表示正交化冲击, 记矩阵 $\boldsymbol{\Phi}_i$ 的 (m, k) 元素为 $\phi_{i,mk}$, 向量 v_{t+h-i} 的第 k 个元素为 $v_{k,t+h-i}$, 则基于上式可将 Y_{t+h} 的第 j 个分量 $Y_{j,t+h}$ 的预测误差写为

$$\begin{aligned}
Y_{j,t+h} - \hat{Y}_{j,t+h} &= \sum_{i=0}^{h-1} \phi_{i,j1} v_{1,t+h-1} + \cdots + \phi_{i,jn} V_{n,t+h-i} \\
&= \sum_{i=0}^{h-1} \sum_{k=1}^{n} \phi_{i,jk} V_{k,t+h-i} \\
&= \sum_{k=1}^{n} \sum_{i=0}^{h-1} \phi_{i,jk} V_{k,t+h-i} \\
&= \sum_{k=1}^{n} \phi_{0,jk} v_{k,t+h} + \cdots + \phi_{h-1,jk} V_{k,t+1} \tag{6-19}
\end{aligned}$$

对 $Y_{j,t+h}$ 预测均方误差设定为式 (6-20)。

[❶] 俞立平. 基于 PVAR 的省际金融发展与国际贸易关系研究 [J]. 国际贸易问题, 2011 (12): 10-18.

$$\text{MSE}(\hat{Y}_{j,t+h}) = \text{E}(Y_{j,t+h} - \hat{Y}_{j,t+h})^2 = \sum_{k=1}^{n} \phi^2_{0,jk} + \cdots + \phi^2_{h-1,jk} \quad (6-20)$$

根据上式（6-20），即可算得第 1 个变量的正交化冲击对 $Y_{j,t+h}$ 预测均方误差的贡献比例，具体如式（6-21）所示。

$$Y_{j,t+h} = \frac{\varphi^2_{0,jk} + \cdots + \varphi^2_{h-1,jk}}{\sum_{k=1}^{n} \varphi^2_{0,jk} + \cdots + \varphi^2_{h-1,jk}} \quad (6-21)$$

综上所述，面板数据预测的误差方差就是其自身扰动及系统扰动共同影响的结果。为深入评估科技创新与生态环境之间的交互影响程度，本部分利用面板数据模型的方差分解法，进一步剖析生态环境与科技创新之间及其这两个核心变量与其主要影响因素间的解释贡献度。

（五）本章实证研究步骤

本章研究目的是检验长江经济带各省市生态环境与科技创新间的"双向非均衡互动关系"，考察两核心变量的交互影响是否存在非对称特征，动态响应是否存在区域异质性，互动效应是否存在长短期差异。因此，根据研究目的，选择了上述相匹配的研究方法，后续研究的实证步骤与分析逻辑框架如图 6-1 所示。

二、数据说明及预处理

（一）数据来源

因考察期跨度较大，统计年鉴中表征科技创新与生态环境的代表性指标口径长年保持不变的不多，同时因为重庆 1997 年成为直辖市，所以在保证原始数据可获得性及连续性的基础上，选取 1998—2016 年长江流域 11 省市的面板数据进行实证分析。数据大体源于《中国统计年鉴》《中国环境统计年鉴》《中国科技统计年鉴》及各省市的年度统计年鉴，对因特殊原因而缺失的数据采用插值法、灰色预测法补齐。

在使用 STATA 中的 PVAR 程序包进行软件运行分析时发现，如果带入分析的变量数过多，将会影响最终的估算结果，因此本章节选取前一章影

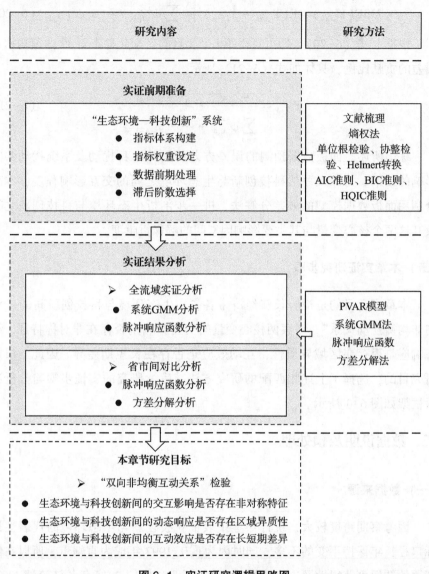

图 6-1 实证研究逻辑思路图

响因素较明显的变量参与分析。具体变量包括生态环境（ECO）与科技创新（STI）两个核心变量，以及经济水平（PGDP）、产业结构（INS2）、资本存量（CAP）及外商直接投资（FDI）四个控制变量。指标的具体释义参见第三、四章的相关内容。

（二）数据预处理

1. 单位根检验

由于本部分的样本数据为面板数据，具有时间序列性质，同时可能需要利用 n 阶滞后项对样本数据进行 PVAR 分析，因此需要虑及数据的平稳性问题（该问题已在第五章第三部分提及）。如果将不平稳的面板数据带入 VAR 模型参与估算，将会误解变量间的内在逻辑影响关系。事实上，一些非平稳的经济时间序列数据的变化趋势相似，但因这些序列自身并不具有直接关联，即便估算结果的拟合度 R^2 值较大，但并无实际意义。学界为了避免上述"伪回归"现象，确保统计估计过程的有效性，惯常在模型估计之前，对核心变量的面板数据进行单位根检验，核准研究参数的稳健性。

在权衡了各类面板单位根检验方法的优缺点后，本章使用的单位根检验方法有 Levin-Lin-Chu（LLC）、Im-Pesaran-Shin（IPS）、ADF-Fisher、PP-Fisher、Breiting，其中 IPS 是针对异质单位根的检验，LLC 则是针对同质单位根的检验，检验原假设为面板存在单位根。对长江经济带全流域及其上、中、下游各地区的各变量水平值及其一阶差分序列的平稳性进行面板数据单位根检验，囿于章节排版有限，具体检验结果如附录所示。各地区部分变量的水平值为不平稳序列，但各变量的一阶差分序列至少在 10% 的显著水平上拒绝了存在单位根的原假设，由此可以判断各变量数据是平稳序列，支持后续 PVAR 分析。

2. 协整检验

在上文通过单位根检验，佩德罗尼（1999）指出，将变量调整为"同阶单整"的平稳时间序列以后，还需要进行面板协整检验[1]，以考察生态环境与科技创新间是否存在长期均衡关系[2]。本章将佩德罗尼检验、Kao 检验和 Johansen 检验 3 种面板数据模型的协整检验方法相结合，综合判断是否具

---

[1] 协整检验方法详见第三章内容。

[2] PEDRONI. P. Critical Values for Cointegration Tests in Heterogeneous Panels with Multiple Regressors[J]. Oxford Bulletin of Economics & Statistics,1999,61(S1):653-670.

有协整关系，其原假设是变量间不存在协整关系。

协整检验结果如上述表 6-1、表 6-2 所示，佩德罗尼（1999）曾指出在对时间较短的样本数据分析中，Panel ADF 和 Group ADF 这两个统计量相对其他的统计量的能效较高，从下表可以看出这两个统计量在 5% 的水平下显著，拒绝原假设，全流域及各分区各变量间存在长期稳定的协整关系，故可以利用 PVAR 模型分析它们间的动态关系[1]。

3. Helmert 转换

PVAR 模型通常认为是包含固定效应的动态面板模型，解释变量中包含个体差异性和因变量的滞后项，而实证测算的主要目标是估计模型中的参数 β_0、β_j，所以在 GMM 模型估计参数和 PVAR 脉冲响应函数分析前，需要去除时间固定效应 η_t 和个体固定效应 α_i[2]。对于时间效应 η_t，通过采用"组内均值差分法"（Mean-differencing）进行消除；而对于个体效应 α_i，为避免其与自变量间可能存在的相关性（因为动态模型中包含了因变量的滞后项）而导致系数估计有偏，我们借鉴阿雷亚诺等的研究，采用"前向均值差分法（Helmert 转换）"以消除每一个体每一期未来观测值的均值，实现了转换变量和滞后回归系数间的正交变换，确保与误差项无关[3]。

连玉君对拉夫[4]的改进算法，将用于消除个体效应的前向差分与消除时间效应的组内均值法都内置到 PVAR2 命令中去。因此，本章节使用 Stata 软件及连玉君编写的 PVAR2 程序包进行下一步分析。

（三）滞后阶数选择

为确保后续 PVAR 模型估计的可靠性，需要按照滞后阶数的信息判别准

❶ 陶长琪，彭永樟，琚泽霞. 经济增长、产业结构与碳排放关系的实证分析——基于 PVAR 模型［J］. 经济经纬，2015，32（4）：126-131.

❷ ARELLANO. M，BOVER. O. Another look at the instrumental variable estimation of error-components models［J］. Journal of econometrics，1995，68（1）：29-51.

❸ ARELLANO. M，BOVER. O. Another look at the instrumental variable estimation of error-components models［J］. Journal of econometrics，1995，68（1）：29-51.

❹ LOVE. I，ZICCHINO. L. Financial development and dynamic investment behavior：Evidence from panel VAR［J］. The Quarterly Review of Economics and Finance，2006，46（2）：190-210.

表 6-1　LnECO、LnSTI、LnPGDP、LnINS2、LnCAPS、LnFDI 的 Johansen 检验

区域	原假设	Fisher 联合迹统计量（p 值）	Fisher 联合 λ-MAX 统计量（p 值）
全流域	0 个协整变量	12.480	49.320***
	至多 1 个协整变量	168.600***	168.600***
	至多 2 个协整变量	322.000***	186.600***
	至多 3 个协整变量	175.800***	123.200***
	至多 4 个协整变量	81.790***	67.090***
	至多 5 个协整变量	51.860***	51.860***
长江下游	0 个协整变量	4.159	4.159
	至多 1 个协整变量	38.230***	38.230***
	至多 2 个协整变量	80.480***	39.900***
	至多 3 个协整变量	48.330***	31.270***
	至多 4 个协整变量	25.200***	14.490***
	至多 5 个协整变量	25.530***	25.530***
长江中游	0 个协整变量	8.318	45.160***
	至多 1 个协整变量	147.400***	147.400***
	至多 2 个协整变量	241.500***	46.700***
	至多 3 个协整变量	127.500***	91.910***
	至多 4 个协整变量	56.600***	52.610***
	至多 5 个协整变量	26.330***	26.330***
长江上游	0 个协整变量	5.545	5.545
	至多 1 个协整变量	201.200***	130.400***
	至多 2 个协整变量	104.600***	57.670***
	至多 3 个协整变量	61.750***	37.580***
	至多 4 个协整变量	35.970***	27.630***
	至多 5 个协整变量	21.200***	21.200***

注：*、**和***分别表示在 10%、5% 和 1% 水平下显著。

表6-2　LnECO、LnSTI、LnPGDP、LnINS2、LnCAPS、LnFDI 的 Pedroni 检验和 Kao 检验

区域	Pedroni 检验							Kao 检验
	Panel V	Panel rho	Panel PP	Panel ADF	Group rho	Group PP	Group ADF	ADF
全流域	−2.858	5.346	−2.243	−3.005 ***	6.049	−11.977 ***	−1.859 **	−2.084 **
长江上游	−2.042	0.671	−1.258	−2.024 **	1.889	0.147 *	−0.409 **	−2.250 **
长江中游	−2.378	0.224	−7.029 ***	−5.777 ***	1.334	−17.869 ***	−6.014 ***	−2.099 **
长江下游	−1.888	2.376	−0.884	−2.339 ***	2.720	−1.796	−2.436 ***	−2.420 ***

注：*、**和***分别表示在10%、5%和1%水平下显著。

则，对模型的最优滞后阶数进行综合判定。学界目前常用的准则包括：赤池信息准则（Akaike's Information Criterion，AIC）、贝叶斯信息准则（Bayesian Information Criterion，BIC）及汉南—昆信信息准则（Hannan and Quinn Information Criterion，HQIC）。

1. AIC 准则

日本统计学家赤池弘次在 1974 年基于"熵"的概念提出了 AIC，该准则是用于权衡估计模型复杂度和拟合数据优良度的标准[1]。通常情况下，AIC 的目标函数最小化定义如式（6-22）所示。

$$\text{AIC} \equiv 2k + 2\ln(L) \tag{6-22}$$

其中，k 表示模型解释变量的个数，从一组可供选择的模型中选择最佳模型时，通常 AIC 最小的模型较优。当两个模型之间存在较大差异时，差异主要体现在似然函数项，当似然函数差异不显著时，上式等号右边的第一项，即模型复杂度则起作用，理应选择参数个数较少的模型；当模型复杂度 k 增大时，似然函数 L 也会增大，AIC 也随之变小。但如果 k 值过大，似然函数 L 增速减缓，导致 AIC 增大，模型过于复杂容易造成"过拟合"现象。因此，选取 AIC 最小的模型时，不仅要提高模型极大似然值的拟合度，而且引入的惩罚项使模型参数尽可能少，降低了"过拟合"的可能性。

---

[1]　AKAIKE. H. A new look at the statistical model identification[J]. IEEE transactions on automatic control,1974,19(6):716—723.

2. BIC 准则

1978 年施瓦茨（Schwarz）提出了 BIC 准则，囿于训练模型时如果增加参数数量将会导致模型复杂度提升的问题（即增大似然函数 L，导致过拟合现象），BIC 采取了和 AIC 一样的做法，引入了与模型参数个数相关的惩罚项，但 BIC 的惩罚项比 AIC 更严苛，样本数量过多则能够防止模型精度过高而造成模型复杂度过高的问题[1]。BIC 的目标函数最小化定义如函数式（6-23）所示：

$$\mathrm{BIC} \equiv k\ln(n) - 2\ln(L) \qquad (6\text{-}23)$$

其中，k 表示模型参数个数；n 表示样本量；L 表示似然函数。$k\ln(n)$ 惩罚项在维数过大且训练样本数据相对较少的情况下，能够有效避免出现维度灾难现象。与 AIC 相比，BIC 则更倾向于筛选出较为"精简"的模型。

3. HQIC 准则

HQIC 准则是汉南和奎因（Hannan and Quinn）于 1979 年提出的[2]，HQIC 的目标函数最小化定义如式（6-24），具体解释与 AIC 准则、BIC 准则类似，在此不再赘述[3]。

$$\min_{k} \mathrm{HQIC} \equiv \ln(RSS/n) + \frac{2\ln[\ln(n)]}{n}k \qquad (6\text{-}24)$$

经测算，全流域及上、中、下游的滞后阶数检验结果如表 6-3 所示，最终依据 AIC 信息量取值最小准则，选定滞后 1 期的 PVAR 模型（$P=1$）

---

❶ SCHWARZ. G. Estimating the dimension of a model[J]. The annals of statistics, 1978, 6(2): 461-464.

❷ HANNAN. E. J, QUINN. B. G. The determination of the order of an autoregression[J]. Journal of the Royal Statistical Society. (Methodological), 1979, 41(2): 190-195.

❸ 在实际操作过程中，AIC 较常使用，而 BIC 与 HQIC 的使用相对较少。因为在样本容量较大时，BIC 与 HQIC 下的真实参数滞后阶数一致估计量可能与 AIC 相悖，但现实中样本是有限的，而 BIC 可能导致模型过小，故最常用的仍然是 AIC。

参与分析❶。

表6-3　PVAR最佳滞后阶数选择

全流域				下游			
阶数	AIC	BIC	HQIC	阶数	AIC	BIC	HQIC
1	−17.651*	−15.814*	−16.906*	1	−21.692*	−19.587*	−20.897*
2	−16.773	−14.176	−15.719	2	23.565	27.178	24.912
3	−16.725	−13.294	−15.331	3	58.056	63.269	59.967
4	18.590	22.941	20.358	4	42.975	49.885	45.454
中游				上游			
阶数	AIC	BIC	HQIC	阶数	AIC	BIC	HQIC
1	−17.326*	−15.302*	−16.529*	1	−11.808*	−9.7842*	−11.011*
2	41.918	45.269	43.229	2	45.790	49.141	47.101
3	42.205	46.979	44.056	3	76.024	80.798	77.875
4	52.195	58.499	54.612	4	60.889	67.193	63.305

三、长江经济带实证结果与分析

（一）全流域结果分析

自2014年长江经济带战略正式上升为国家战略以来，它不仅联动了"一带一路"倡议和新一轮的区域发展战略，而且也促进了东、中、西三大板块间的联动，而流域当前诸多问题的关键解决途径，还是要依托"黄金水道"，实现沿江各省市间的协调治理，推动流域一体化建设，因此有必要首先从流域整体上进行分析。

---

❶ 事实上，根据变量时间跨度的不同，采用最适合的滞后阶数，避免滞后阶数太多将损失部分样本量，而样本量的减少势必会影响后续的实证计算，原则上最大滞后阶数不超过3阶。引自：李茜，胡昊，罗海江，林兰钰，史宁，张殷俊，周磊，等. 我国经济增长与环境污染双向作用关系研究——基于PVAR模型的区域差异分析 [J]. 环境科学学报，2015，35（6）：1875-1886.

1. GMM 分析

为避免因内生性问题而产生的参数估计结果偏误，本章对 PVAR 模型进行系统广义矩估计法（System GMM），将自变量的 1 阶滞后项作为工具变量，用蒙特卡罗法模拟 1000 次，具体的 System-GMM 参数估计结果见表 6-4❶。

表 6-4　PVAR 模型的 System-GMM 估计结果

变量	生态环境 ECO 方程			科技创新 STI 方程		
	b_GMM	se_GMM	t_GMM	b_GMM	se_GMM	t_GMM
L. h_DlnECO	−0.183	0.074	−2.482	0.081	0.061	1.316
L. h_DlnSTI	−0.170	0.097	−1.746	−0.215	0.156	−1.382
L. h_DlnPGDP	−0.724	0.722	−1.003	1.191	0.674	1.766
L. h_DlnINS2	0.059	0.316	0.188	−0.575	0.276	−2.083
L. h_DlnCAPS	0.915	1.117	0.819	1.577	1.045	1.509
L. h_DlnFDI	0.071	0.035	2.025	0.048	0.029	1.674

注：h 表示变量经过 Helmert transformation 后的数值，L 表示滞后一阶。

两核心变量方面：在被解释变量为生态环境的方程中，滞后一期的生态环境与科技创新前面的系数都为负，分别为−0.183 与−0.170。说明上一年生态环境的污染对其自身下一年的发展有着负面累积效应，而粗放式科技创新的发展不仅会牺牲当期的生态环境，而且会对未来一期生态环境具有持续的时滞影响；在被解释变量为科技创新的方程中，滞后一期生态环境前的系数为 0.081，但科技创新前的系数却为−0.215。经济含义解释为，随着全流域生态约束及环境规制的强化，滞后一期的生态环境对未来科技创新的发展提出了要求，虽然相关系数较低，但还是一定程度上可以反哺科技创新质量的提升。科技创新对其本身的影响方面，囿于流域大部分省市仍然存在短视的"经济中心、投入导向"问题，导致科创发展缺乏连续性，在前期科技创新发展起色时，容易忽视对后续诸如科创效率提升及成果转化等方面的持续关注，对科创环境的营造缺乏长远机制导致后期发展

❶　PVAR 模型带入过多变量的滞后项后，可能会导致一些参数不显著，但并不影响预测分析。引自：虞晓雯，雷明. 面板 VAR 模型框架下我国低碳经济增长作用机制的动态分析 [J]. 中国管理科学，2014，22（S1）：731-740.

受阻，总体发展趋势不稳定。

控制变量方面：经济发展在生态环境方程中的影响关系为负，系数为 -0.724，而在科技创新方程中的影响为正，相关系数为 1.191。这也符合流域发展的实情，表明在考察期内，流域经济的长期粗放式发展仍然是生态环境污染的原因之一，但同时也是科技创新发展的基础；随着流域产业层面的结构调整、提质增效，对生态环境的正向影响显现，系数为 0.059。滞后期的工业发展对科技创新的影响为负，表明传统工业比重的增加会降低科技创新发展的速率，而在当前产业结构由"二三一"向"三二一"的调整进程中，传统工业的削减与科技创新的发展呈"此消彼长"态势；此外，在生态环境方程及科技创新方程中，资本存量的系数都为正数，分别为 0.915 与 1.577，显示出基础设施投资与建设对两核心变量的正向贡献。滞后期 FDI 的相关系数也都为正，这也验证了前几章节计量模型的实证结论，体现出 FDI 在缓建生态环境压力，推进科技创新发展方面的积极贡献。随着各省市对 FDI 的甄别机制完善，对其先进技术和管理经验的消化吸收，流域已初步实现了"波特假说"。

2. IRF 分析

核心变量方面：首先利用 Stata 软件，给予 ECO 和 STI 两内生变量随机扰动项一个标准差的冲击，并采用 Monte Carlo 法 1000 次模拟定义脉冲函数的标准差，得到的每个被冲击变量滞后 0-6 期的脉冲响应（impulse response），如图 6-2 所示，其中横轴表示冲击发生的响应滞后期数（单位：年），根据结果，最终设定为 6 期。纵轴表示被冲击变量应对冲击的响应值。中间实线为脉冲响应曲线。虚线分别为 95% 和 5% 分位点的估计值以反映估计误差范围。虚线表示反应为 0。

具体分析核心变量：图 6-2（a）与 2（d）分别反映了生态环境与科技创新对自身一个标准差单位冲击下的动态响应趋势，两内生变量均在当期呈正相关，第 1 年有较小幅度的负响应，第 2 年皆出现了明显回调，并于第 3 年后趋近于 0。表示即便在某一期的生态环境或科技创新出现了发展水平的突然提升，也会在后期逐步回归到一个均衡状态，既体现出自我调节机制，也反映出模型本身具有稳定性；图 6-2（b）显示面对科技创新一个正交化冲击，生态环境在当期响应近乎为 0，而在第 1 年后有一个较小的负响应，第 2 年之后达到正响应峰值，而此后响应值削弱，直至收敛为 0。这与上文 GMM 的估计结果及分析结论相符，表明流域的科技创新质量仍有待提升，仍需进一步挖掘其对生态环境修复及改善的驱动力；图 6-2（c）描述了 STI 在 ECO 一个标准差冲击下的响应路径，最大峰值出现在第 1 期，而从第 2 期开始下降，约在第 4 期后收敛于 0。表明流域生态环境对科技创新的促进作用仅限于短期，还未形成中长期的长效监督与反哺机制。

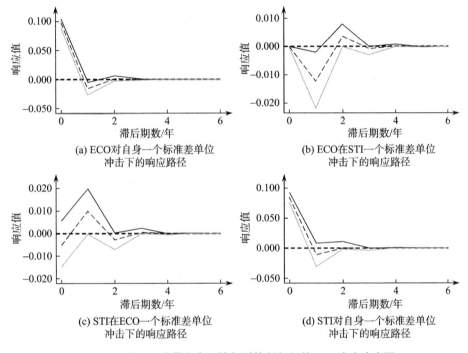

(a) ECO对自身一个标准差单位
冲击下的响应路径

(b) ECO在STI一个标准差单位
冲击下的响应路径

(c) STI在ECO一个标准差单位
冲击下的响应路径

(d) STI对自身一个标准差单位
冲击下的响应路径

图 6-2 长江经济带生态环境与科技创新间的 IRF 脉冲响应图

注：蒙特卡罗模拟 500 次后在 5% 两侧标准误下的结果。

控制变量方面的动态响应如图 6-3 所示。首先，两核心变量在面对 PG-DP 一个标准差单位冲击下，都表现出一定程度的正响应，差别是生态环境对 PGDP 脉冲的响应强度较弱，而科技创新的正向响应曲线随着响应期限的延续而呈现逐渐扩大的趋势。表现了经济发展水平对科技创新发展的积极影响要强于其之于生态环境，也映射出部分地区为了经济数据而不惜牺牲生态环境的发展痛点；其次，就 INS2 的一个正交化冲击而言，生态环境的

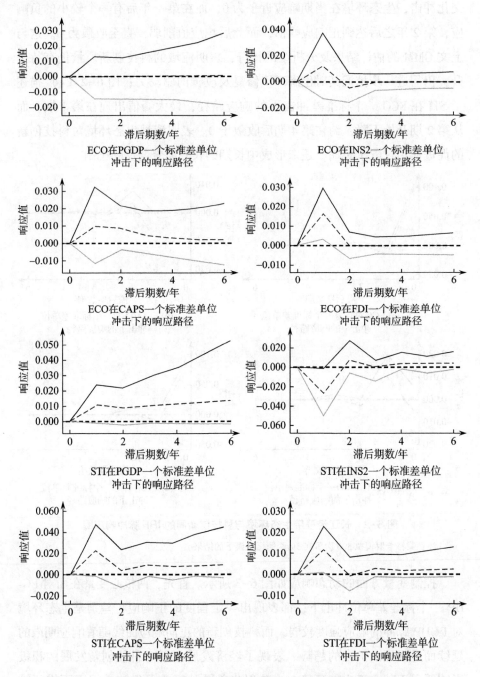

图 6-3　流域生态环境-科技创新与其影响因素间的 IRF 脉冲响应图

响应在第 1 期为正，而科技创新在第 1 期反而为负，随后在第 2 期皆呈反向波动，但从此后生态环境与科技创新的脉冲响应趋势来看，流域产业结构调整对两核心变量的长期促进作用还是可见的；最后，给 CAPS、FDI 一个标准差的冲击，ECO 与 STI 的响应趋势类似，在第 1 期达到最大值，经历了 2、3 期的波动后的正向影响趋于稳态收敛。体现了流域各省市在基础设施建设与外商投资两个影响因素方面的长足发展，已经对生态环境及科技创新产生了长期促进作用。各控制变量动态响应的具体经济释义与前文系统 GMM 部分相似，在此不再赘述。

综上所述，本章罗列的经济发展、产业结构、资本存量及外商直接投资四个影响因素在考察期内，都已经与生态环境、科技创新间形成了长期互动关系。但就两个核心变量本身而言，长江经济带生态环境与科技创新的交互影响仅在短期内互动作用明显，且收敛速度较快，尚未形成正向交互影响的长效机制。这种短期的脉冲响应趋势一方面因为长江经济带发展战略的提出时间较短，而各省市在创新协同与生态联防方面还不同步，诸侯经济与行政体制僵化可能是主要原因，当然也不排除地区间客观存在的发展情境差异；另一方面也表明，流域一体化、地区协同化是实现长江经济带"生态优先、绿色发展"的关键。

（二）省域间结果分析

长江经济带上、中、下游各省市间的发展情境各异，且存在明显的经济差距。结合上一章节空间分析的结论，在流域的东、中、西部片区虽然已经形成了几大增长极，但流域整体的一体化程度较低，所以有必要结合地理区块❶，进一步检验"生态环境与科技创新间动态响应"的区域异质性，这样也使本章节的研究更具针对性与实用性。

需要注意的是，PVAR 模型是一种非理论性的模型，回避了结构约束问题，高铁梅就曾指出，由于 PVAR 模型无需对变量作任何先验性约束，因

---

❶　对于长江经济带东、中、西部（上、中、下游）的分区依据，主要参照 2010 年 10 月国务院和国家发展改革委员会出台的《中共中央关于制定国民经济和社会发展第十二个五年规划的建议》中有关"四大板块"东、中、西部的划分标准。

此在实际应用时，往往不分析一个变量的变化对另一个变量的影响如何❶，而是分析一个内生变量的冲击给其他内生变量所带来的影响，以及每一个冲击对内生变量变化（用方差来度量）的贡献度，分别叫脉冲响应函数和方差分解；与此同时，李子奈也提出 PVAR 模型只能对没有政府干预且完全按市场规律运行的经济系统进行预测，而对于存在政府干预的系统则很难预测成功❷，而考察期内流域诸多省市在科技创新及生态环境方面的发展执行的是计划和市场价格双轨制；此外，按区域板块分析会造成数据量的减少，导致 PVAR 模型的某些估计系数不显著。

虑及上述情况，本节借鉴冯烽、张陈俊的研究经验❸❹，不直接对 PVAR 模型的参数估计结果进行经济分析和政策评价，而是采用基于 PVAR 模型的脉冲响应函数和预测方差分解法，按地理区划来进一步分析各影响因素的外生扰动对两核心变量产生的动态效应。

1. IRF 分析

全流域及三片区生态环境与科技创新间的脉冲响应结果如图 6-4 所示，其中的（a）、（b）、（c）、（d）分别对应全流域、下游江浙沪三地、中游皖赣鄂湘四省及上游的川渝云贵四省市。全流域的 IRF 如图 6-3（a），具体已在前文分析，本节不再赘述，在此呈现旨在与流域各区的响应图进行比照。

一方面从两核心变量对自身冲击的动态响应进行分析、长江上、中、下游各自的 ECO 对其自身一个标准差单位冲击下的动态响应轨迹趋同。脉冲响应速度与持续时间方面，在初始期呈正相关，在第 1 年呈负向响应，第 2 年后皆出现了正向回升，并于第 3 年后收敛于 0。但从响应强度上看，长

---

❶ 高铁梅. 计量经济分析方法与建模：Eviews 应用及实例（第二版）[M]. 北京：清华大学出版社，2009.

❷ 李子奈，叶阿忠. 高级应用计量经济学 [M]. 北京：清华大学出版社，2012.

❸ 冯烽. 内生视角下能源价格、技术进步对能源效率的变动效应研究——基于 PVAR 模型 [J]. 管理评论，2015，27（4）：38-47.

❹ 张陈俊. 区域用水量与经济增长关系的实证研究 [D]. 南京：河海大学，2016.

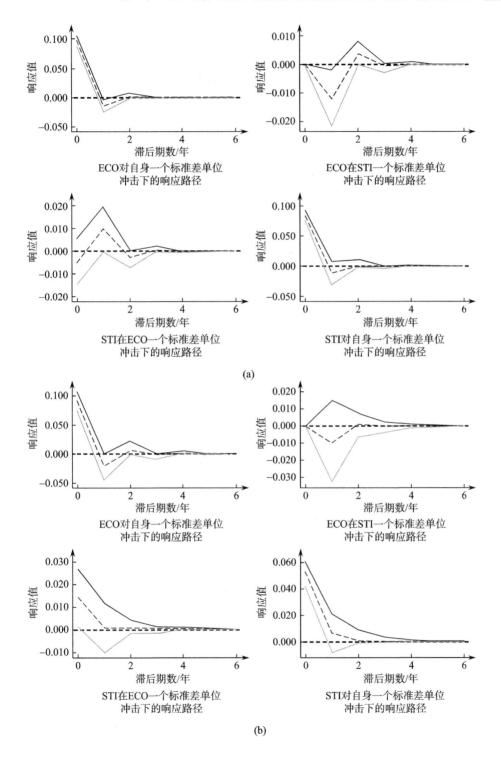

ECO对自身一个标准差单位
冲击下的响应路径

ECO在STI一个标准差单位
冲击下的响应路径

STI在ECO一个标准差单位
冲击下的响应路径

STI对自身一个标准差单位
冲击下的响应路径

(a)

ECO对自身一个标准差单位
冲击下的响应路径

ECO在STI一个标准差单位
冲击下的响应路径

STI在ECO一个标准差单位
冲击下的响应路径

STI对自身一个标准差单位
冲击下的响应路径

(b)

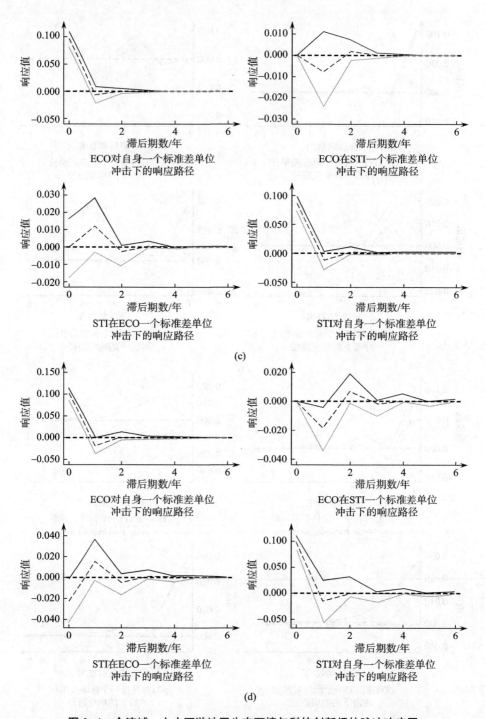

图 6-4　全流域、上中下游地区生态环境与科技创新间的脉冲响应图

江下游地区的负向响应值略大，正向回弹幅度也较明显，这反映了长江下游地区对生态环境的发展更敏感、强烈，环境规制相对于长江中上游也显得较为成熟且不失灵活性，自身纠错及治愈能力较强；长江上、中游地区的科技创新对自身冲击的动态响应轨迹与全流域相仿，从当期的正向自相关，到第 1 年受自身冲击后有小幅负响应，再到第 2 年呈明显回调，最终从第 3 年开始收敛于 0。长江上、中游 STI 在后期的负向响应映射出这些地区科技创新发展缺乏连续性的弊端。但与之形成鲜明对比的是，长江下游地区 STI 不管是在当期还是在未来几期，对其自身冲击的动态响应值始终为正，正向促进影响明显且连续，一方面凸显出下游地区在科技创新硬实力及技术市场消化吸收能力方面的流域引领地位；另一方面下游地区的"独善其身"也映射出其对长江中上游地区技术溢出效应较弱的问题。

另一方面再对两核心变量间的动态交互响应进行分析。全流域及各片区的 ECO 在面对 STI 一个正交化冲击后的响应趋势类似。生态环境皆从当期近乎为 0 的状态，变化为未来第 1 期的较小负响应，随后的第 2 年再回弹至正响应的峰值，而此后的响应值逐渐收敛为 0。脉冲响应速度与持续时间方面显示，全流域各省市的科技创新发展对生态环境的正向促进作用并不是立竿见影，时滞性明显，因此在以"创新驱动，推进生态文明建设"进程中，需要一定的耐心。脉冲响应强度对比显示，长江上游地区的 ECO 对 STI 的冲击响应震幅较大，长江下游地区的波动则最弱，这说明长江上游四省市的生态环境发展与科技创新的关联系数更大，亟待借助科技创新来推进传统产业转型升级，进而减少生产过程中的环境污染现象。而长江下游江浙沪三地的科技创新已经达到较高水平，对生态环境的促进作用呈边际效应递减，因此一方面要关注地区科技创新质量的提升；另一方面则应从其他方面着手，协同推进地区生态文明建设。

长江上、中、下游的 STI 在受到 ECO 单位冲击下的响应路径各异：长江下游 STI 的当期响应为正，而滞后 1 期后降为 0。长江中上游的正向峰值均出现在第 1 期，此后略有波动，大约在第 4 期开始稳态收敛于 0，区别在于长江中游的当期响应为 0，而长江上游的当期响应为负。所有区块的生态环境皆对未来的科技创新产生了一定的正向促进作用。对于此类脉冲响应路径的地区间差异及机制解释，本质上与前文 ECO 在面对 STI 一个正交化冲击后的响应机制解释相对应，主要体现在科技创新高地与洼地间，在面对日益严苛的生态环境规制与约束调整时，所表现出的敏感度及迫切性上，在此不再赘述。

总而言之，流域生态环境发挥了其作为检验科技创新质量的标尺作用，一定程度上反哺了科技创新发展，尤其在"生态优先、绿色发展"的理念下，对流域未来科技创新的发展方向及质量提出了更高的要求。但值得一提的是，应该客观面对科技创新发展初期的环境污染问题，在保证区域经济以适当速度发展的前提下，环境污染在所难免。较为合理的做法是根据流域各区处于不同的发展阶段、当地的生态环境容量，采取匹配的环境规制政策，因地制宜地加大环境规制强度，切勿"一刀切"同等对待，注重环境规制政策工具的多元化使用，如采取污染许可证等市场型政策工具，补贴符合排放要求的示范企业等。

2. 方差分解分析

上述 IRF 研究证实了流域生态环境与科技创新的发展是双向互动关联的，但是脉冲响应仅是从方向和绝对变动幅度来判断其相关性，忽略了变量自身变化的标准差和频度在各期的动态变化差异，很难客观地比较各变量孰轻孰重。于是下文额外引入了已被证实与两核心变量显著相关的 4 个控制变量，并通过方差分解技术，进一步细分各变量对核心变量的时序影响贡献度。表 6-5 给出了生态环境及科技创新误差项的第 10、第 20、第 30 个预测期的方差分解结果，下文对其区间差异性做具体分析。

长江下游地区核心变量分析：两核心变量对其自身变化的解释度随着预测期的推移呈边际递减趋势，但也都超过了 57%，说明江浙沪片区的前期生态环境与科技创新状况能够较大程度地影响未来的发展，存在明显的正反馈效应。同时，ECO 与 STI 之间的交互解释是非对称的，生态环境对科技创新的平均影响（0.058）要高于科技创新之于生态环境（0.015）。

长江下游地区控制变量分析：PGDP、INS2、CAPS 对 ECO 及 STI 的解释贡献度随着预测期的延后而呈递增趋势，表明经济发展水平、产业结构调整、基础设施建设对长三角生态环境、科技创新的影响是长期的，存在一定的滞后性。在 ECO 误差项的解释比率方面，除了自身贡献了大部分，当地发达的经济水平及其完善的基础设施的占比较大，在第 30 个预测期累计达 0.130。在 STI 误差项的解释比率方面，除了自身贡献了大部分，配套的科研环境及外向型经济类型占比较大，在第 30 个预测期累计达 0.316。另外，FDI 对 ECO 误差项的解释能力逐期递增，但对 STI 的影响在第 10 期就处于稳定状态。总体看来，两核心变量在下游长三角地区的发展，主要受到其发达的经济发展水平、完善的基础设施环境及其外向型经济类型的影响。

表 6-5　PVAR 模型的方差分解结果

区域	被冲击变量	期数	冲击变量					
			DlnECO	DlnSTI	DlnPGDP	DlnINS2	DlnCAPS	DlnFDI
流域	DlnECO	10	0.922861	0.015717	0.001540	0.006557	0.026647	0.026679
	DlnSTI	10	0.006577	0.712176	0.107873	0.070405	0.089226	0.013743
	DlnECO	20	0.906522	0.016059	0.011965	0.007358	0.031468	0.026629
	DlnSTI	20	0.008281	0.390922	0.335342	0.061634	0.185195	0.018627
	DlnECO	30	0.836713	0.017517	0.056795	0.010828	0.051720	0.026428
	DlnSTI	30	0.009587	0.144622	0.509792	0.054918	0.258706	0.022374
长江下游	DlnECO	10	0.877415	0.014950	0.056110	0.006440	0.033060	0.012020
	DlnSTI	10	0.059440	0.613181	0.017510	0.020470	0.131580	0.157819
	DlnECO	20	0.841543	0.014770	0.064890	0.007960	0.052840	0.018010
	DlnSTI	20	0.057790	0.582462	0.030000	0.021610	0.150510	0.157633
	DlnECO	30	0.826221	0.014690	0.068620	0.008610	0.061290	0.020560
	DlnSTI	30	0.057090	0.569536	0.035280	0.022080	0.158460	0.157552
长江中游	DlnECO	10	0.718946	0.175990	0.005260	0.078850	0.007210	0.013750
	DlnSTI	10	0.035530	0.735345	0.040420	0.173100	0.013230	0.002370
	DlnECO	20	0.624217	0.199530	0.075550	0.077310	0.00920	0.014190
	DlnSTI	20	0.019240	0.489656	0.356770	0.103175	0.019140	0.012010
	DlnECO	30	0.203135	0.211950	0.504950	0.03970	0.020220	0.020040
	DlnSTI	30	0.004220	0.242026	0.678010	0.028991	0.024890	0.021860

区域	被冲击变量	期数	冲击变量					
			DlnECO	DlnSTI	DlnPGDP	DlnINS2	DlnCAPS	DlnFDI
长江上游	DlnECO	10	0.764054	0.012580	0.102229	0.002840	0.115770	0.002520
	DlnSTI	10	0.762530	0.012498	0.102980	0.002742	0.116730	0.002521
	DlnECO	20	0.752311	0.011960	0.107994	0.002110	0.123110	0.002510
	DlnSTI	20	0.752160	0.011955	0.108070	0.002106	0.123200	0.002510
	DlnECO	30	0.751110	0.01190	0.108579	0.002050	0.123850	0.002510
	DlnSTI	30	0.751090	0.01190	0.108590	0.002046	0.123860	0.002508

注：PVAR 模型的用途之一就是预测，本表为蒙特卡洛模拟 1000 次后所生成的 95% 置信水平下的面板方差分解结果，囿于篇幅只列出第 10、20、30 个预测期的数据，这与本研究首尾跨度 19 年的考察期并不矛盾。呈现全流域的分解数据旨在与流域各区的结果进行比照分析。

长江中游地区核心变量分析：两核心变量的方差分解结果显示，虽然该区域生态环境及科技创新在短期内存在正反馈效应，在第 10 个预测期对其自身误差的解释贡献度分别为 0.719、0.735，但这种影响缺乏连续性，随着预测期的推移，ECO 与 STI 皆对自身变化的解释度呈边际递减趋势，尤其在第 30 个预测期的解释率仅为 0.203、0.242，而同期他影响因素对两核心变量的累计解释贡献却高达 0.585、0.754。此外，ECO 与 STI 间的交互解释与上游情况相反，ECO 对 STI 的平均影响（0.020）要远低于 STI 之于 ECO（0.196），表明该地区的科技创新一定程度上可以改善生态环境，但生态环境对科技创新的反哺效能却不明显。

长江中游地区控制变量分析：PGDP、CAPS、FDI 三者对 ECO 及 STI 的解释贡献度随着预测期的延后而逐年递增，尤其是 PGDP 对两核心变量的长远影响最大，在第 30 期分别达到 0.505、0.678，唯独 INS2 的解释贡献度逐渐降低。这与前文的结论相符，长江中游地区的资源依赖型传统产业基数大，而高新技术产业占比低，大多处于产业链前端和价值链低端，造成地区工业污染严重、科技含量偏低。同时也暴露出某些省市在发展生态环境及科技创新方面的短视问题严重、长效机制缺失。

长江上游地区核心变量分析：在第 10 期的方差分解结果已经与第 20、第 30 期的结果相近，说明经过 10 个预测期后的系统已经稳定。核心变量方面：ECO 对自身变动的解释贡献度始终保持在 0.751 以上，正反馈现象明显，而 STI 对自身变动的解释度却始终停留在 0.012 左右，发展疲软且易受到其他因素的影响。核心变量间的交互作用显示，ECO 对 STI 的预测期平均影响（0.755）远高于 STI 之于 ECO（0.058），表明科技创新对生态环境的促进作用还不明显，而生态环境对科技创新的影响却较大，反哺效能明显。

长江上游地区控制变量分析：PGDP、CAPS 对两核心变量误差项的平均解释能力为 0.106、0.121，说明该地区生态环境与科技创新的长远发展，与当地经济发展水平和基础设施建设密切关联。INS2 对两核心变量变动效应的解释能力微弱，平均贡献度为 0.002，而 FDI 也仅为 0.003，究其原因，上游地区资源禀赋优越，但囿于地处西南边陲，交通等基础设施不便，阻碍了工业原料的流入与产品的输出，造成了当地资源依赖型产业占比较高且经济对外开放度较低，加之当前农业和旅游业的方兴未艾，虽然一定程度上促进了对当地生态环境的修复与改善，但也削弱了地方科技创新发展的内生动力。

四、本章小结

本章继前文对生态环境与科技创新间的时空非均衡关系分析后，再次从变量间双向非均衡交互关系视角，借助 PVAR 模型中的 GMM 法、脉冲响应函数法及方差分解法，剖析流域及各区生态环境、科技创新及其各影响因素间的互动方向、响应周期与强度、时序交互影响贡献。

全流域研究结果显示，经济发展、产业结构、资本存量及外商直接投资四个影响因素在考察期内，都已经与生态环境、科技创新间形成了长期互动关系。但就两个核心变量本身而言，长江经济带生态环境与科技创新的交互影响仅在短期内互动作用明显，且收敛速度较快，尚未形成正向交互影响的长效机制。具体来说：①在系统 GMM 模型中，当被解释变量为生态环境时，上一年生态环境的污染对其自身下一年的发展影响系数为 -0.183，存在长期的负面累积效应。粗放式科技创新的滞后一期对生态环境的弹性系数为 -0.170，负面影响具有持续时滞性；脉冲响应函数分析显示，面对科技创新一个正交化冲击，生态环境在当期响应近乎为 0，而在第

1年后有一个较小的负响应，第2年之后达到正响应峰值，此后响应值逐渐削弱，直至收敛为0。表明流域的科技创新质量仍有待提升，仍需进一步挖掘其对生态环境修复及改善的驱动力。②在系统GMM模型中，当被解释变量为科技创新时，滞后一期的生态环境对未来科技创新的影响系数为0.081，一定程度上可以反哺科技创新质量的提升。滞后一期的科技创新却对其未来的发展影响系数为-0.215，反映出流域个别省市既存的"经济中心、投入导向"的短视问题，加之科创环境营造的长效机制缺失，导致科创发展不稳定，后期缺乏连续性；脉冲响应函数分析显示，科技创新在生态环境一个标准差冲击下的响应路径，最大峰值出现在第1期，而从第2期开始下降，约在第4期后收敛于0。表明流域生态环境对科技创新的促进作用仅限于短期，还未形成中长期的长效监督及反哺机制。

省域间研究结果显示，①生态环境在面对科技创新一个正交化冲击后的响应趋势类似。生态环境皆从当期近乎为0的状态，变化为未来第1期的较小负响应，随后的第2年再回弹至正响应的峰值，而此后的响应值逐渐收敛为0。脉冲响应速度与持续时间方面显示，全流域各省市的科技创新发展对生态环境的正向促进作用并不是立竿见影，时滞性明显。脉冲响应强度对比显示，长江上游地区的生态环境对科技创新的冲击响应震幅较大，长江下游地区的波动则最弱，说明长江上游四省市的生态环境与科技创新的关联更大，亟待借助科技创新来推进传统产业转型升级，进而减少生产过程中的环境污染。而长江下游江浙沪三地的科技创新已经达到较高水平，对生态环境的促进效应递减，因此一方面要关注地区科技创新质量的提升，另一方面则应从其他方面着手，协同推进地区生态文明建设。②长江上、中、下游的科技创新在受到生态环境单位冲击下的响应路径各异：长江下游科技创新的当期响应为正，而滞后1期后降为0。长江中上游的正向峰值均出现在第1期，此后略有波动，大约在第4期开始稳态收敛于0，区别在于长江中游的当期响应为0，而长江上游的当期响应为负。所有区块的生态环境皆对未来的科技创新产生了一定的正向促进作用。由此可见，区域层面两核心变量间的交互影响是非对称的，动态响应幅度与周期存在明显的区域异质性。其中，长江下游地区生态环境对科技创新的影响高于科技创新之于生态环境，生态环境的反哺效能明显；长江中游的科技创新一定程度上可以改善生态环境，但生态环境对科技创新的反哺效能却不明显；长江上游的科技创新对生态环境的促进作用还不明显，而生态环境的反哺效能明显。

此外，流域经济的长期粗放式发展仍然是生态环境污染的原因之一，传统工业的削减与生态环境、科技创新的发展呈"此消彼长"态势，而基础设施建设与FDI对两核心变量都起到了长期而积极贡献。

研究进一步指出，生态环境与科技创新的发展中皆不可因短视而一味追求"投入导向"和"GDP考核"，而更应该基于长远社会责任，追求生态环境与科技创新间的持续良性互动。生态环境对科技创新发展的角色与作用应由推进科技创新投入与速度的牺牲者，转为提升效率与质量的监督者：既要关注生态环境作为稀缺要素对科技创新发展的资源约束，亦要挖掘其推进科技创新发展的长远驱力，视其为检验科技创新质量的重要标尺，督促高能耗、高污染的传统企业开展科技创新活动，倒逼产业升级、节能减排、提质增效，更应发挥其对资金、人才等创新要素的吸附配置功能，扭转当前流域对低端要素的过度路径依赖。

第七章 结论与展望

前文首先基于相关经济学理论，将既存文献的实证结果与国际典型地区的发展案例相结合，构建了生态环境与科技创新间的"非均衡互动作用传导机制"概念模型。随后借助多种计量经济学模型，围绕生态环境与科技创新间的非均衡影响关系，分别从存在性、时间、空间、互动关系方面，对长江经济带地区进行了实证检测分析。本章则对前文的研究结论进行总结，提出了相关政策建议，并指出对后续研究的目标方向。

一、主要研究结果

（一）生态环境与科技创新间存在非均衡互动作用传导机制

本书基于内生经济增长理论与创新理论，对罗默和诺德豪斯的增长理论进行整合，将生态环境与科技创新置于同一分析框架下，并从多层面、多视角捋清在不同发展阶段与背景下，区域生态环境与科技创新间的双向影响关系。研究显示，按照互动路径方向、效应强度、载体中介三方面，可以构建生态环境与科技创新之间的"非均衡互动作用传导机制"概念模型，其间的交互影响作用可以划分为直接影响关系与间接影响关系。直接影响关系方面，两核心变量间既可能存在粗放型直接影响路径，也可能存在绿色型直接影响路径；间接影响关系方面，如果将生态环境与科技创新置于更为宽泛的社会发展系统中，两者间的作用关系也可能因为一些宏观或微观的中介载体因素，而在作用传导机制上受到限制。

（二）长江经济带的生态环境与科技创新间存在非均衡发展关系

1998—2016 年长江经济带整体的"经济—生态—科创"三系统的综合

评价指数介于 0.334 与 0.499 之间，总体仍处于中等偏低水平。除生态环境指数在考察期始末略微提高，科技创新、经济基础及综合发展水平指数都呈下降趋势；系统耦合协调度指数方面，地区间及地区内的系统耦合协调发展程度参差不齐，造成全流域整体的耦合协调度低偏低，D 值处于 0.625 与 0.658 之间，考察期内皆处于初级协调阶段。省市间发展差距扩大是造成流域整体指数偏低的原因。按照耦合协调度的数值大小，大致可以将该全流域省市分为三大集团：江苏、浙江、上海构成的领先集团，考察期内的耦合协调度 D 值皆位于 0.7 以上，属于"中级协调"与"优质协调"并存阶段；安徽、湖北、湖南、四川组成的中等水平集团，四省的耦合协调度位于 0.55 与 0.70 之间，考察期内基本都在"勉强协调"与"初级协调"间游离；江西、重庆、云南、贵州四地形成的落后集团，耦合协调度均在 0.55 以下，各地多数年份处于"勉强协调"与"濒临失调"阶段。由此可见，长江经济带各省市协调发展程度参差不齐，存在"地区间发展不平衡、系统间发展不均衡"的突出问题；个别地区的科技创新发展仍存在以牺牲生态资源及自然环境为代价的粗放模式，流域多数省份科技创新对经济发展的推动效应有限，对生态环境的支撑作用还不够明显，其发展的孤岛态势造成对其他系统的溢出效能甚微，反哺经济、修复环境的能力较弱。由此可以初步推断，全流域在经济快速发展进程中，科技创新、生态环境的发展匹配度不够，地区间及系统间具有非均衡发展特征。

(三) 长江经济带的生态环境与科技创新间存在时间非均衡影响关系

1998 年至 2016 年间，长江经济带科技创新对生态环境的影响不是简单的线性关系，而是存在阶段性经济门槛效应。当以 PGDP 为门槛变量时，全流域科技创新对生态环境影响的三重门槛效应在 5% 水平下显著，门槛估计值分别为 4972.466 元、8364.799 元、22 612.594 元，时间非均衡影响关系被验证。表明流全域的环境库兹涅茨曲线的拐点初显，科技创新驱动的经济发展已经对生态环境起到一定的正向拉动作用。但随着经济水平的不断发展，科技创新对生态环境的正向促进效能经历了出 0.559 到 0.759 的提升阶段，当 PGDP 越过第二经济门槛 8365 元后，科技创新对生态环境的正向影响被削弱，弹性系数由 0.443 降低到 0.269，整体呈 S 型增长曲线特征。区域层面，江浙沪的科技创新对生态环境的正向相关系数为 0.193，低于中游四省的 0.604 与上游省市的 0.675。

(四) 长江经济带的生态环境与科技创新间存在空间非均衡影响关系

1998 年至 2016 年间长江经济带科技创新全局 Moran's I 指数由 0.079 上升至 0.180，生态环境全局 Moran's I 指数由 0.031 上升至 0.248，空间集聚强度波动上升趋势明显，且均达到 10% 的显著性水平。说明长江经济带的科技创新与生态环境两项指标都具有显著的空间正相关特征，存在高—高集聚与低—低集聚的空间依赖性现象。此外，考察期内长江经济带多数省市在生态环境与科技创新发展方面的地理空间锁定及路径依赖性特征明显：一方面，沿岸省市生态环境与科技创新的发展，不仅受限于本地发展情境，也逐渐与邻近省份及其相关影响因素产生互动关联。其中，生态环境的发展存在空间溢出效应，邻近地区生态环境的发展每提升 1%，会带动本地生态环境 0.589% 的发展。科技创新对本地生态环境的影响明显，在 1% 的显著性水平下的直接效应为 0.601，空间溢出效应虽然为 0.299，但并不显著，表明科技创新对生态环境的影响目前主要限于本省份，而对其他相邻省市生态环境发展的空间溢出效应还不够；另一方面，区域生态环境与科技创新的发展存在空间分布极化趋势。长江经济带下游与中上游地区间的两极分化严重，呈"东高西低"的空间分异特征；最终，空间非均衡关系被验证，长江中上游省市间空间溢出效应失衡，生态环境协同治理差，科技创新合作交流少，技术创新与合作尚未超越对市场范式之追逐私人利益最大化的偏好和工具理性的路径依赖，仍处于各自为战的阶段，造成生态环境治理"邻避主义"盛行，出现了科技创新成果"西部开花、东部结果"的情况，区域一体化进程仍滞后于下游长三角地区。

(五) 长江经济带的生态环境与科技创新间存在非均衡互动影响关系

全流域研究结果显示，经济发展、产业结构、资本存量及外商直接投资四个影响因素在考察期内，都已经与生态环境、科技创新间形成了长期互动关系。但就两个核心变量本身而言，长江经济带生态环境与科技创新的交互影响仅在短期内互动作用明显，且收敛速度较快，尚未形成正向交互影响的长效机制。具体来说：①在系统 GMM 模型中，当被解释变量为生态环境时，上一年生态环境的污染对其自身下一年的发展影响系数为-0.183，存在长期的负面累积效应。粗放式科技创新的滞后一期对生态环境的弹性系数为-0.170，负面影响具有持续时滞性；脉冲响应函数分析显示，面对科技创新一个正交化冲击，生态环境在当期响应近乎为 0，而在第 1 年后有一个较小的负响应，第 2 年之后达到正响应峰值，此后响应值逐渐削弱，直至收敛为 0。表明流域的科技创新质量仍有待提升，仍需进一步挖掘其对生态环境修复及改善的驱动力。②在系统 GMM 模型中，当被解释变量为科技创新时，滞后一期的生态环境对未来科技创新的影响系数为 0.081，一定程度上可以反哺科技创新质量的提升。滞后一期的科技创新却对其未来的发展影响系数为-0.215，反映出流域个别省市既存的"经济中心、投入导向"的短视问题，加之科创环境营造的长效机制缺失，导致科创发展不稳定，后期缺乏连续性；脉冲响应函数分析显示，科技创新在生态环境一个标准差冲击下的响应路径，最大峰值出现在第 1 期，而从第 2 期开始下降，约在第 4 期后收敛于 0。表明流域生态环境对科技创新的促进作用仅限于短期，还未形成中长期的长效监督及反哺机制。

省域间研究结果显示，①生态环境在面对科技创新一个正交化冲击后的响应趋势类似。生态环境皆从当期近乎为 0 的状态，变化为未来第 1 期的较小负响应，随后的第 2 年再回弹至正响应的峰值，而此后的响应值逐渐收敛为 0。脉冲响应速度与持续时间方面显示，全流域各省市的科技创新发展对生态环境的正向促进作用并不是立竿见影，时滞性明显。脉冲响应强度对比显示，长江上游地区的生态环境对科技创新的冲击响应震幅较大，长江下游地区的波动则最弱，说明长江上游四省市的生态环境与科技创新的关联更大，亟待借助科技创新来推进传统产业转型升级，进而减少生产过程中的环境污染。而长江下游江浙沪三地的科技创新已经达到较高水平，对生态环境的促进效应递减，因此一方面要关注地区科技创新质量的提升，另一方面则应从其他方面着手，协同推进地区生态文明建设；②长江上中下游的科技创新在受到生态环境单位冲击下的响应路径各异：长江下游科技创新的当期响应为正，而滞后 1 期后降为 0。长江中上游的正向峰值均出现在第 1 期，此后略有波动，在第 4 期开始稳态收敛于 0，区别在于长江中游的当期响应为 0，而长江上游的当期响应为负。所有区块的生态环境皆对未来的科技创新产生了正向促进作用。由此可见，区域层面两核心变量间的交互影响是非对称的，动态响应存在明显的区域异质性。其中，长江下游地区生态环境对科技创新的影响高于科技创新之于生态环境，生态环境的反哺效能明显；长江中游的科技创新一定程度上可以改善生态环境，但生态环境对科技创新的反哺效能却不明显；长江上游的科技创新对生态环境的促进作用还不明显，而生态环境的反哺效能明显。

二、相关政策建议

2016 年《长江经济带发展规划纲要》提出了"生态优先、绿色发展"的基本思路，2018 年国务院政府工作报告中首次提出中国经济由高速增长阶段转向"高质量"发展阶段，而科技创新是高质量发展的核心。本书基于前文的实证结论认为，在生态环境约束日益加剧的发展背景下，长江经济带已经步入以生态环境规制作为推动科技创新发展政策工具的"特殊"发展阶段，基于当前流域生态环境与科技创新系统间存在的"非均衡"影响关系，相关政策的制订也应该以两者间"关系的共生性"和"系统的和谐性"为目标，即由相互关联事物之间良性互动的共生性所决定了的系统整体的和谐性，努力达到"融合共生"的发展状态。因此，下文主要重点围绕"系统交互长期促进""空间区位横向协调"及"主体层面纵向协同"三个方面提出相关政策建议，旨在促进长江经济带地区间的融合化、集聚化、协同化、差异化发展，将流域省市间的非均衡发展状态逐步转向质量型、效益型协调发展，这也是实现全流域可持续发展的关键。

(一) 系统交互影响长期双向促进方面

从许多国家和地区的发展经验来看，普遍存在"先污染再治理"的情况，即便是在科技创新进程的初期，也可能以牺牲生态环境及要素资源为代价。随着长江经济带生态污染问题的日益突出，生态资源及环境规制的"要素约束"及"发展阻尼"效应显现。但从第二章通过既存文献研究结果，总结的"非均衡互动作用传导机制"概念模型，以及第三章、第六章的实证结果来看，生态环境约束并不必然阻碍科技创新的发展，在流域东部省市的科技创新发展也已经对生态环境产生正向影响，所以，需要在认清客观存在的"非均衡"发展关系基础上，转变生态环境与科技创新间协调发展的互动角色，建立其间的良性长效互动机制。

1. 以"绿色导向"考量科创过程"生态友好"、产出"绿色环保"

流域科技创新则应由以往"投入导向"转为"效率导向"的发展模式，既要关注科技创新投入产出的"经济高效"，亦要强调"绿色导向"以考量科技创新过程是否"生态友好"、产出质量是否"绿色环保"。具体来说：要发挥科技创新对生态环境保护与建设的技术支撑作用，鼓励科技创新以提升高科技产业占比，普及资源利用率高的生产技术，减少对石油、煤炭等传统化石能源的攫取，降低高耗能产业占比，驱动环境友好型高价值产业的开发。

2. 发挥高质量生态环境对科创质量的标尺作用及其要素吸附功能

生态环境应由推进科技创新发展"投入与速度"的牺牲者，转为提升科技创新发展"效率与质量"的监督者。既要关注生态环境作为稀缺要素对科技创新的约束作用，亦要挖掘生态环境推进科技创新发展的驱动力，视其为检验科技创新质量的重要标尺：通过环评甄别机制以降低三高产业比重，督促高能耗、高污染的传统企业开展创新活动，倒逼产业升级、节能减排、提质增效；同时要发挥高质量生态环境对资金、人才等重要创新要素的吸附与配置功能，进而反哺科技创新提质增效发展，扭转当前流域对低端要素过度依赖的发展路径。

(二) 空间东中西大跨度横向协调方面

长江经济带东、中、西部经济发展差异明显，横向协调研究既要借鉴国外大跨度流域经济体的发展特点与成功经验，亦要结合国家发展战略与流域发展场景。本书第三章的实证结果显示，江浙沪的耦合协调度 D 值皆位于 0.7 以上，安徽、湖北、湖南、四川四省的耦合协调度位于 0.55 与 0.70 之间，江西、重庆、云南、贵州四地的耦合协调度均在 0.55 以下，地区间发展水平与地区内要素配置差异明显。第五章的实证结果显示，虽然邻近地区生态环境的发展每提升 1%，会带动本地生态环境 0.589% 的发展。但科技创新对邻省的空间溢出效应并不显著，流域生态环境与科技创新的发展存在空间分布极化趋势，"东高西低"的两极分化空间分异特征明显，这也说明前期以交通基础设施"硬连接"为纽带，依靠传统要素区间互补的优势正逐步减弱，而以产业转移的跨地域实体经济流动，促进区间协调发展的模式也已面临严峻挑战。因此在流域空间东中西大跨度横向协调方面，要注重如下两个环节。

1. 坚持政府引导、市场主导，在共通利益点基础上完善横向补偿

在生态环境约束日益加剧背景下，一方面以黄金水道为"硬连接"，从政府层面调动流域上下游地区积极性，在觅求共同利益点基础上，完善流域横向补偿机制，出台涉及沿江省市间"横向联动兼容"的流域协调政策，共同推进联防联治，实现要素跨区优化配置；另一方面更应围绕如何以科技创新为"软连接"，在信息技术与共享经济快速发展的当下，注重匹配市场法则，更为开放地以市场为主导来建立省市间利益共享与补偿机制，促进价值链高端要素的区间流动。譬如，长江经济带经济欠发达的中上游部分省份，在承接下游江浙沪发达地区的成熟产业转移时，政府应该对撤出地与承接区皆给予财税补贴、土地供给指标等政策优惠与扶持。流域长远发展战略分工中扮演配角、生态或水权等开发受限的长江中上游地区，应该借助财政转移支付等途径，在人、财、物等资源配给方面享受一定的政府扶持与物质补贴。这样才能改变既存的诸侯经济模式，由"被动外溢"转为"主动协同"，由"竞争"转为"竞合"的区域发展理念，争取由当前的"多极"空间结构，转为"带状网络"空间结构。

2. 多元化使用环境规制政策工具，差异化发展科技创新绿色路径

在互动统筹中，根据区域内自身发展情境，因地制宜地配比各种要素单元，尤其关注生态环境与科技创新的协调发展。全流域的环境规制强度不能"一刀切"，而应根据各省市的现实发展阶段与生态环境容量，差异化使用环境规制政策工具对科技创新发展的提升效能，通过与地区资源禀赋相匹配，把握新一轮科技革命带来的产业转型与绿色发展机遇，寻求差异化发展路径：如长江下游更应关注科技创新的发展质量，努力打造世界级高科技产业集群；长江中游部则应完善产业甄别机制，着重对现有传统产业的转型升级、绿色发展；长江上游应该保持其自然生态、地域人文的地域特色，并以此吸引高科技产业的入驻，专注生态环境对科技创新的反哺效能、创新要素的吸附功能，发展现代化农业、旅游业、大数据产业等生态环境友好型产业，避免走"先污染后治理"的老路。

(三) 主体微宏观多层面纵向协同方面

沿江省市内则应从宏观政策制度、中观园区企业、微观居民员工等创新主体层面实现"纵向联合协同"。宏观层面完善生态优先、绿色发展的流域产业甄别机制固然重要，要继续扶持能产生正外部性而投资不足的科技创新活动，但也不可忽视中微观层面的纵向协同。从本书的实证结果来看，第四章东部的产业结构对生态环境的影响系数为1.858，中部的产业结构影响系数为-1.996，东部的人力资本与居民消费对生态环境的回归系数分别为-0.103与-0.006，而西部的人力资本与居民消费对生态环境的回归系数分别为-0.066与-0.001。在第五章的SDM模型中，流域产业结构对生态环境的影响系数为-0.511，人力资本的相关系数为-0.027。因此在多层面纵向协同方面，如何解决现实中客观存在的创新主体意识疏导问题，怎样激发传统企业及企业家对创新投资的动力？怎样为生态友好型企业的科技创新发展减负？如何扭转既存企业仅关注技术创新而忽视服务、制度、理念的创新，单关注发明专利数量而忽视科技创新互动与产业化的窘境？因此需要在中观层面将资源消耗、环境污染、生态效益等指标纳入企业绩效评价体系中。

1. 整合技术准入门槛与环境规制强度，推动绿色科创成果市场化

第一，在提高生产技术准入门槛的同时，要匹配环境规制的惩处力度，谨防企业粗放模式获益远大于环境规制惩处时所滋生的科创投机心理，切实推进企业开展研发活动与技术升级，淘汰传统落后产能；第二，须完善环境补偿统筹机制，对传统企业开展技术创新的活动给予相应的"创新补偿"激励，在提高企业生产效率和竞争力的同时，实现产业结构优化升级；第三，要建立各级政府、高校、科研院所、企业、中介机构间的协同机制，完善科技企业孵化体制，推动绿色科创成果的流动与产业化。

2. 挖掘生态文明建设的创新协同动能，从需求侧倒逼供给侧调整

与此同时，要注意到居民既是消费者亦是生产者，因此要挖掘生态文明建设对微观民众的创新协同动能，宣传绿色低碳的生活方式，培育节能降耗等环保意识，倡导资源共享消费模式，推广资源友好型技术与商品，从需求侧倒逼供给侧产业调整。亦可从市场方面发挥价格杠杆的调节作用以引导绿色消费，间接影响生态环境及科技创新的发展。

三、未来研究展望

在本书既定设计框架下，已基本完成整篇的写作，但在写作过程中也意识到，受主客观条件的限制，相关章节的研究存在未尽之处，如果针对这些点进一步展开细化分析，仍然具有很强的现实应用价值。因此，结合本书的研究方向和现有的研究成果，笔者对后续研究的展望如下：

(一) 样本数据方面

虽然本书的数据搜集及整理工作长达三个月之久，但对于数据的更新与评价指标的更换所耗费的时间更长。即便如此，未来仍可以通过优化样本数据展开深入研究。譬如，现有数据来源于各省份相关的统计年鉴，缺乏一手数据的搜集，导致与宏观数据研究间缺乏比照，对中微观层面的深层原因剖析不够；同时，考察期内相关统计年鉴中的统计口径存在差异，尤其是近期年鉴中出现的重要指标在考察期早期缺失，较匹配合理的评价指标却缺乏连续性与可获得性；此外，现有数据为长江经济带 11 省市的省域数据，未来研究可以进一步将沿江一百多个城市的数据带入计量模型，以进一步验证本研究结论的显著性与针对性。

(二) 研究方法方面

长江经济带各省市的资源禀赋和外部环境各异，造成不同发展情境下的地区发展路径存在差异，因此后续研究需要采用更有针对性的研究方法，有效辨析流域各省市的发展路径及类型。譬如可以对国内外代表地区展开案例研究，对国外数据进行实证检验；借助问卷调查法进行实地调研，搜集各地区相关情况的一手数据；使用系统动力学等实证方法，动态模拟各地区发展路径的演化轨迹；也可以完善相关综合评价指标体系，寻找核心变量的其他重要影响因素。通过上述研究方法的调整，可以进一步丰富完善生态环境与科技创新的区域动态影响传导机制，为 11 省市寻求差异化发展路径提供参考，在研究应用的普适性基础上提升针对性，增强研究结论的科学性与实用性。

(三) 研究视角方面

本书主要从宏观尺度研究生态环境与科技创新间的非均衡关系。长江经济带一体化发展不仅涉及地区间要素资源、管理模式等区域横向联动问题，也需要在宏观国家政策指导框架下，从中观沿江企业园区及微观居民员工等尺度，深度剖析主体间的纵向协同问题。本书尚且缺少对中微观尺度的实地调研数据与分析研究，因此未来研究可以聚焦如何构建多区域、多系统、多层面间的互动协作机制与路径，如何以需求为导向、以市场为主导、以互补为方式、以共赢为目标，深入挖掘产业分工与主体合作的内生驱动力，将宏观因素和中微观因素相结合，这也是新时代发展背景下促进长江经济带省市间协调发展的关键之一。

参考文献

[1]国务院.关于依托黄金水道推动长江经济带发展的指导意见[EB/OL].
(2014-09-25)[2017-08-07]http://www.gov.cn/zhengce/content/2014-09/
25/content_9092.htm.

[2]中华人民共和国国家统计局.中国统计年鉴[M].北京:中国统计出版社,
1999-2017.

[3]成长春.长江经济带协调性均衡发展的战略构想[J].南通大学学报(社会
科学版),2015(1):1-8.

[4]亚当·斯密.国富论[M].北京:华夏出版社,2005,1:23-29.

[5]西奥多·W.舒尔茨.报酬递增的源泉[M].北京:北京大学出版社,
2001:108.

[6]杨杨.土地资源对中国经济的"增长阻尼"研究[D].杭州:浙江大
学,2008.

[7]威廉·配第.汉译世界学术名著丛书:配第经济著作选集[M].上海:商务
印书馆,1983.

[8]布阿吉尔贝尔.布阿吉尔贝尔选集[M].上海:商务印书馆,1984:170.

[9]马尔萨斯.人口原理[M].上海:商务印书馆,1992:24-52.

[10]李嘉图.政治经济学及赋税原理[M].伦敦:伦敦出版社,1817.

[11]约翰·穆勒.政治经济学原理[M].北京:华夏出版社.2009.

[12]叶平.人与自然:西方生态伦理学研究概述[J].自然辩证法研究,1991
(11):4-13,46.

[13]MARSH G. P. Marsh. Man and Nature; Or, Physical Geography as modified
by human action[M]. Cambridge, mass, 1864.

[14]阿尔弗雷德·马歇尔.经济学原理[M].北京:人民日报出版社,
2009:531.

[15]HARROD. R. F. Towards a dynamic economics, some recent developments of

economic theory and their application to policy[R]. 1948.

[16]SOLOW. R. M. A contribution to the theory of economic growth[J]. The quarterly journal of economics,1956,70(1):65-94.

[17]SOLOW. R. M. Technical change and the aggregate production function[J]. The review of Economics and Statistics,1957,39(3):312-320.

[18]SOLOW. R. M. Intergenerational equity and exhaustible resources[J]. The review of economic studies,1974,(41):29-45.

[19]STIGLITZ. J. Growth with exhaustible natural resources:efficient and optimal growth paths[J]. The review of economic studies,1974,(41):123-137.

[20] DASGUPTA. P. S, Heal G M. Economic theory and exhaustible resources [M]. Cambridge University Press,1979.

[21]BAUMOL. W. J. Productivity growth,convergence,and welfare:what the long-run data show[J]. The American Economic Review,1986,76(5):1072-1085.

[22]NORDHAUS. W. D,STAVINS. R. N,WEITZMAN. M. L. Lethal model 2:the limits to growth revisited[J]. Brookings papers on economic activity,1992 (2):1-59.

[23]CHICHILNISKY. G,HEAL. G,BELTRATTI. A. The green golden rule[J]. Economics Letters,1995,49(2):175-179.

[24]KUZNETS. S. S,JENKS. E. Shares of Upper Income Groups in Income and Savings[M]. National Bureau of Economic Research,1955.

[25]A. C. PIGON. 福利经济学[M]. 北京:商务印书馆,2009:425.

[26]LEONTIEF. W. W. Quantitative input and output relations in the economic systems of the United States[J]. The review of economic statistics, 1936 (18):105-125.

[27]SAMUELSON. P. A. Foundations of economic analysis[J]. Harvard University Press,1948.

[28] NORDHAUS. W. D, TOBIN J. Is growth obsolete? [M]. Economic Research:Retrospect and prospect,Economic growth. Nber,1972(5):1-80.

[29]汤尚颖. 资源经济学[M]. 北京:科学出版社,2014:19.

[30] MEADOWS. D. H, MEADOWS. D. L, RANDERS. J, et al. The limits to

growth[J]. New York,1972(102):27.

[31]朱利安·林肯·西蒙. 没有极限的增长[M]. 成都:四川人民出版社,1985.

[32]ROMER. P. M. Endogenous technological change[J]. Journal of political Economy,1990,98(5):S71–S102.

[33]LUCAS. R. E. On the mechanics of economic development[J]. Journal of monetary economics,1988,22(1):3–42.

[34]GROSSMAN. G. M,KRUEGER. A. B. Environmental impacts of a North American free trade agreement[R]. National Bureau of Economic Research,1991.

[35]STOKEY. N. L. Are there limits to growth? [J]. International economic review,1998,39(1):1–31.

[36]SCHOLZ. C. M,ZIEMES. G. Exhaustible resources,monopolistic competition, and endogenous growth[J]. Environmental and Resource Economics,1999, 13(2):169–185.

[37]BARBIER. E. B. Endogenous growth and natural resource scarcity[J]. Environmental and Resource Economics,1999,14(1):51–74.

[38]GRIMAUD. A,ROUGE. L. Non–renewable resources and growth with vertical innovations:optimum,equilibrium and economic policies[J]. Journal of Environmental Economics and Management,2003,45(2):433–453.

[39]ACEMOGLU. D,AGHION. P,BURSZTYN. L,et al. The environment and directed technical change[J]. American economic review, 2012, 102 (1):131–66.

[40]王克强,赵凯,刘红梅等. 资源与环境经济学[M]. 上海:上海财经大学出版社,2007.

[41]FOSTER. J. B. Marx's theory of metabolic rift:classical foundations for environmental sociology[J]. American journal of sociology, 1999, 105 (2):366–405.

[42]BOULDING. K. E. Ecodynamics:a new theory of societal evolution[M].

SAGE Publications,Incorporated,1978.

[43]KNEESE. A. V,AYRES. R. U,D′ARGE. R. C. Economics and the environment:a materials balance approach[M]. Routledge,2015.

[44]马克思.资本论[M].北京:人民出版社,2004:427.

[45]熊彼特.经济发展理论[M].北京:商务印书馆,1990:73.

[45]SCHUMPETER. J. The Theory of Economic Development[M]. Harvard University Press,1912(5):67-75.

[46]ROSTOW. W. W. The stages of economic growth:A non-communist manifesto [M]. Cambridge university press,1990.

[47]UTTERBACK. J. M,ABERNATHY. W. J. A dynamic model of process and product innovation[J]. Omega,1975,3(6):639-656.

[48]FREEMAN. C. The economics of industrial innovation[J]. 1982.

[49]BUSH. V. Science,the endless frontier:A report to the President[M]. US Govt. print. off. ,1945.

[50]MUESER RONALD. Identifying technical innovations[J]. IEEE Transactions on Engineering Management,1985(4):158-176.

[51]张来武.科技创新驱动经济发展方式转变[J].中国软科学,2011(12):1-5.

[52]傅家骥,姜彦福,雷家肃.技术创新——中国企业发展之路[M],北京:企业管理出版社,1992.

[53]傅家骥.技术创新学[M].北京:清华大学出版社,1998.

[54]周寄中.科学技术创新管理[M].北京:经济科学出版社,2002.

[55]李文明,赵曙明,王雅林.科技创新及其微观与宏观系统构成研究[J].经济界,2006(6):60-63.

[56]洪银兴.科技创新与创新型经济[J].管理世界,2011(7):1-8.

[57]洪银兴.科技创新阶段及其创新价值链分析[J].经济学家,2017(4):5-12.

[58]DINDA. S. A theoretical basis for the environmental Kuznets curve[J]. Ecological Economics,2005,53(3):403-413.

[59]陆旸,郭路.环境库兹涅茨倒U型曲线和环境支出的S型曲线:一个新古典增长框架下的理论解释[J].世界经济,2008(12):82-92.

[60]ANGELOPOULOS. K,ECONOMIDES. G,PHILIPPOPOULOS. A. What is the best environmental policy? Taxes,permits and rules under economic and environmental uncertainty [J]. Social Science Electronic Publishing, 2010 (3).

[61]赵昕,郭晶.中国低碳经济发展的技术进步因素及其动态效应[J].经济学动态,2011(5):47-51.

[62] ROMER. P. M. Increasing returns and long-run growth [J]. Journal of political economy,1986,94(5):1002-1037.

[63] PORTER. M. E. The competitive advantage of nations[J]. Harvard business review,1990,68(2):73-93.

[64] NEWELL. R. G,JAFFE A B,STAVINS. R. N. The Induced Innovation Hypothesis and Energy-Saving Technological Change[J]. Quarterly Journal of Economics,1999,114(3):941-975.

[65]POPP. D . Induced Innovation and Energy Prices[J]. American Economic Review,2002,92(1):160-180.

[66]AUTIO. E. Evaluation of RTD in regional systems of innovation[J]. European Planning Studies,1998,6(2):131-140.

[67] WERKER. C,ATHREYE S. Marshall's disciples:knowledge and innovation driving regional economic development and growth[J]. Journal of Evolutionary Economics,2004(5):505-523.

[68]NORDHAUS. W. D. Resources as a Constraint on Growth[J]. The American Economic Review,1974,64(2):22-26.

[69]NORDHAUS. W. D. Economic growth and climate:the carbon dioxide problem[J]. The American Economic Review,1977,67(1):341-346.

[70]NORDHAUS. W. D. To slow or not to slow:the economics of the greenhouse effect[J]. The economic journal,1991,101(407):920-937.

[71]NORDHAUS. W. Projections and uncertainties about climate change in an era of minimal climate policies[J]. American Economic Journal:Economic Policy,2018,10(3):333-60.

[72]GRADUS. R, SMULDER. S. The trade-off between environmental care and long-term growth—Pollution in three prototype growth models. [J]. Journal of economics,1993,58(1):25-51.

[73]JAFFE. A. B, NEWELL. R. G , STAVINS. R. N. Environmental Policy and Technological Change[J]. Environmental and Resource Economics,2002,22(1):41-70.

[74]MANNE. A, RICHELS. R. The impact of learning-by-doing on the timing and costs of CO abatement[J]. Energy Economics,2004,26(4):603-619.

[75]ACEMOGLU. D, AGHION. P, BURSZTYN. L, et al. The environment and directed technical change[J]. The American economic review, 2012, 102 (1):131-166.

[76]AGHION. P, HOWITT. P. A model of growth through creative destruction [R]. National Bureau of Economic Research,1990.

[77]申萌,李凯杰,曲如晓.技术进步、经济增长与二氧化碳排放:理论和经验研究[J].世界经济,2012,35(7):83-100.

[78]魏巍贤,杨芳.技术进步对中国二氧化碳排放的影响[J].统计研究,2010,27(7):36-44.

[79]周杰琦,汪同三.自主技术创新对中国碳排放的影响效应——基于省际面板数据的实证研究[J].科技进步与对策,2014,31(24):29-35.

[80]HICKS. J. R. HICKS. The Theory of Wages[J]. American Journal of Sociology, 1932, 32(125).

[81]SIMPSON. R. D, BRADFORD III. R. L. Taxing variable cost:Environmental regulation as industrial policy[J]. Journal of Environmental Economics and Management,1996,30(3):282-300.

[82]AMBEC. S, BARLA. P. A theoretical foundation of the Porter hypothesis [J]. Economics Letters,2002,75(3):355-360.

[83]AMBEC. S, BARLA. P. Can environmental regulations be good for business? An assessment of the Porter hypothesis[J]. Energy studies review,2006,14(2):42.

[84] GRAY. W. B, SHADBEGIAN. R. J. Environmental regulation, investment timing, and technology choice [J]. The Journal of Industrial Economics, 1998,46(2):235-256.

[85] VON. DOLLEN. A, REQUATE. T. Environmental Policy and Incentives to Invest in Advanced Abatement Technology if Arrival of Future Technology is Uncertain-Extended Version[R]. Economics working paper. 2007.

[86] KENNEDY. The Relationship between the Environmental and Financial performance of pubic utilities [J]. Environmental and Resource Economics, 2008, 30(3): 282-300.

[87] PORTER. M. E, VAN. L. C. Toward a new conception of the environment-competitiveness relationship [J]. Journal of economic perspectives, 1995 (9):97-118.

[88] JAFFE. A. B, PALMER. K. Environmental regulation and innovation:a panel data study [J]. Review of economics and statistics, 1997, 79 (4):610-619.

[89] PEDRO. C, MANUEL. V. H, PEDRO. S. V. Are Environmental Concerns Drivers of Innovation? Interpreting Portuguese Innovation Data to Foster Environmental Foresight [J]. Technological Forecasting and social change, 2006,73(3):266-276.

[90] IRALDO. F, TESTA. F, FREY. M. Is an environmental management system able to influence environmental and competitive performance? The case of the eco-management and audit scheme(EMAS)in the European Union[J]. Journal of Cleaner Production,2009,17(16):1444-1452.

[91] JJOHNSTONE. N,HAŠČIČ. I,POPP. D. Renewable energy policies and technological innovation:evidence based on patent counts[J]. Environmental and resource economics,2010,45(1):133-155.

[92] LANOIE. P, LAURENT - /LUCCHETTI. J, JOHNSTONE. N, et al. Environmental policy,innovation and performance:new insights on the Porter hypothesis[J]. Journal of Economics & Management Strategy,2011,20(3):803-842.

[93]BROUHLE. K, GRAHAM. B, HARRINGTON. D. R. Innovation under the Climate Wise program [J]. Resource and Energy Economics, 2013, 35 (2):91-112.

[94]TENG. M. J, WU. S. Y, CHOU. S. J. H. Environmental Commitment and Economic Performance-Short-Term Pain for Long-Term Gain[J]. Environmental Policy and Governance,2014,24(1):16-27.

[95]黄德春,刘志彪. 环境规制与企业自主创新——基于波特假设的企业竞争优势构建[J]. 中国工业经济,2006(3):100-106.

[96]赵红. 环境规制对产业技术创新的影响——基于中国面板数据的实证分析[J]. 产业经济研究,2008(3):35-40.

[97]张中元,赵国庆. FDI、环境规制与技术进步——基于中国省级数据的实证分析[J]. 数量经济技术经济研究,2012,29(4):19-32.

[98]余伟,陈强,陈华. 环境规制、技术创新与经营绩效——基于37个工业行业的实证分析[J]. 科研管理,2017,38(2):18-25.

[99]吴静. 环境规制能否促进工业"创造性破坏"—新熊彼特主义的理论视角[J]. 财经科学,2018(5):67-78.

[100]李广培,李艳歌,全佳敏. 环境规制、R&D投入与企业绿色技术创新能力[J]. 科学学与科学技术管理,2018,39(11):61-73.

[101]HASELIP. J, HANSEN. U. E, PUIG. D, et al. Governance, enabling frameworks and policies for the transfer and diffusion of low carbon and climate adaptation technologies in developing countries[J]. Climatic Change,2015,131 (3):363-370.

[102]秦佳良,张玉臣,贺明华. 气候变化会影响技术创新吗？[J]. 科学学研究,2018(12):2280-2291.

[103]蒋佳妮,王文涛,王灿,刘燕华. 应对气候变化需以生态文明理念构建全球技术合作体系[J]. 中国人口·资源与环境,2017,27(1):57-64.

[104]林玲,赵子健,曹聪丽. 环境规制与大气科技创新——以SO2排放量控制技术为例[J]. 科研管理,2018,39(12):45-52.

[105]DINDA. S. Environmental Kuznets curve hypothesis:a survey[J]. Ecological

economics,2004,49(4):431-455.

[106]沈能,刘凤朝.高强度的环境规制真能促进技术创新吗？——基于"波特假说"的再检验[J].中国软科学,2012(4):49-59.

[107]蒋伏心,王竹君,白俊红.环境规制对技术创新影响的双重效应——基于江苏制造业动态面板数据的实证研究[J].中国工业经济,2013(7):44-55.

[108]韩先锋,惠宁,宋文飞.政府R&D资助的非线性创新溢出效应——基于环境规制新视角的再考察[J].产业经济研究,2018(3):40-52.

[109]王国印,王动.波特假说、环境规制与企业技术创新——对中东部地区的比较分析[J].中国软科学,2011(1):100-112.

[110]张成,郭炳南,于同申.污染异质性、最优环境规制强度与生产技术进步[J].科研管理,2015,36(3):138-144.

[111]陈诗一.节能减排与中国工业的双赢发展:2009—2049[J].经济研究,2010,45(3):129-143.

[112]陈超凡.节能减排与中国工业绿色增长的模拟预测[J].中国人口·资源与环境,2018,28(4):145-154.

[113]EHRLICH. P. R, HOLDREN. J. P. Impact of population growth[J]. Science,1971,171(3977):1212-1217.

[114]DIETZ. T, ROSA. E. A. Rethinking the environmental impacts of population,affluence and technology[J]. Human ecology review,1994,1(2):277-300.

[115]JEBARAJ. S, INIYAN. S. A review of energy models[J]. Renewable and sustainable energy reviews,2006,10(4):281-311.

[116]VON HIPPEL. E, OGAWA. S, DE JONG. J. P. J. The age of the consumer-innovator[J]. MIT Sloan management review,2011,53(1):27-35.

[117]蔡木林,王海燕,李琴,等.国外生态文明建设的科技发展战略分析与启示[J].中国工程科学,2015,17(8):144-150.

[118]洪银兴.进入新阶段后中国经济发展理论重大创新[J].中国工业经济,2017(5):5-15.

[119]陈亮,哈战荣.新时代创新引领绿色发展的内在逻辑、现实基础与实施路径[J].马克思主义研究,2018(6):74-86,160.

[120]CARSON. R. Silent spring[M]. Houghton Mifflin Harcourt,2002.

[121]PECCEI. A. Global modelling for humanity[J]. Futures, 1982, 14 (2):91-94.

[122]张保伟.论生态文化与技术创新的生态化[J].科技管理研究,2012,32 (1):201-204.

[123]BRUNDTLAND. G. H. What is sustainable development[J]. Our common future,1987:8-9.

[124]彭水军,包群.经济增长与环境污染——环境库兹涅茨曲线假说的中国检验[J].财经问题研究,2006(8):3-17.

[125]朱勤,彭希哲,陆志明,等.人口与消费对碳排放影响的分析模型与实证 [J].中国人口·资源与环境,2010,20(2):98-102.

[126]宋马林,王舒鸿.环境规制、技术进步与经济增长[J].经济研究,2013, 48(3):122-134.

[127]BOSETTI. V, CARRARO. C, GALEOTTI. M,et al. WITCH a world induced technical change hybrid model[J]. The Energy Journal,2006:13-37.

[128]GERLAGH. R . Measuring the value of induced technological change[J]. Energy Policy,2007,35(11):5287-5297.

[129]ANG. J. B. CO_2 emissions,research and technology transfer in China[J]. Ecological Economics,2009,68(10):2658-2665.

[130]LEVINSON. A. Technology,international trade,and pollution from US manu-facturing[J]. American Economic Review,2009,99(5):2177-2192.

[131]刘跃,卜曲,彭春香.中国区域技术创新能力与经济增长质量的关系 [J].地域研究与开发,2016(3):1-4,39.

[132]严翔,成长春,金巍,等.基于经济门槛效应的创新能力与生态环境非均衡关系研究[J].中国科技论坛,2017(10):112-121.

[133]KUMAR. S, MANAGI. S. Environment and productivities in developed and developing countries:the case of carbon dioxide and sulfur dioxide[J]. Jour-

nal of Environmental Management,2010,91(7):1580-1592.

[134]EKINS, P. The Kuznets curve for the environment and economic growth:examining the evidence [J]. Environment and Planning A, 1997, 29 (5):805-830.

[135]李斌,赵新华.经济结构、技术进步与环境污染—基于中国工业行业数据的分析[J].财经研究,2011(4):112-122.

[136]李博.中国地区技术创新能力与人均碳排放水平—基于省级面板数据的空间计量实证分析[J].软科学,2013(1):26-30.

[137]黄娟,汪明进.科技创新、产业集聚与环境污染[J].山西财经大学学报,2016(4):50-61.

[138]贾绍凤,张士锋,杨红,等.工业用水与经济发展的关系——用水库兹涅茨曲线[J].自然资源学报,2004(3):279-284.

[139]陈雯,王湘萍.我国工业行业的技术进步、结构变迁与水资源消耗——基于 LMDI 方法的实证分析[J].湖南大学学报(社会科学版),2011,25 (2):68-72.

[140]姜蓓蕾,耿雷华,卞锦宇,等.中国工业用水效率水平驱动因素分析及区划研究[J].资源科学,2014,36(11):2231-2239.

[141]张兵兵,沈满洪.工业用水库兹涅茨曲线分析[J].资源科学,2016,38 (1):102-109.

[142] ANDERSON. D. Technical progress & pollution abatement:an economic view of selected technologies and practices[J]. Environment and Development Economics,2001,6(3):283-311.

[143]王鹏,谢丽文.污染治理投资、企业技术创新与污染治理效率[J].中国人口·资源与环境,2014,24(9):51-58.

[144]孙建.中国区域技术创新的二氧化碳减排效应——基于宏观计量经济模型模拟分析[J].技术经济,2018,37(10):107-116.

[145]JAFFE. A. B , NEWELL. R. G , STAVINS. R. N. Technological Change And The Environment[J]. Environmental Resource & Economics,2000,22 (3):461-516.

[146]李凯杰,曲如晓.技术进步对中国碳排放的影响——基于向量误差修正模型的实证研究[J].中国软科学,2012(6):51-58.

[147]张兵兵,徐康宁.技术进步与 CO_2 排放:基于跨国面板数据的经验分析[J].中国人口·资源与环境,2013,23(9):28-33.

[148]马歆,薛天天,WAQAS ALI,王继东.环境规制约束下区域创新对碳压力水平的影响研究[J].管理学报,2019,16(1):85-95.

[149]欧阳志远.生态化:第三次产业革命实质与方向[M].北京:中国人民大学出版社,1994:2.

[150]陈彬.技术创新生态化——一种思想的转向[J].桂海论丛,2003(2):54-56.

[151]李虹,张希源.区域生态创新协同度及其影响因素研究[J].中国人口资源与环境,2016,26(6):43-51.

[152]向丽.中国省域科技创新与生态环境协调发展时空特征[J].技术经济,2016,35(11):28-35.

[153]彭朝霞,吴玉锋.我国生态—经济—科技系统耦合协调发展评价及其差异性分析[J].科技管理研究,2017,37(4):250-255.

[154]谷缙,程钰,任建兰.中国生态文明建设与科技创新耦合协调时空演变[J].中国科技论坛,2018(11):158-167.

[155]肖显静,彭新宇,蒋高明,等.科技如何促进我国生态文明建设[J].中国科技论坛,2008(2):3-8.

[156]李旭颖.企业创新与环境规制互动分析[J].科学学与科学技术管理,2008(6):61-65.

[157]黄平,胡日东.环境规制与企业技术创新相互促进的机理与实证研究[J].财经理论与实践,2010,31(1):99-103.

[158]祝恩元,李俊莉,刘兆德,李姗鸿.山东省科技创新与可持续发展耦合度空间差异分析[J].地域研究与开发,2018,37(6):23-28.

[159]白俊红,蒋伏心.考虑环境因素的区域创新效率研究——基于三阶段DEA方法[J].财贸经济,2011(10):104-112,136.

[160]张江雪,朱磊.基于绿色增长的我国各地区工业企业技术创新效率研究

224

[J].数量经济技术经济研究,2012(2):114-123.

[161]韩晶,宋涛,陈超凡,等.基于绿色增长的中国区域创新效率研究[J].经济社会体制比较,2013(3):101-109.

[162]黄德春,吴海燕.美国硅谷成因及其对"世界水谷"建设的启示[J].水利经济,2016,34(1):51-54,59,85.

[163]赵德明.优良的生态环境是贵阳最响亮的品牌[J].当代贵州,2018(26):42-43.

[164]Cornell University,INSEAD,WIPO. Global Innovation Index 2018[R]. Wipo Economics & Statistics,2018.

[165]吴熊.我国科技型中小企业绿色技术创新可行模式的探讨[D].北京:北京林业大学,2012.

[166]冯昭奎,张可喜.科学技术与日本社会[M].西安:陕西人民教育出版社,1997.

[167]叶子青,钟书华.日本绿色技术创新发展趋势[J].科技与管理,2002(4):116-119.

[168]ODAGIRI. H,GOTO. A. The Japanese System of Innovation:Past,Present and Future,in:Nelson,R. R. (Ed.),National Systems of Innovation[M]. Oxford University Press,1993:76-114.

[169]满颖之.日本经济地理[M].北京:科学出版社,1984.

[170]方晓霞,杨丹辉,李晓华.日本应对工业 4.0:竞争优势重构与产业政策的角色[J].经济管理,2015,37(11):20-31.

[171]杨宜勇,吴香雪,杨泽坤.绿色发展的国际先进经验及其对中国的启示[J].新疆师范大学学报(哲学社会科学版),2017,38(2):18-24,2.

[172]王旭东.资源环境约束下的区域技术创新研究[D].青岛:中国海洋大学,2005;

[173]史妍嵋.日本的创新与可持续发展[J].新远见,2010(9):37-39.

[174]施锦芳.日本低碳经济实践及对我国启示[J].经济社会体制比较,2015(6):136-146.

[175]罗丽.日本环境法的历史发展[J].北京理工大学学报(社会科学版),

2000(2):50-53.

[176]邹治平,石晓庚.20世纪80年代以来日本技术创新的特点及启示[J]. 河北大学成人教育学院学报,2001(1):58-60.

[177]阎莉.日本技术创新政策的理论依据及政策手段选择[J].日本研究, 2000(4):24-30.

[178]戴永务,余建辉,刘燕娜,等.绿色技术创新政策的国际经验对福建的借 鉴与启示[J].江西科技师范学院学报,2007(2):10-14.

[179]薛春志.战后日本技术创新模式的演进与启示[J].现代日本经济,2011 (6):71-77.

[180]平力群.创新激励、创新效率与经济绩效——对弗里曼的日本国家创新 系统的分析补充[J].现代日本经济,2016(1):1-10.

[181]何培忠.日本环境教育的发展[J].国外社会科学,2005(6):110-111.

[182]陈卓.日本环境教育的特征及启示[J].贵州教育学院学报,2007 (2):80-83.

[183]吴传清,董旭.环境约束下长江经济带全要素能源效率研究[J].中国软 科学,2016(3):73-83.

[184]彭海珍,任荣明.环境政策工具与企业竞争优势[J].中国工业经济, 2003(7):75-82.

[185]程启军.改革开放40年:理解环境问题的经济因素[J].江淮论坛,2018 (6):22-26.

[186]沈斌,冯勤.基于可持续发展的环境技术创新及其政策机制[J].科学学 与科学技术管理,2004(8):52-55.

[187]张来武.科技创新驱动经济发展方式转变[J].中国软科学,2011 (12):1-5.

[188]周叔莲,王伟光.依靠科技创新和体制创新推动产业结构优化升级[J]. 党政干部学刊,2001(11):9-11.

[189]沈能,王艳,王群伟.集聚外部性与碳生产率空间趋同研究[J].中国人 口·资源与环境,2013,23(12):40-47.

[190]彭建,王仰麟,叶敏婷,等.区域产业结构变化及其生态环境效应——以

云南省丽江市为例[J].地理学报,2005(5):798-806.

[191]张宗益,张莹.创新环境与区域技术创新效率研究[J].软科学,2008,22(12):123-127.

[192]严翔,成长春.长江经济带科技创新效率与生态环境非均衡发展研究——基于双门槛面板模型[J].软科学,2018,32(2):11-15.

[193]WALTER I, UGELOW J L. Environmental policies in developing countries[J]. Ambio,1979:102-109.

[194]蒋殿春,夏良科.外商直接投资对中国高技术产业技术创新作用的经验分析[J].世界经济,2005(8):5-12,82.

[195]许和连,邓玉萍.外商直接投资导致了中国的环境污染吗?——基于中国省际面板数据的空间计量研究[J].管理世界,2012(2):30-43.

[196]李荣林.国际贸易与直接投资的关系:文献综述[J].世界经济,2002(4):44-46.

[197]任力,黄崇杰.国内外环境规制对中国出口贸易影响[J].世界经济,2015,38(5):59-80.

[198]BEERS. C. V , JEROEN. C. J. M. Van Den Bergh. An Empirical Multi-Country Analysis of the Impact of Environmental Regulations on Foreign Trade Flows[J]. Kyklos,1997,50(1):18.

[199]谢靖,廖涵.技术创新视角下环境规制对出口质量的影响研究——基于制造业动态面板数据的实证分析[J].中国软科学,2017(8):55-64.

[200]李宝良,郭其友.技术创新、气候变化与经济增长理论的扩展及其应用——2018年度诺贝尔经济学奖得主主要经济理论贡献述评[J].外国经济与管理,2018,40(11):144-154.

[201]何庆丰,陈武,王学军.直接人力资本投入、R&D投入与创新绩效的关系——基于我国科技活动面板数据的实证研究[J].技术经济,2009,28(4):1-9.

[202]王洪庆.人力资本视角下环境规制对经济增长的门槛效应研究[J].中国软科学,2016(6):52-61.

[203]方达,张广辉.环境污染、人口结构与城乡居民消费——来自中国省级

面板数据的证据[J].中南财经政法大学学报,2018(6):3-12,158.

[204]付东.区域非均衡增长理论综述及评价[J].商场现代化,2009(5):218.

[205]邓永波.京津冀产业集聚与区域经济协调发展研究[D].北京:中共中央党校,2017.

[206]弗朗索瓦·佩鲁.经济空间:理论与应用[M].北京:经济学季刊,1950.

[207]张秀生,卫鹏鹏.区域经济理论[M].武汉:武汉大学出版社,2005,65-68.

[208]褚淑贞,孙春梅.增长极理论及其应用研究综述[J].现代物业,2011,10(1):4-7.

[209]布德维尔.区域经济学导论[M].爱丁堡:爱丁堡大学出版社,1966.

[210]任军.增长极理论的演进及其对我国区域经济协调发展的启示[J].内蒙古民族大学学报(社会科学版),2005,(2):51-55.

[211]FRIEDMANN J. Regional development policy:case study of Venezuela[R]. 1966.

[212]HIRSCHMAN. A. O. The strategy of economic development[R]. 1958.

[213]艾伯特·赫希曼.经济发展战略[M].北京:,经济科学出版社,1991.

[214]陆大道.论区域的最佳结构与最佳发展——提出"点-轴系统"和"T"型结构以来的回顾与再分析[J].地理学报,2001(2):127-135.

[215]刘卫东,陆大道.新时期我国区域空间规划的方法论探讨——以"西部开发重点区域规划前期研究"为例[J].地理学报,2005(6):16-24.

[216]窦欣.基于层级增长极网络化发展模式的西部区域城市化研究[D].西安:西安电子科技大学,2009.

[217]SCHUMPETER. J. Creative Destruction[J]. Capitalism,Socialism and Democracy,1942:825.

[218]李红锦.区域经济增长理论述评[J].生产力研究,2007(7):138-139.

[219]MYRDAL. G, SITOHANG. P. Economic theory and underdeveloped regions [J]. 1957(9):25-30.

[220]缪尔达尔.国际不平等和外国援助的回顾[M].北京:经济科学出版社,1988.

[221]缪尔达尔.世界贫困的挑战[M].北京:北京经济学院出版社,1989.

[222]KUZNETS. S. Economic growth and income inequality[J]. The American economic review,1955,45(1):1-28.

[223]SURI. V, CHAPMAN. D. Economic growth, trade and energy:implications for the environmental Kuznets curve[J]. Ecological economics, 1998, 25 (2):195-208.

[224]WILLIAMSON. J. G. Regional inequality and the process of national development:a description of the patterns[J]. Economic development and cultural change,1965,13(4):1-84.

[225]Vernon. R. The product cycle hypothesis in a new international environment [J]. Oxford bulletin of economics and statistics,1979,41(4):255-267.

[226]夏禹龙,冯之浚,等. 梯度理论和区域经济[J]. 科学学与科学技术管理, 1983(2):5-6.

[227]郭凡生. 何为"反梯度理论"[J]. 开发研究,1986(3):39-40.

[228]杨长春. 梯度推移理论是否失败[N]. 人民日报海外版,2000-05-18.

[229]王育宝,李国平. 狭义梯度推移理论的局限及其创新[J]. 西安交通大学学报:社会科学版, 2006, 26(5):6.

[230]洪银兴. 经济运行的均衡与非均衡分析[M]. 上海:上海三联书店,1988.

[231]成长春,杨凤华. 协调性均衡发展:长江经济带发展新战略与江苏探索[M]. 北京:人民出版社,2016.

[232]徐长乐. 探索协调性均衡发展之路[N]. 经济日报,2016-12-01(14).

[233]池仁勇,虞晓芬,李正卫. 我国东西部地区技术创新效率差异及其原因分析[J]. 中国软科学,2004(8):128-131.

[234]杨士弘,等. 城市生态环境学[M]. 北京:科学出版社,2003.

[235]陈静,曾珍香. 社会、经济、资源、环境协调发展评价模型研究[J]. 科学管理研究,2004(3):9-12.

[236]刘耀彬,李仁东,张守忠. 城市化与生态环境协调标准及其评价模型研究[J]. 中国软科学,2005(5):140-148.

[237]吴玉鸣,张燕. 中国区域经济增长与环境的耦合协调发展研究[J]. 资源

科学,2008(1):25-30.

[238]陈劲,陈钰芬,余芳珍.FDI 对我国区域创新能力的影响[J].科研管理,
2007(1):7-13.

[239]刘中文,姜小冉,张序萍.我国区域技术创新能力评价指标体系及模型
构建[J].技术经济与管理研究,2009(1):32-35.

[240]刘顺忠,官建成.区域创新系统创新绩效的评价[J].中国管理科学,
2002,(1):75-78.

[241]刘凤朝.基于 Malmquist 的我国科创效率评价[J].科学学研究,2007,
(5):986-990.

[242]曹霞,于娟.绿色低碳视角下中国区域创新效率研究[J].中国人口·资
源与环境,2015,25(5):10-19.

[243]ZHANG ANMING, ZHANG YIMIN, ZHAO RONALD. A study of the
R&D efficiency and productivity of Chinese firms[J],Journal of Compara-
tive economics,2003,31:443-464.

[244]朱有为,徐康宁.中国高技术产业研发效率的实证研究[J].中国工业经
济,2006,(11):38-45.

[245]余泳泽,刘大勇.我国区域创新效率的空间外溢效应与价值链外溢效
应——创新价值链视角下的多维空间面板模型研究[J].管理世界,
2013,(7):6-20,70,187.

[246]杨玉珍.区域 EEES 耦合系统演化机理与协同发展研究[D].天津:天津
大学,2011.

[247]VALERIE. I. The penguin dictionary of physics[M]. Beijing:Foreign Lan-
guage Press,1996:92-93.

[248]吴大进,曹力,陈立华.协同学原理和应用[M].武汉:华中理工大学出
版社,1990:9-17.

[249]刘定惠,杨永春.区域经济-旅游-生态环境耦合协调度研究——以安徽
省为例[J].长江流域资源与环境,2011,20(7):892-896.

[250]吴跃明,张翼,王勤耕,等.论环境-经济系统协调度[J].环境污染与防
治,1997(1):20-23,46.

[251] HANSEN, B. E. Threshold Effect in Non-dynamic Panels: Estimation, Testing, and Inference[J]. Journal of Econometrics, 1999, (93): 345-368.

[252] HANSEN, B. E. Inference When A Nuisance Parameter Is not Identified Under the Null Hypothesis[J]. Econometrica, 1996(2): 413-430.

[253] HANSEN, B. E. Sample Splitting and Threshold Estimation[J]. Econometrica, 2000(3): 575-603.

[254] 孔东民. 通货膨胀阻碍了金融发展与经济增长吗？——基于一个门槛回归模型的新检验[J]. 数量经济技术经济研究, 2007(10): 56-66.

[255] 谢兰云. 创新、产业结构与经济增长的门槛效应分析[J]. 经济理论与经济管理, 2015(2): 51-59.

[256] BARRO. R, LEE. J. W. International Comparison of Educational Attainment [J]. Journal of Monetary Economics, 1993(3): 363-394.

[257] 单豪杰. 中国资本存量 K 的再估算: 1952~2006 年[J]. 数量经济技术经济研究, 2008(10): 17-31.

[258] 张成思, 朱越腾, 芦哲. 对外开放对金融发展的抑制效应[J]. 金融研究, 2013(6): 16-30.

[259] 韩玉军, 陆旸. 门槛效应、经济增长与环境质量[J]. 统计研究, 2008(9): 24-31.

[260] 齐亚伟. 空间集聚、经济增长与环境污染之间的门槛效应分析[J]. 华东经济管理, 2015, 29(10): 72-78.

[261] FURMAN. J. L, PORTER. M. E, STERN. S. The determinants of national innovative capacity[J]. Research policy, 2002, 31(6): 899-933.

[262] COMANOR. W. S, SCHERER. F. M. Patent Statistics as a Measure of Technical Change[J]. Journal of Political Economy, 1969, 77(3): 392-398.

[263] GRILICHES. Z. Patent Statistics as Economic Indicators: A Survey[J]. Nber Working Papers, 1990, 28(4): 1661-1707.

[264] ZOLTAN. J. ACS, LUC ANSELIN, ATTILA VARGA. Patents and Innovation Counts as Measures of Regional Production of New Knowledge[J]. Research Policy, 2002, 31(7), 1069-1085.

[265]HANSEN, B. E. Tests for Parameter Instability in Regressions with I(1) Processes [J]. Journal of Business & Economic Statistics, 1992 (3):321-335.

[266]BREITUNG. J, DAS. S. Panel unit root tests under cross - sectional dependence[J]. Statistica Neerlandica,2005,59(4):414-433.

[267]陈强.高级计量经济学及Stata应用[M].北京:高等教育出版社,2010.

[268]ENGLE. R. F, GRANGER C. W. J. Co-integration and error correction:representation,estimation,and testing[J]. Econometrica:journal of the Econometric Society,1987,55(2):251-276.

[269]FISHER. R. A. Statistical methods and scientific inference[M]. STATISTICAL METHODS AND SCIENTIFIC INFERENCE. 1959.

[270]MADDALA. G. S, WU. S. A Comparative Study of Unit Root Tests with Panel Data and a New Simple Test[J]. Oxford Bulletin of Economics and Statistics. 1999(61):631-652.

[271]王洪庆.外商直接投资影响中国工业环境规制[J].中国软科学,2015 (7):170-181.

[272]MANELLO. A. Productivity growth,environmental regulation and win-win opportunities:The case of chemical industry in Italy and Germany[J]. European Journal of Operational Research,2017,262(2):733-743.

[273]RAMANATHAN. R, HE. Q ,BLACK. A,et al. Environmental regulations, innovation and firm performance:a revisit of the Porter hypothesis[J]. Journal of Cleaner Production,2017(155):79-92.

[274]李锴,齐绍洲. "FDI降低东道国能源强度"假说在中国成立吗?——基于省区工业面板数据的经验分析[J].世界经济研究,2016 (3):108-122,136.

[275]金巍,章恒全,张洪波,等.城镇化进程中人口结构变动对用水量的影响[J].资源科学,2018,40(4):784-796.

[276]聂飞,刘海云. FDI、环境污染与经济增长的相关性研究——基于动态联立方程模型的实证检验[J].国际贸易问题,2015(2):72-83.

［277］李海峥,梁赟玲,等.中国人力资本测度与指数构建［J］.经济研究, 2010,(8):42-54.

［278］ANSELIN. L, VARGA. A, ACS. Z. Geographical Spillovers and University Research:A Spatial EconometricPerspective［J］. Growth & Change,2010, 31(4):501-515.

［279］叶阿忠,吴继贵,陈生明.空间计量经济学［M］.厦门:厦门大学出版 社,2015.

［280］ANSELIN. L. Spatial econometrics:methods and models［M］. Dordrecht: Kluwer,1988.

［281］RICHARDSON. H. W. Growth Pole Spillovers:the dynamics of backwash and spread［J］. Regional Studies,2007,41(1):S27-S35.

［282］李婧,谭清美,白俊红.中国区域创新生产的空间计量分析——基于静态 与动态空间面板模型的实证研究［J］.管理世界,2010(7):43-55,65.

［283］ANSELIN L. Local indicators of spatial association-LISA［J］. Geographical Analysis,1995,27(2):93-116.

［284］林光平,龙志和,吴梅.我国地区经济收敛的空间计量实证分析:1978— 2002 年［J］.经济学(季刊),2005(S1):67-82.

［285］沈能.能源投入、污染排放与我国能源经济效率的区域空间分布研究 ［J］.财贸经济,2010(1):107-113.

［286］TINBERGEN. J. Shaping the world economy:suggestions for an international economic policy［M］. New York:Twentieth Century Fund,1962.

［287］郭文.基于环境规制、空间经济学视角的中国区域环境效率研究［D］. 南京:南京航空航天大学,2016.

［288］PACLINCK, J. ,KLAASSEN, L. Spatial Econometrics［M］. Saxon House, Farnborough. 1979.

［289］胡晓琳.中国环境全要素生产率测算、收敛及其影响研究［D］.南昌:江 西财经大学,2016.

［290］LE SAGE. J, PACE. R. K. Introduction to spatial econometrics［M］. New York:CRC Press,2009:27-41.

[291] ELHORST. J. P, FISCHER. M. M, GETIS. A. Handbook of applied spatial analysis [J]. Methods, 2010.

[292] BEER C, RIEDL A. Modelling spatial externalities in panel data The Spatial Durbin model revisited [J]. Regional Science, 2012, 91(2):299-318.

[293] 汪发元,郑军,周中林,等. 科技创新、金融发展对区域出口贸易技术水平的影响——基于长江经济带 2001-2016 年数据的时空模型 [J]. 科技进步与对策, 2018, 35(18):66-73.

[294] ANSELIN. L, BERA. A. K, FLORAX. R, et al. Simple diagnostic tests for spatial dependence [J]. Regional science and urban economics, 1996, 26 (1):77-104.

[295] 冯兴华,钟业喜,李建新,等. 长江流域区域经济差异及其成因分析 [J]. 世界地理研究, 2015, 24(3):100-109.

[296] 王合生,段学军. 长江流域外向型经济发展研究 [J]. 地理学与国土研究, 1999,(2):37-40,45.

[297] 向云波,彭秀芬,徐长乐. 上海与长江经济带经济联系研究 [J]. 长江流域资源与环境, 2009, 18(6):508-514.

[298] 朱道才,任以胜,徐慧敏,等. 长江经济带空间溢出效应时空分异 [J]. 经济地理, 2016, 36(6):26-33.

[299] 段学军,张予,于露. 长江沿江国家战略发展区功能识别与培育 [J]. 长江流域资源与环境, 2011, 20(7):783-789.

[300] 陆玉麒,董平. 新时期推进长江经济带发展的三大新思路 [J]. 地理研究, 2017, 36(4):605-615.

[301] 白永亮,郭珊. 长江经济带经济实力时空差异:沿线城市比较 [J]. 改革, 2015,(1):99-108.

[302] SIMS. C. A. Macroeconomics and reality [J]. Econometrica: Journal of the Econometric Society, 1980, 48(1):1-48.

[303] 连玉君,程建. 投资—现金流敏感性:融资约束还是代理成本? [J]. 财经研究, 2007(02):37-46.

[304] HOLTZ-EAKIN. D, NEWEY. W, ROSEN. H. S. Estimating vector autoregressions with panel data [J]. Econometrica: Journal of the Econometric So-

ciety,1988,56(6):1371-1395.

[305]MCCOSKEY. S, KAO. C. Testing the stability of a production function with urbanization as a shift factor[J]. Oxford Bulletin of Economics and Statistics,1999,61(S1):671-690.

[306]WESTERLUND. J. New simple tests for panel cointegration[J]. Econometric Reviews,2005,24(3):297-316.

[307]王玺,何帅.结构性减税政策对居民消费的影响——基于 PVAR 模型的分析[J].中国软科学,2016(3):141-150.

[308]孙正,张志超.流转税改革是否优化了国民收入分配格局?——基于"营改增"视角的 PVAR 模型分析[J].数量经济技术经济研究,2015,32(7):74-89.

[309]李茜,胡昊,罗海江,林兰钰,史宇,张殷俊,周磊.我国经济增长与环境污染双向作用关系研究——基于 PVAR 模型的区域差异分析[J].环境科学学报,2015,35(6):1875-1886.

[310]BAUM. C. F, SCHAFFER. M. E, STILLMAN. S. Instrumental variables and GMM:Estimation and testing[J]. Stata journal,2003,3(1):1-31.

[311]ARELLANO. M. ,BOND. S. R. Some Tests of Specification for Panel Data:Monte Carlo Evidence and An Application to Employment Equa-tions[J]. Review of Economic Studies,1991(58),277-297.

[312]ARELLANO. M, BOVER. O. Another look at the instrumental variable estimation of error-components models[J]. Journal of econometrics,1995,68(1):29-51.

[313]孙敬水.计量经济学学习指导与 Eviews 应用指南[M].北京:清华大学出版社.2010.

[314]俞立平.基于 PVAR 的省际金融发展与国际贸易关系研究[J].国际贸易问题,2011(12):10-18.

[315]PEDRONI. P. Critical Values for Cointegration Tests in Heterogeneous Panels with Multiple Regressors[J]. Oxford Bulletin of Economics & Statistics,1999,61(S1):653-670.

[316]陶长琪,彭永樟,琚泽霞.经济增长、产业结构与碳排放关系的实证分

析—基于 PVAR 模型[J].经济经纬,2015,32(4):126-131.

[317] LOVE. I, ZICCHINO. L. Financial development and dynamic investment behavior:Evidence from panel VAR[J]. The Quarterly Review of Economics and Finance,2006,46(2):190-210.

[318] AKAIKE. H. A new look at the statistical model identification[J]. IEEE transactions on automatic control,1974,19(6):716-723.

[319] SCHWARZ. G. Estimating the dimension of a model[J]. The annals of statistics,1978,6(2):461-464.

[320] HANNAN. E. J, QUINN. B. G. The determination of the order of an autoregression[J]. Journal of the Royal Statistical Society. (Methodological),1979, 41(2):190-195.

[321] 虞晓雯,雷明.面板 VAR 模型框架下我国低碳经济增长作用机制的动态分析[J].中国管理科学,2014,22(S1):731-740.

[322] 高铁梅.计量经济分析方法与建模:Eviews 应用及实例(第二版)[M].北京:清华大学出版社,2009.

[323] 李子奈,叶阿忠.高级应用计量经济学[M].北京:清华大学出版社,2012.

[324] 冯烽.内生视角下能源价格、技术进步对能源效率的变动效应研究——基于 PVAR 模型[J].管理评论,2015,27(4):38-47.

[325] 张陈俊.区域用水量与经济增长关系的实证研究[D].南京:河海大学,2016.

附　录

附表 1　各变量定义及描述性统计

名称	符号		Mean	Std. Dev.	Min	Max	Observations
生态环境	ECO	overall	0.466	0.122	0.250	0.802	N = 209
		between		0.015	0.437	0.499	T = 19
		within		0.121	0.255	0.810	n = 11
科技创新	STI	overall	0.370	0.227	0.117	0.938	N = 209
		between		0.019	0.334	0.400	T = 19
		within		0.226	0.090	0.959	n = 11
经济基础	PGDP	overall	22 720.270	23 948.650	2364.000	140 050.200	N = 209
		between		12 929.820	7422.273	47 186.160	T = 19
		within		20 356.690	−8311.866	115 584.400	n = 11
产业结构	INS2	overall	0.382	0.060	0.263	0.510	N = 209
		between		0.024	0.351	0.421	T = 19
		within		0.055	0.282	0.517	n = 11
人力资本	HUMC	overall	8.022	1.109	5.438	11.044	N = 209
		between		0.712	6.895	8.994	T = 19
		within		0.865	6.288	10.615	n = 11
资本存量	CAPS	overall	6198.622	7621.822	107.810	43 770.390	N = 209
		between		4070.529	1612.024	14 415.780	T = 19
		within		6505.349	−6764.903	35 553.230	n = 11

续表

名称	符号		Mean	Std. Dev.	Min	Max	Observations
居民消费	HOUC	overall	8005.041	6834.486	1511.000	39 472.790	N = 209
		between		4159.878	3098.364	16 091.060	T = 19
		within		5498.869	−1033.919	31 386.770	n = 11
对外开放度	OPEN	overall	0.347	0.398	0.032	1.699	N = 209
		between		0.076	0.193	0.436	T = 19
		within		0.391	−0.029	1.616	n = 11
外商直接投资	FDI	overall	0.026	0.019	0.002	0.104	N = 209
		between		0.003	0.020	0.033	T = 19
		within		0.018	−0.004	0.097	n = 11

附表 2　生态环境 LnECO 的面板单位根检验

统计量		截距项				截距项+趋势项			
		流域	下游	中游	上游	流域	下游	中游	上游
水平值	LLC	−2.230**	−3.017**	−2.240**	−0.477	−2.360***	−1.975**	−2.641***	−2.325***
	IPS	−1.182	−2.284**	−1.653	0.707	−1.606*	−2.145**	−1.835**	−1.289*
	ADF-Fisher	27.769	14.996**	13.865*	3.978	34.098**	14.101**	15.478*	12.341
	PP-Fisher	31.273*	14.983**	13.325*	3.541	41.573***	17.079***	−21.320***	16.317**
	Breiting	—	—	—	—	−1.284*	−2.235**	−0.959	−0.381
一阶差分值	LLC	−9.525***	−5.926***	−2.936***	−10.404***	−8.980***	−5.375***	−6.399***	−9.174***
	IPS	−8.519***	−5.914***	−5.903***	−7.560***	−6.570***	−4.783***	−4.040***	−5.897***
	ADF-Fisher	107.527***	38.397***	44.493***	56.440***	80.103***	28.869***	28.916***	42.567***
	PP-Fisher	259.540***	110.518***	46.466***	204.230***	203.274***	64.155***	65.554***	71.808***
	Breiting	—	—	—	—	−3.262***	−2.857***	−2.680***	−3.521***

注：*、**和***分别表示在 10%、5% 和 1% 水平下显著。

附表3 科技创新 LnSTI 的面板单位根检验

统计量		截距项				截距项+趋势项			
		流域	下游	中游	上游	流域	下游	中游	上游
水平值	LLC	-3.118***	0.047	-3.322***	-3.088***	-2.923***	0.093	-3.222***	-5.475***
	IPS	-2.559***	0.044	-2.175**	-2.862***	-2.082**	-1.014	-1.476*	-4.312***
	ADF-Fisher	43.975***	5.658	17.510**	25.124***	37.500**	7.896	13.958*	30.829***
	PP-Fisher	66.209***	3.997	15.089*	31.779***	48.238***	3.901	9.893	43.913***
	Breitung	—	—	—	—	-1.531*	0.008	-1.884**	-1.108
一阶差分值	LLC	-5.870***	-5.218***	-9.482***	-8.432***	-4.241***	-5.228***	-7.601***	-6.958***
	IPS	-6.722***	-4.400***	-7.372***	-6.512***	-4.462***	-3.476***	-5.363***	-5.090***
	ADF-Fisher	85.669***	28.116***	55.428***	49.972***	59.053***	22.445***	38.361***	37.361***
	PP-Fisher	194.058***	28.692***	57.667***	483.857***	124.567***	20.019***	40.271***	61.490***
	Breitung	—	—	—	—	-2.202**	-2.210**	-3.360***	-4.523***

注：*、**和***分别表示在10%、5%和1%水平下显著。

附表4 经济发展 LnPGDP 的面板单位根检验

统计量		截距项				截距项+趋势项			
		流域	下游	中游	上游	流域	下游	中游	上游
水平值	LLC	-7.250***	-5.447***	-4.894***	-1.970**	-0.665	1.476	-1.303*	-0.433
	IPS	-1.935**	-3.564***	-1.219	1.247	-2.209**	0.199	-3.319***	-0.481
	ADF-Fisher	39.879**	23.609***	12.304	3.964	36.297**	2.888	25.023	8.384
	PP-Fisher	8.809	8.459	0.327	0.125	15.237	0.027	5.796***	9.816
	Breiting	—	—	—	—	3.461	2.197	1.961	1.850
一阶差分值	LLC	-1.597*	0.446	-2.017**	-1.066	-3.010***	-1.374*	-0.570	-1.319*
	IPS	-1.048	0.680	-1.684**	-0.689	1.201	-1.833**	2.047	1.829
	ADF-Fisher	24.528	2.084	13.969*	8.473	15.469	12.570**	1.334	1.564
	PP-Fisher	17.462	1.806	6.040	8.422	7.828	9.100	0.480	0.873
	Breiting	—	—	—	—	1.977	0.119	1.717	1.135

注：*、**和***分别表示在10%、5%和1%水平下显著。

附表 5　资本存量 LnCAPS 的面板单位根检验

统计量		截距项				截距项+趋势项			
		流域	下游	中游	上游	流域	下游	中游	上游
水平值	LLC	−3.752***	−3.000***	−1.712**	−2.022**	−3.138***	−0.476	−3.582***	−0.504
	IPS	1.290	−0.170	1.182	1.090	−2.309**	−0.527	−3.648***	0.276
	ADF−Fisher	22.795	5.545	4.294	12.959	42.320***	7.815	27.726***	6.776
	PP−Fisher	29.591	15.595**	0.585	18.321**	5.067	0.103	4.107	0.897
	Breiting	—	—	—	—	1.800	0.971	1.640	0.384
一阶差分值	LLC	−1.824**	0.905	−2.342***	−1.092	−0.658	−1.338*	0.897	−1.528*
	IPS	−1.180	1.255	−1.926**	−0.682	−0.119	−1.022	1.680	−0.861
	ADF−Fisher	28.474	2.297	15.762**	9.038	23.840	11.139*	2.554	10.144
	PP−Fisher	14.617	2.900	5.641	5.679	25.427	2.056	2.769	5.814
	Breiting	—	—	—	—	0.226	0.159	1.052	−2.420***

注：*、**和***分别表示在 10%、5% 和 1% 水平下显著。

附表 6　产业结构 LnINS2 的面板单位根检验

统计量		截距项				截距项+趋势项			
		流域	下游	中游	上游	流域	下游	中游	上游
水平值	LLC	−1.398*	1.830	−2.944***	−0.583	2.440	−1.288*	4.803	2.941
	IPS	1.270	2.947	−0.916	0.579	5.212	2.038	3.640	3.223
	ADF−Fisher	22.879	2.613	10.576	9.691	3.378	1.965	0.697	0.715
	PP−Fisher	9.316	0.489	4.616	3.994	1.112	0.231	0.401	0.430
	Breiting	—	—	—	—	3.370	1.046	3.265	1.954
一阶差分值	LLC	−4.144***	−2.295**	−2.299***	−2.196**	−6.347***	−3.001***	−4.165***	−3.649***
	IPS	−2.510***	−1.562*	−1.418*	−1.303*	−1.653**	−1.329*	−0.762	−0.842
	ADF−Fisher	41.006***	12.233*	13.333*	15.147*	32.940*	11.504*	9.390	12.047
	PP−Fisher	50.566***	12.576**	13.835*	24.850**	73.171***	28.678***	16.127**	32.370**
	Breiting	—	—	—	—	0.240	−2.389***	−0.354	1.276

注：*、**和***分别表示在 10%、5% 和 1% 水平下显著。

附表7　外商直接投资 LnFDI 的面板单位根检验

统计量		截距项				截距项+趋势项			
		流域	下游	中游	上游	流域	下游	中游	上游
水平值	LLC	-2.498***	-0.356	-2.865***	-0.397	-5.677***	-4.627***	-5.343***	0.679
	IPS	-1.352*	0.887	-2.340***	-0.664	-3.768***	-1.712*	-3.588***	-1.157
	ADF-Fisher	37.858**	6.535	22.018***	9.304	53.825***	13.499**	26.400***	13.929*
	PP-Fisher	17.1287	3.711	4.077	9.011	31.072*	2.415	3.970	16.059***
	Breiting	—	—	—	—	0.030	0.020	-1.096	1.442
一阶差分值	LLC	-6.761***	-4.844***	-3.596***	-3.825***	-4.668***	-2.775***	-2.459***	-3.509***
	IPS	-6.505***	-3.444***	-3.219***	-4.588***	-3.799***	-1.992**	-1.619*	-2.956***
	ADF-Fisher	82.241***	22.486***	25.323***	34.431***	51.917***	13.769**	15.783**	22.363***
	PP-Fisher	83.533***	20.784***	28.596***	32.844***	69.347***	31.847***	18.855**	20.577***
	Breiting	—	—	—	—	-2.612***	-2.219**	-2.438***	-0.174

注：*、**和***分别表示在10%、5%和1%水平下显著。

附表8　人力资本 LnHUMC 的面板单位根检验

统计量		截距项				截距项+趋势项			
		流域	下游	中游	上游	流域	下游	中游	上游
水平值	LLC	-2.03767**	-0.602	-1.26347	-1.910**	-8.124***	-3.435***	-3.779***	-6.689***
	IPS	1.786	1.103	1.10502	0.897	-5.606***	-2.711***	-3.382***	-3.589***
	ADF-Fisher	7.503	2.121	2.31594	3.066	67.509***	17.565***	24.385***	25.559***
	PP-Fisher	10.480	5.619	2.65793	2.202	99.470***	5.619***	44.341***	38.310***
	Breiting	—	—	—	—	-4.302***	-2.106**	-2.615***	-3.967***
一阶差分值	LLC	-14.740***	-7.779***	-8.713***	-8.948***	-13.246***	-6.943***	-7.960***	-7.944***
	IPS	-11.372***	-6.114***	-6.303***	-7.279***	-8.674***	-4.658***	-4.771***	-5.608***
	ADF-Fisher	145.295***	40.491***	49.384***	55.420***	106.561***	29.366***	36.474***	40.721***
	PP-Fisher	1440.000***	98.655***	576.771***	764.569***	205.814***	61.955***	65.826***	78.033***
	Breiting	—	—	—	—	-5.534***	-2.692***	-3.761***	-3.237***

注：*、**和***分别表示在10%、5%和1%水平下显著。

附表 9 居民消费 LnHOUC 的面板单位根检验

统计量		截距项				截距项+趋势项			
		流域	下游	中游	上游	流域	下游	中游	上游
水平值	LLC	-0.584	-2.975***	0.494	2.303	-3.147***	1.303	-2.577***	-3.428***
	IPS	4.837	-0.325	3.457	4.855	-1.635*	1.212	-2.282**	-1.449*
	ADF-Fisher	54.330***	54.075***	0.203	0.052	49.613***	23.585***	5.585	20.445***
	PP-Fisher	17.1287	3.711	4.077	9.011	31.072*	2.415	3.970	16.059***
	Breiting	—	—	—	—	2.194	1.993	0.987	1.742
一阶差分值	LLC	-8.766***	-4.685***	-5.631***	-5.171***	-5.686***	-1.755**	-5.291***	-3.179***
	IPS	-6.400***	-4.025***	-3.618***	-3.516***	-3.112***	-1.799**	-2.434***	-1.265
	ADF-Fisher	80.919***	26.849***	27.372***	26.697***	51.309***	12.124*	19.142**	20.042***
	PP-Fisher	75.024***	18.697***	34.287***	22.039***	74.461***	21.889***	24.934***	27.634***
	Breiting	—	—	—	—	-3.166***	0.234	-3.870***	-3.321***

注：*、**和***分别表示在 10%、5% 和 1% 水平下显著。

附表 10 贸易开放度 LnOPEN 的面板单位根检验

统计量		截距项				截距项+趋势项			
		流域	下游	中游	上游	流域	下游	中游	上游
水平值	LLC	-2.109**	-1.217	-0.885	-1.949**	-1.510*	-1.091	-1.475*	0.046
	IPS	-1.866**	-1.509*	-0.498	-1.234	1.485	1.575	0.561	0.556
	ADF-Fisher	32.525*	10.500	9.694	12.331	14.242	1.144	5.048	0.556
	PP-Fisher	31.341*	11.978*	12.094	7.269	4.723	1.426	2.286	1.011
	Breiting	—	—	—	—	3.678	2.904	0.093	2.242
一阶差分值	LLC	-9.179***	-3.290***	-8.296***	-4.833***	-10.085***	-4.704***	-7.505***	-5.164***
	IPS	-6.518***	-1.630***	-5.599***	-3.781***	-5.777***	-2.954***	-4.409***	-2.612***
	ADF-Fisher	81.268***	11.276*	41.634***	28.358***	69.327***	18.454***	31.024***	19.850***
	PP-Fisher	77.281***	10.891*	41.402***	24.988***	95.858***	22.115***	49.494***	24.248***
	Breiting	—	—	—	—	-4.289***	-5.046***	-4.359***	-0.571

注：*、**和***分别表示在 10%、5% 和 1% 水平下显著。

附表 8 长江经济带 11 省市间空间邻接距离矩阵表

	上海	江苏	浙江	安徽	江西	湖北	湖南	重庆	四川	贵州	云南
上海	0.000000	0.003322	0.005747	0.002088	0.001399	0.001209	0.000926	0.000591	0.000512	0.000554	0.000431
江苏	0.003322	0.000000	0.003534	0.005882	0.001724	0.001862	0.001140	0.000718	0.000605	0.000635	0.000478
浙江	0.005747	0.003534	0.000000	0.002283	0.001883	0.001328	0.001140	0.000618	0.000532	0.000601	0.000459
安徽	0.002088	0.005882	0.002283	0.000000	0.002294	0.002611	0.001379	0.000808	0.000667	0.000704	0.000517
江西	0.001399	0.001724	0.001883	0.002294	0.000000	0.002817	0.002924	0.000826	0.000673	0.000867	0.000606
湖北	0.001209	0.001862	0.001328	0.002611	0.002817	0.000000	0.002899	0.001152	0.000874	0.000957	0.000641
湖南	0.000926	0.001140	0.001140	0.001379	0.002924	0.002899	0.000000	0.001119	0.000840	0.001259	0.000762
重庆	0.000591	0.000718	0.000618	0.000808	0.000826	0.001152	0.001119	0.000000	0.003096	0.002660	0.001190
四川	0.000512	0.000605	0.000532	0.000667	0.000673	0.000874	0.000840	0.003096	0.000000	0.001536	0.001176
贵州	0.000554	0.000635	0.000601	0.000704	0.000867	0.000957	0.001259	0.002660	0.001536	0.000000	0.001923
云南	0.000431	0.000478	0.000459	0.000517	0.000606	0.000641	0.000762	0.001190	0.001176	0.001923	0.000000

致　谢

　　近一年网络上频频流传着诸多博士论文后面的致谢内容，写得很生动感人，涵盖了自己科研道路的种种艰辛，以及忆往日生活的贫苦流离。确实，科研道路大概率上来说都不会很平坦，能博士毕业的人多半是具备了异于常人的自控力与耐受力，经历了那么多磨难，在最后毕业前把握住一次宣泄的机会也真的无可厚非，我对此真的是表示赞许与感同身受。所以，我原本也计划在书稿中以一种特殊的形式洋洋洒洒地宣泄一番，但真的到今天我完成了初稿，提笔准备写这部分时，却发现"致谢"居然比科研论文和报告要难写得多，愣在办公室里半天居然只字未动。这些年所经历的各种场景在脑海中杂乱呈现，而我无法用精炼或者繁华辞藻将所经历的种种，像惯常写科研论文的逻辑脉络那样串起来。记忆的支离破碎很大原因上是因为某些缺失的部分是我不愿意再重拾的，觉得那类对苦难经历的矫情表达对我而言是难以启齿的，天生的大男子主义更会让我下意识选择屏蔽、忘却。我也常告诫自己，那些所谓的苦难都是自己的选择，不可自我怜惜、怨天尤人，这也逼着我跌跌撞撞走到今天。我也懒得再跟任何人讲我这么做是为了谁、为了谁（当然事实上并非如此，因为拥有、才怕失去，深感责任、才想传承），所以索性妥协，云淡风轻地声称只是为了给自己一个交代，可能听起来比较潇洒，所有经历权当是咎由自取。所以到了我这年纪，已不习惯将自己的情绪表达充分，往往藏着、掖着都是为了自我保护或者显得自己很坚强，也许感情深沉而不外露是我所期望的。只知道现在还不是缅怀纪念过往的时候，前途未卜的压力与疲惫不堪的身体不断刺激我赶紧结束这一切。

　　在河海大学博士后工作的 2 年间，所取得的成果我还是不总结了吧，原因也很简单，八个字——"见贤思齐"，但是"望尘莫及"：合作导师黄永春教授足够优秀，以至于每次他提出的建设性意见与启发，都觉得是对我早先想法的"降维打击"，非常感谢有他在前面引路。当然我也不能忘记黄老师门下那些可爱的学生，胡世亮、叶子、陈成梦、邹晨、吴商硕、小钱等，没有他们光靠我自己的想法怕是质量难以保证。当然，柏建成也功不可没。最后我还是得深表愧疚地感谢我的家人，此处省略一万字，囿于篇幅和情感控制，不做赘述。

2021-12-16
南京-江宁